气象仪器基础

唐慧强　张自嘉　刘　佳　编

科学出版社
北　京

内 容 简 介

本书共分为12章，在介绍气象仪器概况的基础上，介绍了智能仪器的设计基础以及数据通信，温度、湿度、气压、风、日照及辐射、天气现象等主要气象要素的基本概念、工作原理、设计开发及其观测方法，介绍了探空仪、气象雷达和气象卫星探测基础以及自动气象站等综合观测内容。

本书可作为高等学校气象类以及环境、仪器、电子、计算机等气象仪器相关专业的气象特色课程教材，也可供相关专业的本科生、研究生以及从事气象仪器、气象观测工作的相关人员参考。

图书在版编目(CIP)数据

气象仪器基础/唐慧强，张自嘉，刘佳编. —北京：科学出版社，2013

ISBN 978-7-03-038633-5

Ⅰ.①气… Ⅱ.①唐…②张…③刘… Ⅲ.①气象仪器-基本知识 Ⅳ.①TH765

中国版本图书馆CIP数据核字(2013)第219295号

责任编辑：伍宏发 赵鹏利 曾佳佳 / 责任校对：朱光兰
责任印制：张 伟 / 封面设计：许 瑞

科学出版社 出版
北京东黄城根北街16号
邮政编码：100717
http://www.sciencep.com
北京九州迅驰传媒文化有限公司 印刷
科学出版社发行 各地新华书店经销
*
2013年9月第 一 版 开本：B5(720×1000)
2022年1月第六次印刷 印张：17 3/4
字数：355 000

定价：59.00元

(如有印装质量问题，我社负责调换)

前　言

气象仪器是气象观测以及气象预测、预报的基础，也是气象科学研究的重要手段和工具。气象仪器基础是为非气象专业开设的一门气象特色课程。主要任务是掌握气象仪器的基本原理，并掌握基本的使用、设计、研发能力。课程以世界气象组织（WMO）的基本观测方法及规范为依据，了解仪器设计的基础知识及数据通信技术，熟悉各气象要素传感器的工作原理以及温湿压风等要素的气象检测仪器的观测及设计方法，并在此基础上了解综合气象观测系统。

为拓展气象特色专业的建设，在测控技术与仪器等相关的专业中，安排了气象仪器课程，进行了精品课程的建设，拟打造气象学科与仪器学科等交叉的特色精品课程。2008年，在南京信息工程大学教改项目精品课程的资助下正式立项，2009年完成了本书的编写以及对应多媒体课件等的制作，并发布于精品课程网站http://202.195.237.152/ec/C201/zcr-1.htm中。经过多次的实际教学与改进完善，形成了本书。

本书共分为12章，唐慧强教授完成了本书的总体规划，并对全书内容进行了修改完善，张自嘉教授对本书进行了统稿。第1章概论部分内容及第2章智能仪器基础由唐慧强教授编写，第3章数据通信由谈玲博士编写，第4章温度测量及第5章湿度测量由杨常松副教授编写，第6章气压的测量及第7章风的测量由刘佳副教授编写，第8章日照及辐射测量由陈海秀副教授编写，第9章天气现象观测及第1章部分内容由张自嘉教授编写，第10章探空仪由陈旭副教授编写，第11章气象雷达及卫星探测概述由张永宏教授编写，第12章自动气象站由李远禄副教授编写。

本书主要包括气象仪器的现状、特点，气象仪器工作原理，现代气象观测方法；传感器与信号调理，模/数转换技术、微控制器技术、人机接口技术、数据处理等技术；RS232接口、总线技术，无线传感器网络，远程通信技术等，以及在气象数据传输中应用；气温的测量方法，气象用测温传感器及温度计的工作原理；湿度的测量方法，湿度测量传感器及湿度计的工作原理；气压的测量方法，气压传感器及气压计的构成原理；风向、风速的测量方法，风向风速传感器及风向风速仪的构成原理；辐射的测量方法，辐射测量传感器及辐射计的构成原理；天气现象的观测方法，天气现象的自动观测方法与原理；高空气象观测的基本方法，探空仪的构成原理；气象雷达及气象卫星的基础知识;综合气象观测的基本方法,自动气象站等综合观测系统的构成原理等内容。

目前,本书内容已经在仪器学科、计算机学科、环境科学与工程学科等相关专业中得到应用,并取得了较好的教学效果。

最后衷心感谢中国气象局气象探测中心的关心与帮助,感谢南京信息工程大学对本书编写的支持,感谢有关参考文献及图片涉及的原作者。

目　录

第1章 概　　论

1.1 气象仪器发展概况

人类的生产生活各项活动与气象有着密切的关系，因此人类很早就开始了对天气现象的观测，如我国早在三千多年前，殷墟甲骨文中就有关于天气现象的记载，如雨、雪、雹、雾、雷电等，这一时期对气象的观测处于原始阶段，只是目测现象的记录和应用。

利用仪器对天气现象进行观测在人类历史上起步较晚，而且早期主要是简单的器测，如公元前2世纪，我国利用木炭重量的变化和琴弦的伸缩来测量空气湿度，大概在公元7世纪的唐朝出现了观测风向的简单仪器，如铜制和木制的风向器。雨量器在我国的明朝永乐年间(1424年前后)，统一颁发到全国，用来报告各地的雨量大小。

对天气现象定量观测的需要推动了气象仪器的发展。气象仪器主要是从16世纪以来的三四百年时间里逐步发展起来的，先后发明了一系列天气现象观测仪器并投入实际应用。最早的气象仪器，一般认为是伽利略在1600年左右制作的玻璃管温度计。这是一根45cm长的细玻璃管，一端开口，另一端为卵球形，管内盛水，水柱随气温升降而升降，这就是现代液体膨胀式温度计的雏形。一些典型的温度和气压观测仪器相继在17～19世纪发明。

1620年荷兰人发明了酒精温度计，1643年德国人发明了水银温度计，1742年制定了摄氏温标。

1643年意大利人发明了水银气压计，1810年法国人发明了福丁式水银气压计，1877年德国人发明了自记式水银气压计。

1769年德国人发明了湿度计，1783年瑞士人发明了毛发湿度计，1799年法国人发明了干湿球温度计，1854年法国人制成露点计，1887年德国人发明通风干湿计。

公元前6世纪，希腊开始观测风向，当时系以风鸡观测。1797年美国人制作了二羽风向器，这是风标的前身。1846年英国人制作了杯型风速计。1887年法国人制作了风速仪，它是螺旋桨风向风速仪的前身。1892年英国人发明了达因式风速仪。

大约在公元1世纪，人们已经用较简单的器具对降水量进行观测，早期为雨量器，后来德国人利用虹吸原理发明了虹吸式自记雨量计。1889 年德国人设计的翻斗式雨量计，至今仍是降水的重要观测仪器。

19 世纪以来随着科学技术的发展和人类生产、生活、交通运输以及战争的需求，一些国家开始建立地面气象站。由于战争的需要，1856 年法国建成正规的气象台，1914 年前后，欧洲许多国家建立起气象站，并构成了最早的气象观测网，世界各国相继建立了类似的气象台站和观测网，使地面气象观测成为全球性有组织的系统测量工作。

随着无线电技术的发展，20 世纪 20 年代，出现了基于无线电的高空探测仪器，法国、苏联、德国、芬兰开始研制和使用无线电探空仪，到 1940 年，探测高度可以达到二三十千米，借助于火箭探测，高度可以达到 100km。

第二次世界大战后，军事雷达技术的副产品——天气雷达成为气象观测云雨变化的一种新的手段。用于短期降水和对流天气的监测和预报。20 世纪 50 年代一些国家先后建立了雷达气象观测网。

随着航天技术的发展，20 世纪中期，开始使用气象卫星。1958 年美国发射的人造卫星开始携带气象仪器，1960 年美国首先发射了第一颗人造试验气象卫星，到目前为止，全世界已有数百颗气象卫星，形成了一个全球性的气象卫星网。1988 年我国发射了“风云一号”气象卫星。气象卫星通过云图拍摄等手段，检测大气、云、陆面、海面等相关气象要素。

目前随着电子技术、传感器技术、智能仪器和通信技术的发展，地面气象仪器逐步向自动气象站发展，通过自动气象站完成多种气象要素的自动采集、传输、记录和处理。本书主要介绍用于地面气象观测的气象仪器的主要工作原理、设计和应用，特别适用于自动气象站应用的气象仪器。

1.2 现代气象观测业务

中国气象事业发展的关键是建设具有国际先进水平的气象现代化体系，即以综合气象观测体系、气象信息管理体系、公共气象服务体系、气象科技创新体系为代表的四大体系。综合气象观测体系强化观测基础，提高现有观测质量，逐步形成对气候系统多圈层的一体化观测能力。改进观测能力与研发新的观测能力成为 21 世纪大气科学的两大挑战。

2003 年 G8 峰会政治决议成立了地球观测组织(GEO)，主要目标：制定和实施全球综合观测系统(GEOSS)计划，建立一个综合、协调和持续的全球对地观测系统，更好地认识地球系统，包括天气、气候、海洋、大气、水、陆地、地球动力学、自然资源、生态系统以及自然和人类活动引起的灾害等。

现代气象观测业务是由天基、空基和地基观测系统组成的一体化综合立体监测网,如图1-1所示。地基(ground-based)观测系统:传感器位于地球表面,或直接架设在地球表面的观测系统,例如,各类地面观测、自动气象观测、海洋浮标站、车载移动气象观测、地基遥感探测等;空基(air-borne)观测系统:传感器位于地球表面以上,但是在大气层以内的观测系统,例如,气球、火箭、飞机观测等;天基(space-based)观测系统:传感器位于地球大气层以外的观测系统,例如,气象卫星观测。

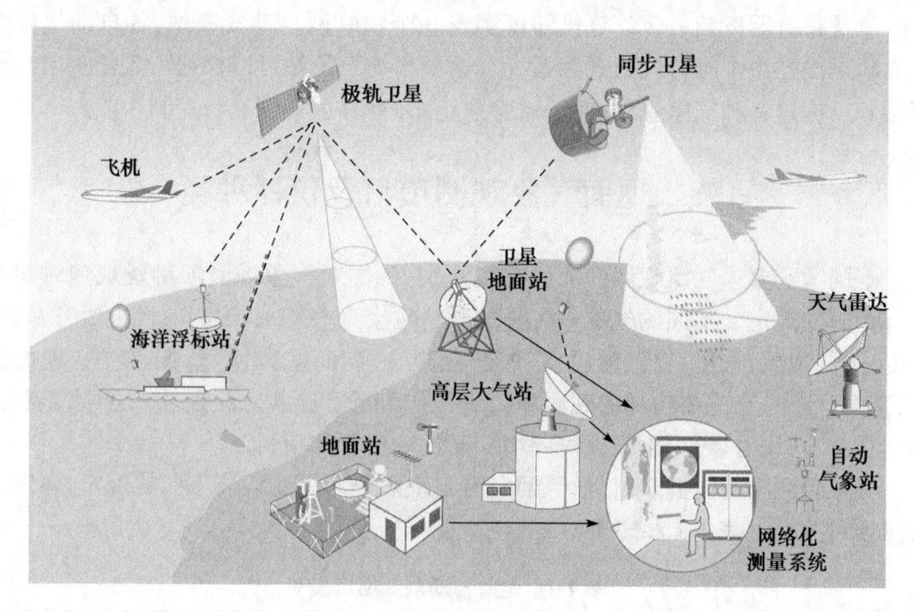

图1-1 综合气象观测系统

中国气象局正在建设"三站"、"四网"。"三站"指国家气候观象台、国家气象观测站、区域气象观测站。国家气候观象台是对气候系统多圈层及其相互作用开展长期、连续、立体和综合观测,并承担气候系统资料分析及研究评估服务的综合平台;国家气象观测站是国家获取基本气象观测资料的平台,主要承担包括地面和高空天气观测、天气雷达观测等多项观测业务,根据业务性质不同分为一级和二级站;区域气象观测站是国家观测站的重要补充,主要承担地面时空加密观测和实时要素监测业务,提供区域性高时空分辨率的中小尺度灾害性天气、局部环境和区域气候等观测数据。

以"三站"为基础,形成满足多轨道业务需求的国家气候监测网、国家天气观测网、国家专业气象观测网和区域气象观测网(简称"四网")。国家气候监测网、国家天气观测网和国家专业气象观测网由中国气象局统一规划、统一设计、统一标准建设,统一规范化业务运行;各区域气象中心应根据本区域天气、气候和环境特点,联合组织本区域内各省(自治区、直辖市),规划和设计统一协调的区域气象观测网。

气象观测的发展趋势:从人工观测到自动化遥感遥测;从定性观测到定量观

测;从以地基观测为主到以天基观测为主;从单一的大气圈观测到地球各大圈层及其相互作用的综合观测;固定观测与移动观测相结合;综合利用多种手段、多种技术,实现高精度、高时空分辨率、连续、自动、一体化定量观测。目前,南京信息工程大学开展了以物联网技术为基础、以传感器网络为核心的综合观测系统研究,并形成了气象观测系统。多个气象传感器成为各无线传感器网络节点,外加一个数据通信器及路由器以及一台计算机即可实现一个物联网自动气象站,各自动气象站集成起来构建一个综合气象观测系统。这种自动气象站可以根据需要任意增减传感器节点构建各种气象观测系统、试验系统,并具有远程校准与控制功能。

1.3 地面气象观测项目及仪器种类

不同国家要求气象观测的项目有些差别,我国对气象观测项目及观测时间等也有相应的规定。不同的气象站观测的项目也会有些差别,观测项目主要有云、能见度、天气现象、气压、空气的温度和湿度、风向和风速、降水、日照、蒸发、地面温度、草温、雪深;有些要增加的观测项目有浅层和深层地温、冻土、电线积冰、辐射、地面状态、雪压等,还可以根据需要增加其他一些观测项目。

气象观测项目需要定时进行观测,有自动观测和人工观测不同的规定,各定时观测项目分别见表 1-1 和表 1-2。

表 1-1 定时自动观测项目表

时间	北京时		地平时	
	每小时	20 时	每小时	24 时
观测项目	气压、气温、湿度、风向、风速、地温、草温及其极值和出现时间、降水量、蒸发量	日蒸发量	辐射时曝辐量、辐射辐照度及其极值、出现时间、日照时数	辐射日曝辐量、辐射日最大辐照度及出现时间、日照总时数

表 1-2 定时人工观测项目表

时间	北京时				真太阳时
	02 时、08 时、14 时、20 时	08 时	14 时	20 时	日落后
观测项目	云、能见度、气压、气温、湿度、风向、风速、0~40cm 地温	降水量、冻土、雪深、雪压	80 ~ 320cm 地温、地面状态	降水量、蒸发量、最高、最低气温、最高、最低地面温度	日照时数

注:未使用自动气象站的基准站除 02 时、08 时、14 时、20 时外,其他正点时次应观测气压、气温、湿度、风

为了实现对上述气象观测项目的观测,需要相应的仪器。总的来说,需要对气压、气温、湿度、风向、风速、降水量、地温、蒸发量、雪深、雪压、日照、辐射等测量,此

外还要测量一些项目的最大值及出现的时间等。

1.4　地面气象仪器性能要求

由于近地面层的气象要素存在着空间分布的不均匀性和时间变化上的脉动性，所以地面气象观测获取的资料必须具有“三性”，即代表性、准确性、比较性。

代表性：观测记录不仅要反映测点的气象状况，而且要反映测点周围一定范围内的平均气象状况。地面气象观测在选择站址和仪器性能，确定仪器安装位置时要充分满足观测记录的代表性要求。

准确性：观测记录要真实地反映实际气象状况。地面气象观测使用的气象观测仪器性能和制订的观测方法要充分满足本规范规定的准确度要求。

比较性：不同地方的气象台站在同一时间观测的同一气象要素值，或同一个气象台站在不同时间观测的同一气象要素值能进行比较，从而能分别表示出气象要素的地区分布特征和随时间的变化特点。地面气象观测在观测时间、观测仪器、观测方法和数据处理等方面要保持高度统一。

地面气象观测分为人工观测和自动观测两种，人工观测分为人工目测和人工器测，因此气象仪器也分为人工器测仪器与自动站气象仪器。气象仪器不同于普通仪器，不同国家都有不同的要求，我国地面气象观测规范中，对气象仪器的要求如下。

(1) 应具有国务院气象主管机构业务主管部门颁发的使用许可证，或经国务院气象主管机构业务主管部门审批同意用于观测业务。

(2) 准确度满足规定的要求。

(3) 可靠性高，保证获取的观测数据可信。

(4) 仪器结构简单、牢靠耐用，能维持长时间连续运行。

(5) 操作和维护方便，具有详细的技术及操作手册。

自动气象站对各气象要素测量的基本技术性能要求如表1-3所示。

表1-3　自动气象站技术性能要求

测量要素	测量范围	分辨力	准确度	平均时间	采样速率
气温	−50～+50℃	0.1℃	±0.2℃	1min	6次/min
相对湿度	0～100%	1%	±4%(≤80%) ±8%(>80%)	1min	6次/min
气压	500～1100hPa	0.1hPa	±0.3hPa	1min	6次/min
风向	0°～360°	3°	±5°	3s,2min,10min	1次/s
风速	0～60m/s	0.1m/s	±0.5m/s±3% ±0.3m/s±3%(基准站)	3s,2min,10min	1次/s

续表

测量要素	测量范围	分辨力	准确度	平均时间	采样速率
降水	0～4mm/min	0.1mm	±0.4mm(≤10mm) ±4%(>10mm)	累计	1次/min
日照	0～24h	60s	±0.1h	累计	—
蒸发	0～100mm	0.1mm	±1.5%	累计	—
地温	−50～+80℃	0.1℃	±0.5℃ ±0.3℃(基准站)	1min	6次/min
总辐射	0～2000W/m^2	1W/m^2	±5%	1min	6次/min
净辐射	−200～1400W/m^2	1W/m^2	±(15～20)%	1min	6次/min
直接辐射	0～2000W/m^2	1W/m^2	±2%	1min	6次/min

1.5 本书主要内容

本书主要介绍应用于自动气象站的气象仪器，特别是智能气象仪器，能够实现对气象要素的自动测量、数据传输和存储，对一些人工观测仪器也进行了简要介绍。

为了实现自动气象观测和数据记录，本书首先介绍了智能仪器设计的基本知识，包括传感器、信号调理、控制及数据处理及数据传输技术，其次介绍了温度、湿度、气压、风速风向、日照与辐射、雨量、蒸发、降雪、能见度、云高等的测量原理，还介绍了探空仪器的测量原理及要求，简单介绍了气象雷达的基本知识，最后介绍了气象仪器的检定方法和要求。

第1章介绍气象仪器的发展概况和气象仪器的性能要求等。

第2章对传感器、放大电路、模/数转换技术、微控制器、人机接口技术、低功耗设计以及数据处理技术进行分析和讨论。

第3章介绍测控仪器的通信技术，包括典型的仪器通信接口、测控总线与仪器通信的一般原理和方法、数据通信的基础、各种总线通信技术、网络通信技术、无线通信技术、远程通信技术等。

第4章介绍温度有关的基本概念，以及常用的温度传感器及应用。

第5章介绍湿度有关的基本概念，包括湿度的表示方法、测量原理等，以及常用的湿度传感器及应用。

第6章介绍气压的定义和表示方法，以及常用的气压传感器及应用。

第7章介绍风的基本概念和风的测量方法，以及常用的测量风的传感器。

第8章介绍了日照和辐射的有关概念，以及常用的日照和辐射测量传感器和仪器。

第9章介绍有关天气现象的观测及有关仪器，包括降水、降雪、蒸发、能见度及云等的测量原理和主要的传感器。

第10章介绍主要气象要素的高空探测方法，包括探空仪器的基本原理、对探空仪器的要求以及常用的探空用传感器。

第11章简单介绍气象雷达的原理和应用等。

第12章介绍自动气象站的工作原理、组成以及使用方法，包括气象传感器、数据采集器、电源与外围设备、业务软件、数据采集与算法、数据传输与组网等。

参考文献

程明虎，刘黎平，张沛源，等. 2004. 暴雨系统的多普勒雷达反演理论和方法. 北京：气象出版社.

中华人民共和国气象行业标准. 地面气象观测规范第1部分：总则. QX/T45—2007. 北京：气象出版社.

周诗健. 1984. 大气探测. 北京：气象出版社.

习 题

1. 什么是“三站”、“四网”？
2. 什么是气象观测的“代表性”、“准确性”、“比较性”？
3. 主要的气象要素有哪些？

第2章　智能仪器基础

2.1　概　　述

电测仪器经历了第一代的指针式(或模拟式)、第二代的数字式、第三代的智能式仪器。随着微电子技术、微机电技术、信息技术等不断发展,智能仪器逐渐显现出微型化、多功能、人工智能化的趋势,应用领域也将不断扩大,并向虚拟化、无线化、网络化方向发展。

采用微控制器(单片计算机),将计算机技术与测量控制技术结合在一起,构成了"智能化测量系统",也就是智能仪器。一般把含有微型计算机或者微控制器的测量仪器称为智能仪器。微控制器是将CPU、存储器、定时器/计数器、并行和串行接口、看门狗、前置放大器甚至A/D、D/A转换器等电路集成在一块芯片上的超大规模集成电路。

智能仪器的主要功能是将传感器拾取到的信号进行放大,放大后的信号经A/D转换器转换成相应的数字信号并送到微控制器,进行相应的数据运算和处理,并把转换为相应物理量的检测结果显示和打印出来。此外,智能仪器还可以与上位机组成计算机检测系统,由微控制器作为下位机采集各种测量信号与数据,通过通信系统将信息传输给上位机,由上位机进行全局管理。与传统仪器仪表相比,智能仪器具有自动检测、自动校准、数据处理、可程控操作和友好人机对话的能力,目前已在各领域中得到了广泛的应用。

智能仪器人工智能化是指智能仪器实现部分人类大脑的功能,从而在视觉、听觉、思维等方面具有一定的能力。这样,智能仪器可无须人的干预而自主地完成检测或控制功能,从而解决用传统方法根本不能解决的问题。此外,智能仪器还可以通过互联网的接入,实现智能仪器系统的远程通信能力以及对智能仪器仪表系统进行远程升级、功能重置和系统维护。

虚拟仪器是智能仪器发展的新阶段,只要额外提供一定的数据采集硬件,就可以与PC机组成测量仪器,这种基于PC机的测量仪器称为虚拟仪器。在虚拟仪器中,使用同一个硬件系统,只要应用不同的软件编程,就可得到功能完全不同的测量仪器。作为虚拟仪器核心的软件系统具有通用性、通俗性、可视性、可扩展性和升级性,具有传统的智能仪器所无法比拟的应用前景和市场。

近年来,我国开始重视物联网技术的研究,各个物理量利用传感器来检测,并通过无线传感器网络、互联网等进行通信以及数据库系统来管理,构成网络化测量系统。

本章主要对传感器、放大电路、模/数转换技术、微控制器、人机接口技术、低功耗设计以及数据处理技术进行分析和讨论。

2.2 传感器与信号调理

温度、压力、湿度等被测参数一般需要通过传感器来转换成电压、电流等电信号,这些电信号往往是连续变化的微弱模拟信号,需要进行信号的切换、放大、滤波、隔离、采样保持等处理,并将其转换成计算机能接收的数字信号。

2.2.1 传感器

传感器(sensor/transducer)是指能把物理量转变成便于利用和输出的电信号,用于获取被测信息,完成信号的检测和转换的器件。传感器是模拟量输入通道的第一道环节,是决定整个测试系统性能的关键环节。

1. 传感器的类型

由于被测物理量的多样性和用于构成传感器原理的繁杂性,导致传感器的种类、规格繁多。传感器的分类方法很多,常用的分类方法有按被测物理量、传感器工作原理或信号转换原理、传感器与被测量间能量关系等进行分类。

传感器按物理量的归类方法来分类,例如,测量力、速度、温度的传感器可分别统称为力传感器、速度传感器及温度传感器等。

传感器按工作原理或信号转换原理进行分类,可分为结构型和物理型两类。结构型传感器,是指根据传感器的结构变化来实现信号的传感,例如,电容式传感器是依靠改变电容极板的间距或作用面积来实现电容值的改变的;变阻器式传感器利用电刷的移动来改变作用电阻丝的长度,从而改变电阻值的大小。物理型传感器,是指根据传感器敏感元件材料本身物理特性的变化来实现信号的转换,例如,压电加速度传感器利用石英晶体的压电效应等。

按传感器与被测量间能量转换关系又可将传感器分为能量转换型和能量控制型两类。能量转换型传感器又称为有源传感器,直接由被测对象输入能量使传感器工作,属于此类传感器的有热电偶温度传感器、压电式传感器、弹性压力传感器等。能量控制型传感器又称无源传感器,它依靠外部提供辅助能量工作,由被测量控制该辅助能量的变化,属于此类传感器的有电阻应变式传感器等。

2. 传感器的选择

合理地选用传感器,是在进行某个量的测量时首先要解决的问题。当传感器确定之后,与之相配套的测量方法和测量设备也就可以确定了。智能仪器的性能在很大程度上取决于传感器的合理选用。

(1) 根据测量对象与测量环境确定传感器的类型。要进行一个具体的测量工作,首先要考虑采用何种原理的传感器,这需要分析多方面的因素之后才能确定。因为即使测量同一物理量,也有多种原理的传感器可供选用,哪一种原理的传感器更为合适,则需要根据被测量的特点和传感器的使用条件考虑一些具体问题:量程的大小;被测位置对传感器体积的要求;测量方式为接触式还是非接触式;信号的引出方法,有线或非接触测量;传感器的来源、价格。在考虑上述问题之后就能确定选用何种类型的传感器,然后考虑传感器的具体性能指标。

(2) 灵敏度的选择。通常,在传感器的线性范围内,希望传感器的灵敏度越高越好。因为只有灵敏度高时,与被测量变化对应的输出信号的值才比较大,有利于信号检测。但要注意的是,传感器的灵敏度高,与被测量无关的外界噪声也容易混入,也会被放大系统放大,影响测量精度。因此,要求传感器本身应具有较高的信噪比,尽量减少从外界引入的干扰信号。

(3) 频率响应特性。传感器的频率响应特性决定了被测量的频率范围,必须在允许频率范围内保持不失真,实际上传感器的响应总有一定延迟,希望延迟时间越短越好。传感器的频率响应高,可测的信号频率范围就宽,而固有频率低的传感器可测信号的频率较低。在动态测量中,应根据信号的特点来选择合适的响应特性,以免产生误差。

(4) 线性范围。传感器的线性范围是指输出与输入成比例关系的范围。从理论上讲,在此范围内灵敏度保持定值。传感器的线性范围越宽,则其量程越大,并且能保证一定的测量精度。在选择传感器时,当传感器的种类确定以后首先要看其量程是否满足要求。但实际上,任何传感器都不能保证绝对的线性,其线性度是相对的。当所要求测量精度比较低时,在一定的范围内,可将非线性误差较小的传感器近似看成线性的。

(5) 稳定性。传感器使用一段时间后,其性能保持不变化的能力称为稳定性。影响传感器长期稳定性的因素除了传感器本身结构,主要是传感器的使用环境,因此,要使传感器具有良好的稳定性,传感器必须要有较强的环境适应能力,在选择传感器之前,应对其使用环境进行调查,并根据具体的使用环境选择合适的传感器,或采取适当的措施,减小环境的影响。传感器的稳定性有定量指标,在超过规定的使用期限后,使用前应重新进行标定,以确定传感器的性能是否发生变化,在某些要求传感器能长期使用而又不能轻易更换或标定的场合,所选用的传感器稳定性要求更严格,要能够经受住长时间的考验。

(6) 精度。精度是传感器的一个重要性能指标,它是关系到整个测量系统测量精度的一个重要环节。传感器的精度越高,其价格越昂贵,因此,传感器的精度只要满足整个测量系统的精度要求就可以。这样就可以在满足同一测量目的的诸多传感器中选择比较价廉和简单的传感器。

2.2.2 信号调理

传感器输出的信号不可避免地包含噪声,其幅度也不一定适合直接进行模/数转换,需要将传感器的信号进行放大。完成滤波、幅度变换等调理功能的电路称为信号调理电路。

随着计算机运算能力的提高以及数字信号处理技术的发展,许多原来依靠硬件实现的信号调理任务可通过软件来实现,这就大大简化了数据采集系统中模拟量输入通道的结构。

各类传感器输出信号各不相同,因此需要根据信号源的频率、幅度等因素选择放大器。

在智能仪器的信号调理通道中,使用较多的放大器有同相比例放大器、反相比例放大器、仪器放大器以及隔离放大器等。

1. 基本放大器

1) 基本同相比例运算放大器

图 2-1(a)所示为一般同相放大器的基本原理,其特点:输入电阻很大,输出电阻接近零,存在共模电压。其放大倍数为

$$A=\frac{V_o}{V_i}=1+\frac{R_f}{R_1} \tag{2.1}$$

从式(2.1)可以看出,通过改变 R_1 和 R_f,可以改变放大器的增益,放大倍数仅与电阻 R_1 和 R_f 有关。同相放大器的放大倍数大于等于 1,同相放大器只能构成增益放大器,不能构成衰减器。当断开 R_1 或短路 R_f 时,放大倍数为 1,构成了电压跟随器。

2) 基本反相比例运算放大器

图 2-1(b)所示为一般反相比例运算放大器的基本原理,其特点:输出电阻接近零,共模电压为零,而输入电阻较小。其放大倍数为

$$A=\frac{V_o}{V_i}=-\frac{R_f}{R_1} \tag{2.2}$$

从式(2.2)可以看出,通过改变 R_1 和 R_f,可以改变放大器的增益,放大倍数仅与电阻 R_1 和 R_f 有关。反相放大器的输入输出电压是反相的,可以构成衰减器。

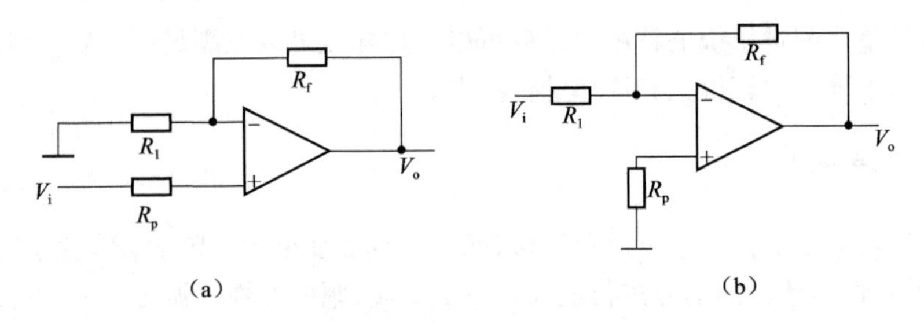

图 2-1　基本同相放大器与基本反相放大器

2. 程控增益放大器

在智能仪器中，为实现在较宽的测量范围内保证必要的测量精度，经常采用改变量程的方法。当改变量程时，放大器的增益一般也应相应地改变。这种改变可以通过软件实现，它使仪器的量程能够方便地自动切换。这种通过程序控制增益大小的放大器，称为程控增益放大器。

基本程控放大器又分为同相程控放大器、反相程控放大器等。

图 2-2 所示为同相程控增益放大器的电路实例。信号从同相端输入，电阻网路接在运放反相端与输出端之间，模拟开关为一个 8 选 1 模拟开关 CD4051。当 CD4051 的 I_0 端接通时，电路是一个跟随器，当其他端如第 j 端接通时，电路增益为

$$A_j = \frac{V_o}{V_i} = \frac{\sum_{k=0}^{N} R_k}{\sum_{k=j}^{N} R_k} \tag{2.3}$$

图 2-3 所示为一个反相程控增益放大器实例电路，电路中电阻网络接在运放的反相输入端与输出端之间，模拟开关采用 8 选 1 模拟开关 CD4051。

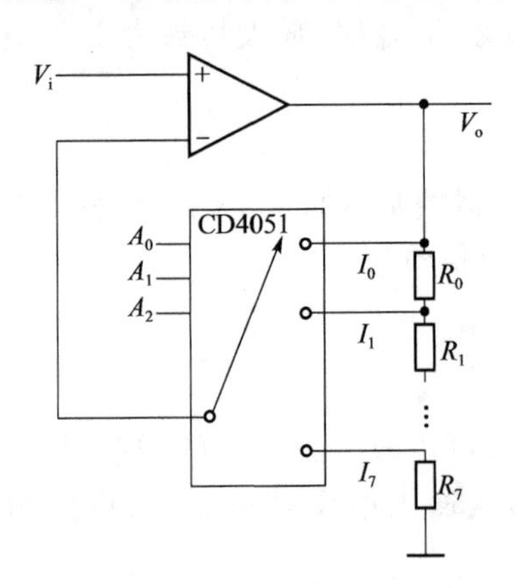

图 2-2　同相程控增益放大器

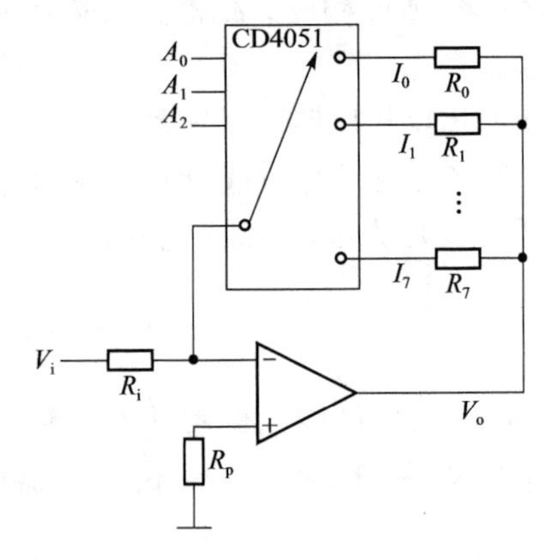

图 2-3　反相程控增益放大器

这种电路的特点是结构简单，输入电阻不随增益的变化而变化。缺点是模拟开关的导通电阻及其漂移会影响增益的精度，只有当反馈电阻足够大或模拟开关的导通电阻足够小，并且模拟开关的漏电流足够小时，才能获得较高的精度。

3. 仪器放大器

1）仪器放大器原理

仪器放大器是一种具有精密差动电压放大的器件。由于其具有高共模抑制比、高稳定增益、高输入阻抗、低输出阻抗、低温漂、低失调电压等优点，非常适合在微弱信号的放大以及有较大共模干扰的场合应用。

仪器放大器的原理电路如图2-4所示，它由三个通用运算放大器构成，第一级为两个对称的同相放大器，第二级是一个差动放大器。

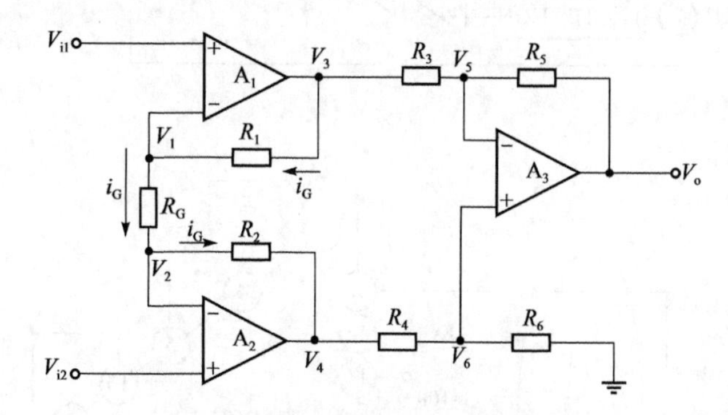

图2-4　仪器放大器的内部基本结构

为了提高电路的抗共模干扰能力和抑制漂移的影响，电路采用上下对称结构，即取$R_1=R_2$，$R_3=R_4$，$R_5=R_6$。可以推导出仪器放大器的闭环增益为

$$A_u=\left(1+\frac{2R_1}{R_G}\right)\frac{R_5}{R_3} \tag{2.4}$$

由式(2.4)可知，通过调节R_G，可以很方便地改变仪器放大器的闭环增益。当采用集成仪器放大器时，R_G一般为外接电阻。

2）集成仪器放大器

用普通运算放大器组成测量放大器时，要求测量放大器第一级放大器A_1、A_2参数完全匹配，测量放大器上、下两部分的对应电阻数值相等，实际中很难做到。为此，已研制生产了集成仪器放大器。目前市场上已有不少厂家生产集成测量放大器芯片，如美国AD公司提供的AD521、AD522、AD524、AD612、AD605等测量放大器；BB公司的INA114/118；Maxim公司的MAX4195/4196/4197等。下面简单介绍AD524的功能及其应用。

AD524 是美国 AD 公司生产的单片集成仪表放大器。AD524 的引脚排列如图 2-5(a)所示，电桥应用时基本连接方法如图 2-5(b)所示。

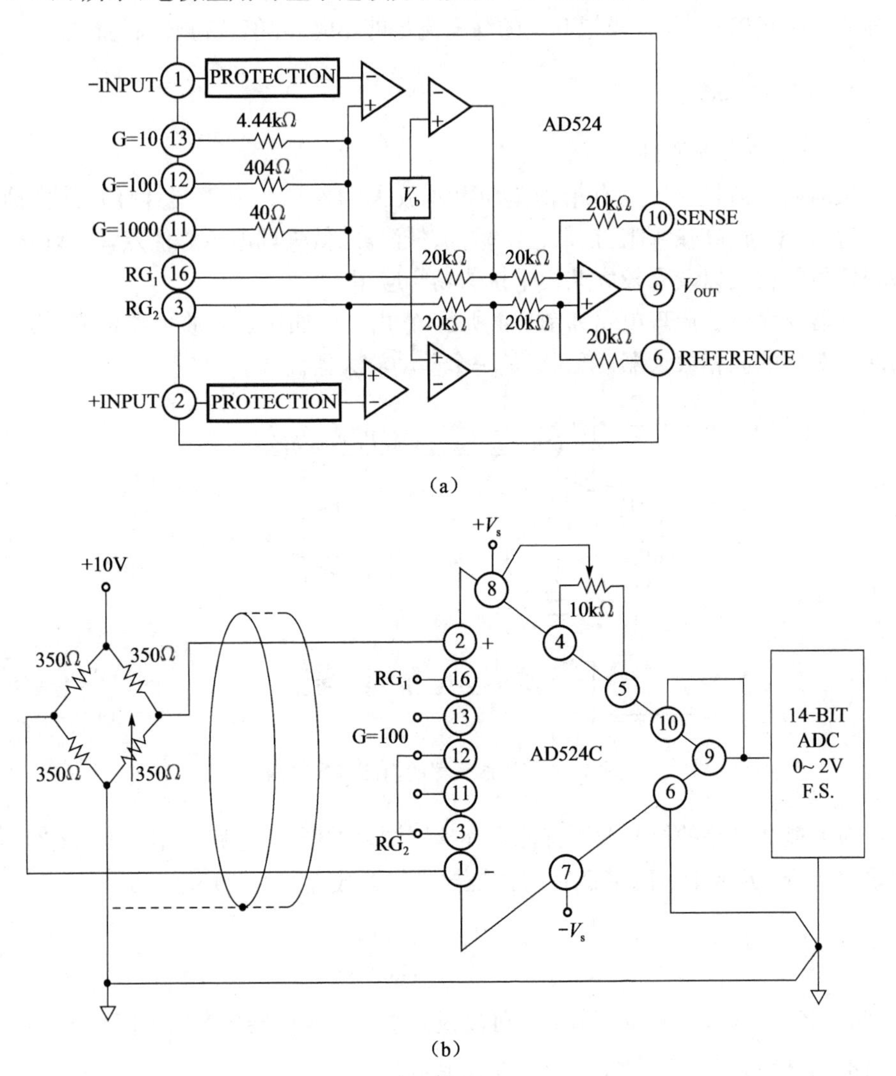

图 2-5　AD524 的内部结构和电桥应用基本接法

AD524 是一种高精度、高共模抑制比、低失调电压、低噪声的单片集成电路程控增益放大器。AD524 的输出失调温度漂移小于 0.5μV/℃，单位增益下的高共模抑制比大于 90dB，1000 倍增益时，高共模抑制比为 120dB。单位增益下的最大非线性为 0.003%，增益带宽积为 25MHz。

AD524 的特点是在芯片内部已经集成了高精度的增益电阻，因此不需要外接电阻，而只要通过不同的连接方式即可获得不同的增益。改变增益最简单的方法是将芯片的 3 脚分别与 13、12、11 脚相连，就可以得到×10、×100、×1000 的增益。如果希望得到任意大小的增益，可在引脚 RG_1、RG_2 两端外接电阻 R_G，R_G 的值计算公式为

$$R_G = \frac{40000}{\text{增益} - 1} \tag{2.5}$$

4. 隔离放大器

隔离放大器主要用于要求共模抑制比高、模拟信号的传输放大中。有时为保证系统的可靠性或安全性，可以考虑在模拟信号进入采集系统之前，用隔离放大器进行隔离放大。

一般来讲，隔离放大器是一种将输入、输出及电源在电流和电阻上进行隔离，使之成为没有直接耦合的测量放大器。由于隔离放大器消除了输入、输出端之间的耦合，因此具有以下特点。

(1) 能保护系统元器件不受高共模电压的损害，防止高压对低压信号系统的损坏。

(2) 泄漏电流低，对于测量放大器的输入端，无须提供偏流返回通路。

(3) 共模抑制比高，能对直流和低频信号(电压或电流)进行准确、安全的测量。

目前，隔离放大器中采用的耦合方式主要有变压器耦合、光耦合。利用变压器耦合实现载波调制，通常具有较高的线性度和隔离性能，但是带宽一般在 1kHz 以下。利用光耦合方式实现载波调制，可获得 10kHz 带宽，但其隔离性能不如变压器耦合。上述两种方法均需对差动输入级提供隔离电源，以便达到预定的隔离性能。

2.3　模/数转换技术

由于实际测量对象(如温度、压力、位移、速度等)经过传感器后得到的往往是一些模拟量，要让计算机识别、处理这些信号，首先要将这些模拟信号转换成数字信号，实现这个转换过程的部件就是模/数(A/D)转换器。通常 A/D 转换的过程包括采样保持和量化编码。采样是指周期地获取模拟信号的瞬时值，从而得到一系列时间上离散的脉冲采样值。保持是指在两次采样之间将前一次采样值保存下来，使其在量化编码期间不发生变化。采样保持电路一般由采样模拟开关、保持电容和运算放大器等几部分组成。量化是将采样保持电路输出的模拟电压转化为最小数字量单位整数倍的转化过程。编码是把量化的结果用代码(如二进制数码、BCD 码等)表示出来的过程。A/D 转换过程中的量化和编码是由 A/D 转换器实

现的。

本节介绍 A/D 转换器的主要技术指标,智能仪器中几种常见的 A/D 转换器的原理,以及不同接口方式 A/D 转换器的连接。

2.3.1 A/D 转换器的主要技术指标

A/D 转换器将模拟量转换成数字量,以便让微处理器处理。常用以下几项技术指标来评价 A/D 转换器的性能。在实际应用中,应从系统数据总的位数、精度要求、输入模拟信号的范围以及输入信号极性等方面综合考虑 A/D 转换器的选用。

1. 分辨率

A/D 转换器的分辨率定义为 A/D 转换器所能分辨的输入模拟量的最小变化量,即数字量变化一个最小量时模拟信号的变化量。一般都简单地用 A/D 转换器输出数字量的位数 n 表示。一个 n 位的 A/D 转换器有 2^n 种可能的输出状态,可分辨出输入变量满量程值的 $1/2^n$。例如,输出为 16 位二进制数,则分辨率为 $1/2^{16}=1/65536$。

2. 转换误差

转换误差表示 A/D 转换器实际输出的数字量和理论上的输出数字量之间的差别。通常以输出误差的最大值形式给出。A/D 转换器的转换误差常用最低有效位(LSB)的位数表示。例如,给出相对误差为±2LSB,这就表明实际输出的数字量和理论上应得到的输出数字量之间的误差不大于 2 个最低有效位。

3. 转换时间

转换时间指 A/D 转换器从启动转换开始到输出端出现稳定的数字量所需要的时间。转换时间与实现转换所采用的电路类型有关。采用同种电路技术的 A/D 转换器,转换时间与分辨率有关,一般地,分辨率越高,转换时间越长。

各种结构类型的 A/D 转换时间有所不同。转换时间最短的是并行式 A/D 转换器,8 位二进制输出的单片集成 A/D 转换器转换时间可达到 1ns 以内,逐次比较式 A/D 转换器次之,间接 A/D 转换器的速度最慢,如双积分 A/D 转换器的转换时间为 ms 与 s 之间。

4. 线性度

线性度是指 A/D 转换器实际的输入/输出特性与理想的输入/输出特性的最大偏移量与满刻度输出之比。理想的转换器特性应该是线性的,即模拟量输入与数字量输出呈线性关系。

5. 温度对误差的影响

环境温度的改变会造成偏移、增益和线性度误差的变化。当A/D转换器必须工作在温度变化的环境中时，这些误差将是一个重要的技术参数。温度系数是指温度改变1℃时引起的变化与满量程输入模拟电压的比值。

此外，还有输入电压范围等参数指标。

2.3.2　几种常见的A/D转换器原理

A/D转换器的种类繁多，用于智能仪器仪表设计的主要有并行比较式、逐次比较式、双积分式、Σ-Δ式等A/D转换器。

1. 并行比较式A/D转换器

并行比较式A/D转换器由电阻分压器、电压比较器、数码寄存器及编码器4部分组成。3位并行比较式A/D转换器电路原理如图2-6所示。

图中的8个电阻将参考电压E分成8个等级，其中7个等级的电压分别作为7个比较器的参考电压，其数值分别为$E/8$、$2E/8$、…、$7E/8$。输入电压为V_i，接到各电压比较器的同相输入端，使输入电压通过比较器分别与这7个电压同时进行比较。当输入电压比相应的参考电压高时，相应的比较器输出高电平，否则输出低电平。

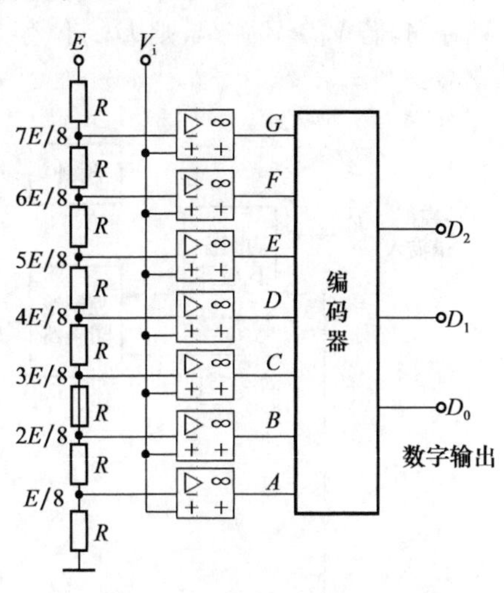

图2-6　3位并行比较式A/D转换器电路原理

当$0 \leqslant V_i < E/8$时，比较器的输出状态都为0；当$2E/8 \leqslant V_i < 3E/8$时，最下面的两个比较器的输出均为1，其余各比较器的状态均为0。根据各比较器的参考电压值，可以确定输入模拟电压值与各比较器输出状态的关系。比较器的输出状态由D触发器存储，经优先编码器编码，得到数字量输出。优先编码器优先级别最高是G，最低的是A。

并行比较式A/D转换器最大的优点是转换速度快，其转换时间只受电路传输延迟时间的限制，最快能达到低于1ns。缺点是随着输出二进制位数的增加，器件数目按几何级数增加。一个n位的转换器，需要2^n-1个比较器。例如，$n=8$时，需要$2^8-1=255$个高速比较器。因此，制造高分辨率的集成并行A/D转换器受到一定限制。显然，这种类型的A/D转换器适用于要求转换速度高、但分辨率较低的场合。

2. 逐次比较式A/D转换器

逐次比较式A/D转换器由控制逻辑电路、时序产生器、移位寄存器、D/A转换器及电压比较器组成。n位逐次比较式A/D转换器的原理如图2-7所示。

逐次比较转换过程和用天平称物重非常相似。逐次比较式A/D转换器就是将输入模拟信号与不同的参考电压作多次比较，使转换所得的数字量在数值上逐次逼近输入模拟量对应值。对图2-7所示的电路，它由启动脉冲启动后，在第一个时钟脉冲作用下，控制电路使时序产生器的最高位置1，其他位置0，其输出经数据寄存器将1000…0，送入D/A转换器。输入电压首先与D/A器输出电压($V_{REF}/2$)相比较，若$V_i \geqslant V_{REF}/2$，则比较器输出为1，若$V_i < V_{REF}/2$，则为0。比较结果存于数据寄存器的D_{n-1}位。然后在第二个CP作用下，移位寄存器的次高位置1，其他低位置0。若最高位已存1，则此时$V_o=(3/4)V_{REF}$。于是V_i再与$(3/4)V_{REF}$相比较，若$V_i \geqslant (3/4)V_{REF}$，则次高位$D_{n-2}$存1，否则$D_{n-2}=0$；若最高位为0，则$V_o=V_{REF}/4$，若$V_i \geqslant V_{REF}/4$，则$D_{n-2}$位存1，否则存0。以此类推，逐次比较得到输出数字量。

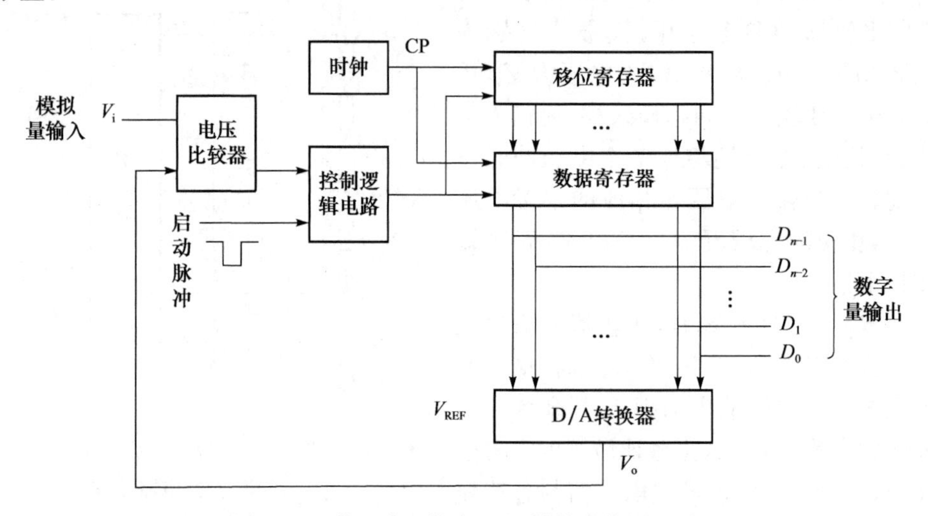

图2-7 n位逐次比较式A/D转换器的原理图

逐次比较式A/D转换器的转换时间与转换精度比较适中，其转换时间一般在微秒级，转换分辨率一般在16位以下，是集成A/D转换芯片中使用最广泛的一种类型。常见的集成芯片有ADC0801-ADC0805型、ADC0808/0809系列、AD574A、ADC575等。

3. 双积分式 A/D 转换器

双积分式 A/D 转换器属于间接型 A/D 转换器，它是把待转换的输入模拟电压先转换为一个中间变量，例如，时间 T 或频率 F。然后对中间变量量化编码，得出转换结果。整个转换原理如图 2-8 所示。

转换开始前，先将计数器清零，并接通 S_0 使电容 C 完全放电。转换开始，断开 S_0。整个转换过程分两步进行。

第一步，令开关 S 置于输入信号 V_i 一侧。积分器对 V_i 进行固定时间 T_1 的积分。积分结束时积分器的输出电压为

$$V_o(t_1)=-\frac{1}{RC}\int_0^{t_1}V_i\mathrm{d}t=-\frac{V_i}{RC}T_1 \tag{2.6}$$

可见积分器的输出与 V_i 成正比。这一过程也称为转换电路对输入模拟电压 V_i 的采样过程。

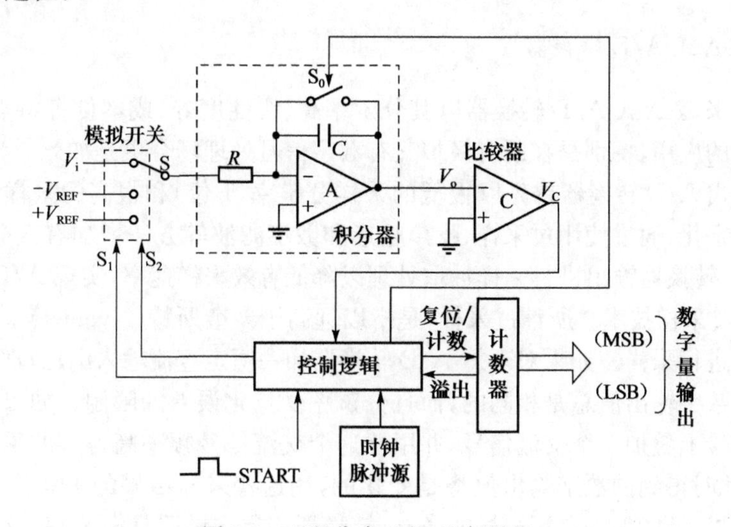

图 2-8　双积分式 A/D 基本原理

在采样开始时，逻辑控制电路将计数器打开，计数器计数。当计数器达到满量程 N_1 时，此时计数器由全"1"恢复为全"0"，这个时间正好等于固定的积分时间 T_1。计数器复"0"时，同时给出一个溢出脉冲(即进位脉冲)使控制逻辑电路发出信号，令开关 S_1 转换至参考电压 V_{REF} 一侧，采样阶段结束。

第二步，采样阶段结束时，一方面因参考电压 V_{REF} 的极性与 V_i 相反，积分器向相反方向积分。同时控制逻辑电路使比较器输出高电平，作为标频脉冲的时钟信号，通过计数门使计数器计数。经过 T_2 时间以后，积分器输出电压回升为零，过零比较器输出低电平，关闭计数门，计数器停止计数。如图 2-8 所示。因此得到

$$\frac{T_2}{RC}V_{\mathrm{REF}} = \frac{T_1}{RC}V_{\mathrm{i}} \tag{2.7}$$

计数器在 T_2 这段时间里对标准频率为 f_{CP} 的时钟计数，计数结果为 D，由于 $T_1 = N_1 T_{\mathrm{CP}}$，$T_2 = DT_{\mathrm{CP}}$，则

$$D = \frac{T_1}{T_{\mathrm{CP}}V_{\mathrm{REF}}}V_i = \frac{N_1}{V_{\mathrm{REF}}}V_{\mathrm{i}} \tag{2.8}$$

式(2.7)表明，反向积分时间 T_2 与输入模拟电压成正比。计数器在 T_2 时间内对固定频率为 f_{CP} 的时钟计数，计数结果也就是该电路转换输出的数字量，至此即完成了电压-时间的转换。

双积分式 A/D 转换器若与逐次比较式 A/D 转换器相比较，因有积分器的存在，它的一个突出优点是工作性能比较稳定且抗干扰能力强，电路结构简单。但其转换速度较慢，一般一次转换的时间在 1～2ms，而逐次比较式 A/D 转换器可达到 1μs。

4. Σ-Δ 式 A/D 转换器

近年来，Σ-Δ 式 A/D 转换器以其分辨率高、线性度好、成本低等特点，得到越来越广泛的应用，特别是在既有模拟又有数字信号处理场合更是如此。

Σ-Δ 式 A/D 转换器首先以很低的采样分辨率(1 位)和很高的采样速率将模拟信号数字化，通过使用过采样、噪声整形和数字滤波等方法增加有效分辨率，然后对 A/D 转换器输出进行采样抽取处理以降低有效采样速率，实现 A/D 转换。

(1) 过采样技术。所谓过采样，是指以远高于奈奎斯特(Nyquist)采样频率对模拟信号进行采样。如果对理想 A/D 转换器加一恒定直流输入电压，那么多次采样得到的数字输出值总是相同的，而且分辨率受量化误差的限制。如果在这个直流输入信号上叠加一个交流信号，并用比这个交流信号频率高得多的采样频率进行采样，此时得到的数字输出值将是变化的，用这些采样结果的平均值表示 A/D 转换的结果，便能得到比用同样的 A/D 转换器高得多的采样分辨率，这种方法称为过采样。提高采样频率，可以降低量化噪声电平，而基带是固定不变的，因而减少了基带范围内的噪声功率，提高了信噪比。

(2) Σ-Δ 调制技术。Σ-Δ 调制器将量化噪声从基带内搬移到基带外的更高频段，通常将这一技术称为噪声整形技术。Σ-Δ 式 A/D 转换器框图如图 2-9 所示，由 Σ-Δ 调制器及数字抽取滤波器组成。Σ-Δ 调制器由积分器、量化编码电路、1 位 DAC 组成。积分器对输入和 1 位 DAC 输出的差值进行积分。反馈 DAC 的作用是使积分器的平均输出电压接近于比较器的参考电平。Σ-Δ 调制器对输入信号表现为低通滤波，而对量化噪声表现为高通滤波。这样，大部分量化噪声就被推向更高的频段，跟前面的简单过采样相比，总的噪声功率没有改

变,噪声的分布发生了变化。

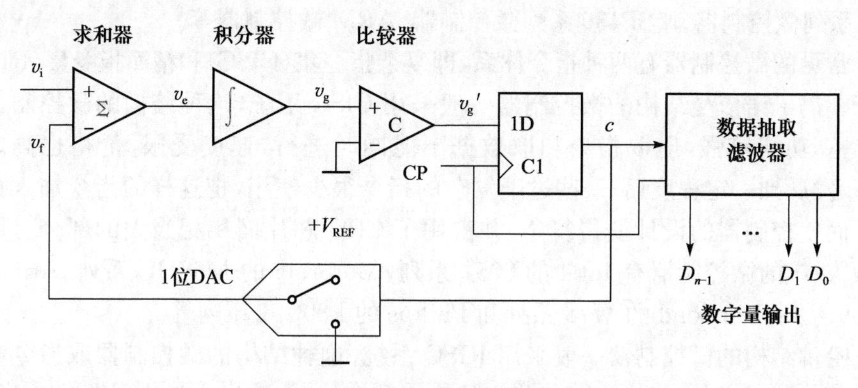

图 2-9　Σ-Δ 式转换器结构图

(3) 数字滤波和采样抽取。Σ-Δ 调制器对量化噪声整形以后,将量化噪声移到所关心的频带以外,然后将整形后的量化噪声送入数字滤波与抽取电路进行低通滤波和数字抽取(第二次采样)(图 2-9)。这里的数字滤波与抽取电路的作用有三个:一是相对于最终采样频率 f_s,它必须起到抗混叠滤波器的作用;二是它必须滤除 Σ-Δ 调制器在噪声整形过程中产生的高频噪声;三是进行抽取和滤波运算,减小数据速率(输出速率降为输入的 $1/k$),将一位数字信号转换为高位数字信号,实现高分辨率的 A/D 转换,转换的位数由数字滤波器的有限字长来保证。

2.4　微控制器

应用于智能仪器中的微处理器习惯上称为微控制器(microcontroller unit, MCU)或单片机。它将 CPU、存储器、定时计数器、I/O 接口、甚至 A/D 转换器、D/A 转换器、监视计数器等集成在一块芯片上,构成了一个完整的微型计算机。

下面介绍智能仪器中常用的几种微控制器(MCS-51 系列微控制器、PIC 系列微控制器、MSP-430 系列微控制器、ARM 微控制器)的结构特性和参数。

2.4.1　微控制器概述

目前微控制器渗透到生活的各个领域。在智能仪器仪表中,微控制器以其体积小、功耗低、控制功能强、扩展灵活、微型化和使用方便等优点得到广泛应用,结合不同类型的传感器,可实现如电压、功率、频率、湿度、温度、流量、速度、厚度、角度、长度、硬度、压力等物理量的测量。采用微控制器控制使得仪器仪表数字化、智能化、微型化,且功能相对传统仪器更加强大。

目前市场上的单片器型号和种类很多，比较流行的有 MCS-51 系列微控制器、PIC 系列微控制器、MSP430 系列微控制器、ARM 微控制器等。

常见的微控制器有两种指令体系，即复杂指令集（CISC）和精简指令集（RISC）系统。冯·诺依曼结构的微控制器一般采用 CISC 系统，这种结构的微控制器指令丰富，功能较强，但取指令和取数据不能同时进行，速度受限，价格也高。当 CISC 发展到一定程度后，一些过于复杂的指令很少使用，把这样的指令加入指令集反而使控制器的设计变得复杂，并占用了 CPU 芯片面积相当大的部分。属于 CISC 系统的微控制器有 Intel 的 8051 系列、Motorola 的 M68HC 系列、Atmel 的 AT89 系列、Winbond 的 W78 系列和 Philips 的 P80C51 系列等。

哈佛结构的微控制器一般采用 RISC 系统，这种结构的微控制器取指令和取数据可以同时进行，且由于一般指令线宽于数据线，使其指令相比同类 CISC 微控制器指令包含更多的处理信息，执行效率更高，速度也更快。同时，这种微控制器指令多为单字节，程序存储器的空间利用率大大提高，有利于实现超小型化设计。属于 RISC 系统的微控制器有 TI 的 MSP430、ARM 微控制器、Microchip 的 PIC 系列、Zilog 的 Z86 系列、Atmel 的 AT90S 系列、三星 KS57C 系列 4 位微控制器和义隆的 EM78 系列等。

尽管不同型号的微控制器在其结构、字长、指令集、存储器组织、功耗、封装等诸多方面存在着较大的区别，但它们的内部结构功能大多包括中央处理单元、存储器、中断逻辑电路和外围功能模块。在硬件设计时应首先考虑微控制器的选择，然后确定与之配套的外围芯片。在选择微控制器时，要考虑的因素有字长、寻址能力、指令功能、执行速度、中断能力以及市场对这种微控制器的软、硬件支持状态等。

2.4.2 MCS-51 系列微控制器

MCS-51 系列微控制器是 Intel 公司在 20 世纪 80 年代初研制的，很快就在各行业得到推广和应用，现在 MCS-51 是指由美国 Intel 公司设计的系列微控制器的总称，包括 8031、8051、8751、89C51、8032、8052、8752、89C52 等。20 世纪 80 年代中期以后，Intel 公司以专利转让的形式把 8051 内核授权给了 Atmel、Philips、Analog Devices 和 Dallas 等许多半导体厂家。这些厂家生产的芯片是 51 系列的兼容产品。

MCS-51 微控制器系列分为 51、52、54、58 等子系列，并以芯片型号的末位数字加以标识。其中，51 子系列是基本型，52 等系列是增强型，51、52 子系列微控制器的主要硬件特性如表 2-1 所示。

表 2-1　MCS-51 系列微控制器的主要硬件特性

片内 ROM 型式				ROM 大小	RAM 大小	寻址范围	I/O 特性		中断源数量
无 ROM	ROM	EPROM	Flash				计数器	并行口	
8031	8051	8751	8951	4KB	128B	64KB	2×16	4×8	5
80C31	80C51	87C51	89C51	4KB	128B	64KB	2×16	4×8	5
8032	8052	8752	8952	8KB	256B	64KB	3×16	4×8	6
80C32	80C52	87C52	89C52	8KB	256B	64KB	3×16	4×8	6

目前以 8051 技术核心为主导的微控制器技术已被 Atmel、Philips 等公司所继承，并且在原有基础上又进行了新的开发，形成了功能更加强劲的、兼容 51 的多系列化微控制器。如针对无线传感器网络，TI 公司开发的具有 ZigBee 协议栈的 CC2430、CC2530 等片上系统，也是在 51 内核的基础上进行了优化。国产化的 STC 系列微控制器，具有完整的系列，具有高速、低功耗、保密性好等特性。常见的 51 内核微控制器芯片型号如表 2-2 所示。

表 2-2　常见的 51 内核微控制器芯片型号

公司	常见的 51 内核微控制器型号
Philips	P831/32、P89C51/52/54/58、P89C51/52/54/58、P87C51/52/54/58、P89C51RX2、P87LPC7XX、P89LV51/52/54/58 等
Atmel	AT89C51/52/54/58、AT89S51/52/54/58、AT89LS51/52/54/58、AT89LV51/52/54/58、AT89C1051/2051/4051 等
Winbond	78E51B、78E52B、78E54B、78E58B、78E516B、77E58 等
Analog Devices	ADuC812/14/16/24、ADuC831/32/34/36、ADuC841/42/43/45/47/48 等
TI	MSC1210/1211/1212/1213/1214 的 Y2/Y3/Y4/Y5 等

2.4.3　PIC 系列微控制器

美国 Microchip 半导体公司推出的 PIC 系列微控制器是为要求高性能而低价格的用户设计的。PIC 系列微控制器率先采用了 RISC 结构，使其执行效率大为提高。在大多数微控制器中，取指令和执行指令都是顺序进行的，而在 PIC 微控制器中，由于采用了哈佛总线结构，芯片内部数据总线和指令总线分离，并采用了不同的宽度，使得在处理一条指令的同时可以对下一条要执行的指令进行预处理即取指令的过程，这样就避免了数据读取产生冲突。流水线结构的引入，允许取指令和执行指令同时进行，也就是说在时间上是相互重叠的，所以 PIC 系列微控制器才可以实现单周期指令。只有涉及改变程序计数器 PC 值的程序分支指令才需要两个周期。

除此之外，针对微控制器应用的特点，PIC 微控制器的功耗低，以 PIC16F87X

系列为例，供电电压为 2.0～5.5V，当使用 4MHz 晶振，供电电压为 3V 时，耗电电流典型值不超过 6mA；当使用 32kHz 晶振，供电电压为 3V 时，睡眠模式耗电电流更是低于 1μA；另外，PIC 有优越开发环境，在推出一款新型号的同时推出相应的仿真芯片，所有的开发系统由专用的仿真芯片支持，实时性好；同时，片上资源丰富，各芯片除了基本配置，还根据应用集成了多种外围模块，如电压比较器、USB 接口、液晶驱动电路、多种通信接口等，易于实现系统单片化、小型化目标。

PIC 微控制器的型号繁多，功能灵活多样。以下进行简单分类。

初档 8 位微控制器：PIC12C5XXX/16C5X 系列。PIC16C5X 系列是最早在市场上得到发展的系列，因其价格较低，且有较完善的开发手段，所以在国内应用最为广泛；而 PIC12C5XX 是世界第一个八脚低价位微控制器，可用于简单的智能控制等一些对微控制器体积要求较高的地方。

中档 8 位微控制器：PIC12C6XX/PIC16CXXX 系列。PIC 中档产品是 Microchip 近年来重点发展的系列产品，品种丰富，其性能比低档产品有所提高，增加了中断功能，指令周期可达到 200ns，带 A/D，内部 E^2PROM 数据存储器，双时钟工作，比较输出，捕捉输入，PWM 输出，I^2C 和 SPI 接口，异步串行通信(USART)，模拟电压比较器及 LCD 驱动等，其封装从 8 脚到 68 脚，可用于高、中、低档的电子产品设计中，价格适中，广泛应用在各类电子产品中。

高档 8 位微控制器：PIC17CXX 系列。PIC17CXX 是适合高级复杂系统开发的系列产品，其性能在中档位微控制器的基础上增加了硬件乘法器，指令周期可达 160ns，它是目前世界上 8 位微控制器中性价比最高的机种，可用于高、中档产品的开发，如马达控制。

此外，PIC 微控制器还有高性能 PIC18CXXX 系列微控制器，是集高性能、CMOS、全静态、模/数转换器于一体的 16 位微控制器，内含存储器以及先进的模拟和数字接口，为用户提供了完善的片上系统解决方案。

2.4.4　MSP430 系列微控制器

MSP430 系列微控制器是 TI 公司推出的超低功耗、功能集成度高的 16 位微控制器，不仅可以应用于许多传统的微控制器应用领域，如仪器仪表、自动控制以及消费品领域，而且适用于一些用电池供电的低功耗产品，如能量表(水表、电表、气表等)、手持式设备、智能传感器等，以及需要较高运算性能的智能仪器设备。

MSP430 微控制器具有超低的功耗，电源电压采用 1.8～3.6V，可使其在 1MHz 的时钟条件下运行时，消耗电流仅 200～400μA，时钟关断模式的最低功耗仅 0.1μA。另外，灵活而可控的运行时钟也实现了对总体功耗的控制。MSP430 系列微控制器在低功耗方面的优越之处，是 51 系列不可比拟的。正因为如此，MSP430 更适合应用于使用电池供电的仪器、仪表类产品中。

在运算速度方面，MSP430 微控制器 16 位的微控制器，采用了 RISC 结构，只有 27 条指令，众多的寄存器以及片内数据存储器都可参加多种运算。这些内核指令均为单周期指令，功能强，运行的速度快。能在 8MHz 晶体的驱动下，实现 125ns 的指令周期。

同时，该系列将大量的外围模块集成到片内，适合于片上系统设计。集成在片内的模块有看门狗(WDT)、模拟比较器、定时器、串口、硬件乘法器、液晶驱动器、10 位/12 位/14 位 A/D 转换器、16 位 Sigma-Delta AD、DMA、端口(P0～P6)等的一些外围模块的不同组合。

在开发工具上，对于 MSP430 系列而言，由于引进了 Flash 型程序存储器和 JTAG 技术，使开发工具变得简便，价格相对低廉，并且还可以实现在线编程。

2.4.5　ARM 微控制器

ARM 公司是一家知识产权(IP)供应商，它与一般半导体公司的不同就是不制造芯片，而是通过转让设计方案，由合作伙伴生产出各具特色的芯片。ARM 架构是 ARM 公司面向市场设计的第一款低成本 RISC 微处理器。它具有高性价比以及出色的实时中断响应和低功耗，成为嵌入式系统的理想选择。其应用范围广泛，如手机、PDA、MP3/MP4 和种类繁多的便携式消费产品。市场占有率超过 75%，许多著名的处理器公司都推出了自己的基于 ARM 处理器产品。

从 1985 年 ARM1 诞生至今，ARM 公司开发了很多系列的 ARM 处理器核，应用较多的有 ARM7、ARM9、ARM10、ARM11，Intel 的 XScale 系列和 MPCore 系列，还有针对低端 8 位 MCU 市场最新推出的 Cortex-M3 系列等。

ARM7 系列包括 ARM7TDMI、ARM7TDMI-S、带有高速缓存处理器宏单元的 ARM720T 和扩充的 ARM7EJ-S。其中 ARM7TDMI 是 ARM 公司于 1995 年推出的目前用量最多的一款内核，增加了 64 位乘法指令(带 M 后缀)、支持片上调试(带 D 后缀)、高密度 16 位 Thumb 指令集扩展(带 T 后缀)和 Embedded ICE 硬件仿真功能模块(带 I 后缀)，形成 ARM7TDMI。

常见的具有 ARM 内核的微控制器有 Atmel 公司的 AT91 系列微控制器和 Philips 公司的 LPC2100、LPC2200 系列的 ARM 微控制器以及 Cirrus Logic 公司的 EP 系列微控制器和 Samsung 公司的 ARM7、ARM9。下面对 LPC2000 系列芯片作简要的介绍。

LPC2000 系列基于一个支持实时仿真和跟踪的 16/32 位 ARM7TDMI-S CPU 的微控制器，并带有 0/128/256 KB 嵌入的高速片内 Flash 存储器。片内 128 位宽度的存储器接口和独特的加速结构使 32 位代码能够在最大时钟速率下运行。对代码规模有严格控制的应用可使用 16 位 Thumb 模式将代码规模降低超过 30%，而性能的损失却很小。

LPC2000系列芯片内部结构分为四部分：支持仿真的ARM7TDMI-S CPU的微控制器；与片内存储器接口的ARM7局部总线；与中断控制器接口的AMBA高性能总线(AHB)；连接片内外设功能的VLSI外设总线(VPB)。

主要特性：16/32位ARM7TDMI-S核，64脚的超小LQFP和HVQFN封装；16/32/64KB片内SRAM；128/256KB片内Flash程序存储器；128位宽度接口/加速器可实现高达60MHz工作频率；通过片内boot装载程序实现在系统编程(ISP)和在应用编程(IAP)；Embedded ICE可实现断点和观察点；嵌入式跟踪宏单元(ETM)支持对执行代码进行无干扰的高速实时跟踪；10位A/D转换器，转换时间低至2.44μs；CAN总线接口，多个串行接口，包括2个16C550工业标准UART、高速I^2C接口(400kHz)和2个SPI接口；通过片内PLL可实现最大为60MHz的CPU操作频率；向量中断控制器，可配置优先级和向量地址；多达46个或112个通用I/O口，12个独立外部中断引脚；晶振频率范围为1～30MHz；空闲和掉电2个低功耗模式，通过外部中断将处理器从掉电模式唤醒；可通过个别使能/禁止外部功能来优化功耗。

这些特性使ARM微控制器特别适用于工业控制、医疗系统、电子收款机等应用领域。由于内置了宽范围的串行通信接口，它们也非常适合于通信网关、协议转换器、嵌入式软件调制解调器以及其他各种类型的应用。后续的器件还提供了以太网、802.11以及USB功能。

2.5 人机接口

2.5.1 显示器接口技术

显示器是任何计算机系统不可缺少的设备，是智能仪器输出设备，其主要功能是把测量结果以文字或图形方法显示出来。当前的微机系统一般配置CRT显示器和液晶显示器，而仪器系统一般采用LED或LCD显示。

1. LED显示器

LED(light emitting diode)显示器是七段或八段数码管的简称，是一种由特殊的半导体材料制作成的PN结。LED显示器由于其工作电压低、体积小、功耗小、成本低、亮度适中、响应速度快、易与TTL数字逻辑电路连接，所以广泛用于嵌入式系统与单板机等系统的显示部件中。

LED显示器是恒压元件，正向电压一般为1.2～2.6V，工作电流一般为5～20mA，发光强度基本与正向电流成正比。按照结构的不同，LED显示器分为单LED发光管、七段LED显示器及点阵式LED显示器。为了适用于不同的驱动方式,每种结构形式又有共阳极和共阴极两种产品类型。智能仪器中用得较多的是七段显示器和点阵式显示器。

七段 LED 显示器由七个条形 LED 组成,分别称为 a、b、c、d、e、f、g 段,点亮不同的段可显示出数字 0～9 及多个字母、符号,一般在右下角设置一圆形 LED 来显示小数点。如图 2-10(a)所示,共阴七段 LED 显示电路中,发光二极管阴极连接的公共端接地,当某个字段的阳极为高电平时,相应字段被点亮,阳极为低电平时,该字段不亮。同样,如图 2-10(b)所示的共阳七段 LED 显示电路中,发光二极管阳极连接的公共端接高电平,阴极为低电平时,相应字段被点亮,阴极为高电平时,该字段不亮。图 2-10(c)为七段 LED 显示器的段排列及引脚说明,其中引脚 com 为公共端。

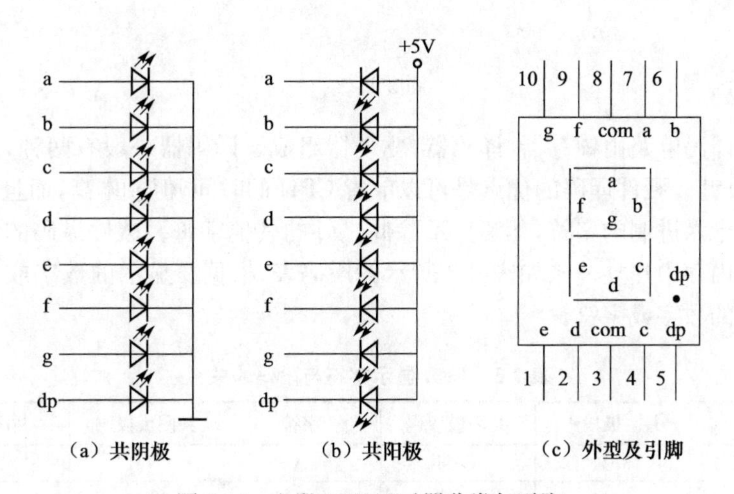

图 2-10　七段 LED 显示器分类与引脚

为了用七段 LED 显示器显示数字或字符,需要将相应的字码送至 LED,译码也就是将数码或字符变换为字型码。译码有硬件译码和软件译码两种。图 2-11 是软件译码和硬件译码的接口电路图。

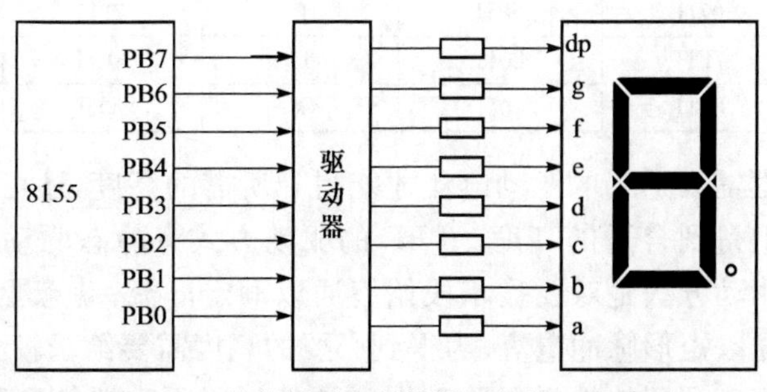

图 2-11　软件译码和硬件译码的接口电路图

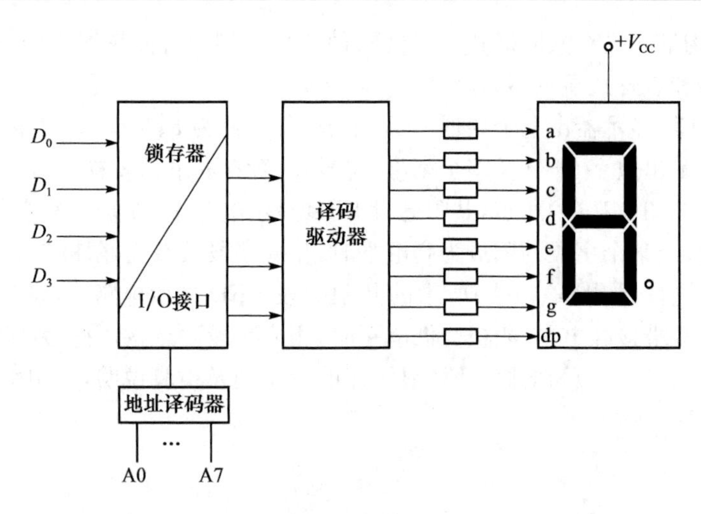

图 2-11(续)

硬件译码电路由锁存器、译码器、驱动器组成。译码器一般有两种，十六进制型和 BCD 型。硬件译码的优点是可以节省 CPU 的时间，但成本高，而且只能译出十进制或十六进制的字符，无法显示除此之外的其他字符。软件译码的基本思想是预先在内存中建立一张如表 2-3 所示的段码表，根据要显示的数字或字符查表获得相应的数字或字符。

表 2-3 LED 显示字符与段码的关系

字符	共阴极段码	共阳极段码	字符	共阴极段码	共阳极段码
0	3FH	C0H	A	77H	88H
1	06H	F9H	B	7CH	83H
2	5BH	A4H	C	39H	C6H
3	4FH	B0H	D	5EH	A1H
4	66H	99H	E	79H	86H
5	6DH	92H	F	71H	8EH
6	7DH	82H	H	76H	09H
7	07H	F8H	P	73H	8CH
8	7FH	80H	U	3EH	C1H
9	6FH	90H	灭	00H	FFH

LED 显示器需要适当的驱动电流才能得到所需的亮度，还可以通过在电路中串联限流电阻得到合适的亮度。LED 的驱动方式有静态驱动和动态驱动两种方法。静态驱动方法是对要显示段始终通以额定电流；动态驱动方法则是对要显示段分时通以矩形脉冲电流，为得到必要的亮度需要给予较大的驱动电流。两种驱动方法都有利用软件译码驱动器和硬件译码驱动器的两种 LED 扫描显

示方式。

2. LCD 显示器

液晶显示器(liquid crystal display,LCD),具有耗电量低,驱动电压低,结构空间小而有效显示面积大,适合于利用大规模集成电路直接驱动,易于实现全彩色显示的优良特性。随着制造技术的发展,液晶显示器的性价比不断提高,在智能仪器仪表中的应用日益广泛。

液晶显示器分扭曲向列型(TN-LCD)、超扭曲向列型(STN-LCD)和薄膜晶体管(TFT-LCD)等几种。其工作原理都是利用液晶的物理特性,即在通电时,液晶分子受到极化,排列变得有秩序,使光线容易通过,液晶显示器看起来呈现"亮"的白色状态;不通电时,排列则变得混乱,阻止光线通过,此时显示器呈现"暗"的黑色状态的透射特性。也可利用其在通电后对外部光的反射特性来显示。

LCD 的驱动方式也有静态驱动和动态驱动两种方法。静态驱动法是指在每个像素的前后电极上施加交变电压时呈显示状态,不施加交变电压时呈非显示状态的一种驱动方法。为适应多像素显示,将显示器件的电极制成矩阵结构,行电极也即公共电极,列电极也即像素电极,每个显示像素由所在的列与行的位置唯一确定。动态驱动法是循环地给每行电极施加选择脉冲,同时所有列电极给出该行像素的选择或非选择驱动脉冲,从而实现所有显示像素的驱动。动态驱动法既可以驱动点阵式液晶显示器,也可以驱动字段式液晶显示器。

LCD 的驱动电压通常采用交流电压。交流电压的频率一般不低于 30Hz,以免造成显示数字闪烁,但也不应高于 200Hz,以免频率的增大引起 LCD 功耗的增大。此外,交流电压中直流成分的值应当小于 100mV,以免使液晶材料在长时间直流电压作用下发生分解而缩短 LCD 的寿命。图 2-12 是 LCD 的基本驱动电路及其工作电压波形。显示频率信号一方面加到 LCD 公共电极上,另一方面,通过异或门加到 LCD 显示段 S 上。此时只要控制异或门输入控制端 A 的电平,就能控制 LCD 显示器的亮暗。

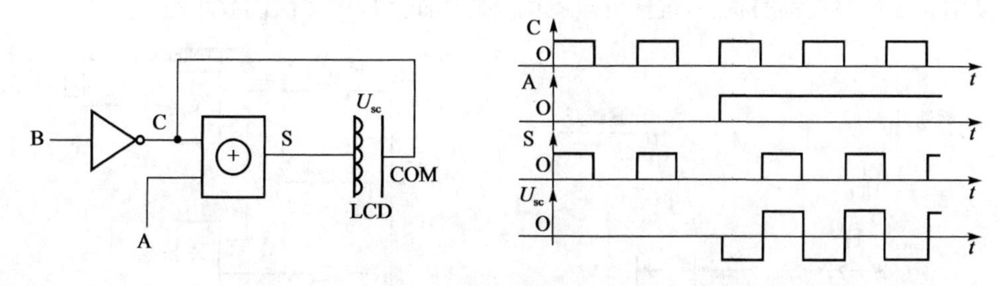

图 2-12　LCD 的基本驱动电路及其工作电压波形

2.5.2　键盘接口技术

键盘是一组按压式或触摸式开关(按键)的集合,是智能仪器常见的输入设备。操作者可以通过键盘输入数据、参数和操作命令等,实现人机对话。一般来说,仪器的键盘包括 0～9 这 10 个数字键和若干个功能键。

按键按照结构原理可分为两类:一类是触点式开关按键,如机械式开关、导电橡胶式开关等,特点是造价高;另一类是无触点开关按键,如电容式按键、磁感应按键等,特点是寿命长。

按键根据接口不同分类,可分为编码式键盘、非编码式键盘。编码式键盘本身是一个智能系统,由硬件自动提供按键的编码来表示被按下的开关。按键时,键盘自动产生被按键的键值,同时产生选通脉冲通知微处理器。非编码式键盘只简单地提供键盘的行与列矩阵,键的识别和键值的产生均由软件产生,非编码式键盘一般是一个开关阵列,需要占有较多的 CPU 时间。

1. 按键识别

对按键的识别与分析,主要完成以下任务。

(1) 按键判别:判断是否有键按下。

(2) 按键识别:在有按键的情况下,识别出是哪个键,并求出该键的值。

2. 键盘的抖动与串键

1) 按键抖动

从键盘按下到接触稳定要经过数毫秒的抖动,键松开时也有同样的问题,抖动的长短和开关的机械特性有关,一般为 5～10ms,如图 2-13 所示。抖动会引起一次按键多次读数。解决抖动问题可以使用硬件或软件方法。通常在键数少时可以用 RS 触发器,如图 2-14 所示,或用最简单的 RC 滤波器来克服抖动。键数多时,往往采用软件延时办法,即当检查出键闭合(或断开)后,执行一个约 10ms 的延时子程序,抖动消失后再检查键的状态,这样可以避免因抖动而造成的多次读数问题。

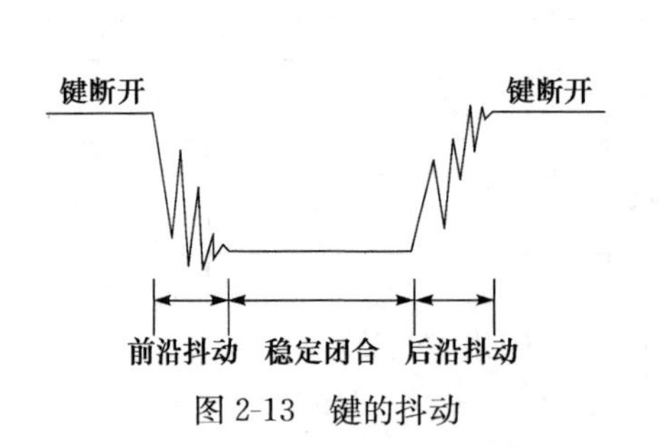

图 2-13　键的抖动

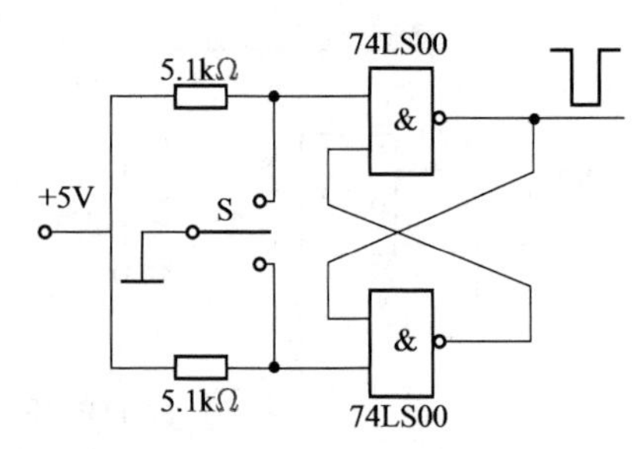

图 2-14　硬件(RS 触发器)消抖

2）单次键入与连击

按键单击和连击处理流程图如图 2-15 和图 2-16 所示。

3）串键处理

多个键同时按下时可有多种处理方法。

方法一：最后仍被按下的键是有效按键：不理会所有被按键，直至只剩下一个键按下时为止。

方法二：当第一个按键未松开时，以后任何其他按下又松开的键不产生键值。通常第一个被按下或最后一个松开的键产生键码。

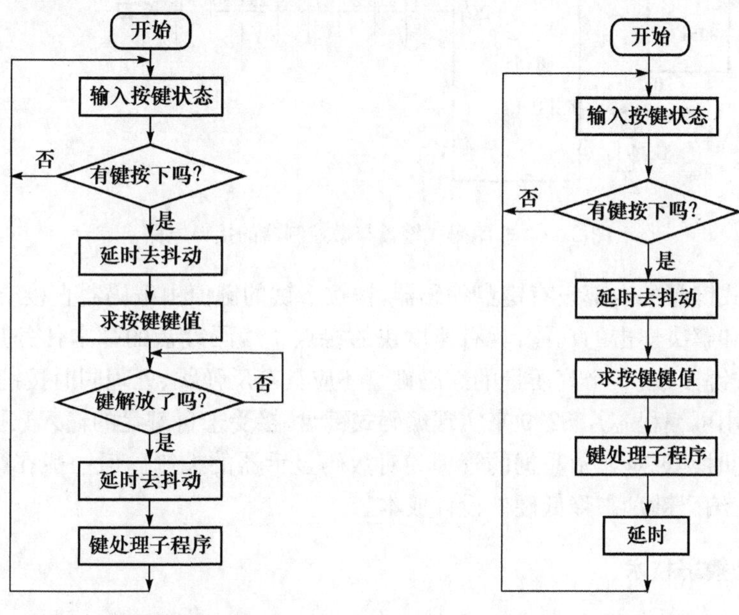

图 2-15　按键单击处理　　　　图 2-16　按键连击处理

3. 非编码式键盘与编码式键盘

非编码式键盘也称矩阵式键盘，通常采用软件的方法，逐行逐列检查键盘状态，当发现有键按下时，用计算或查表的方式获得该键的键值。目前大都采用行扫描法来识别按键。行扫描法每次在键盘的一行发出扫描信号，同时检查列线的输入信号。若发现某列的输入信号与扫描信号一致，则位于该列和扫描行交点的键就是被按下的键。

图 2-17 所示为由 4×8 矩阵组成的 32 键键盘与微控制器的接口电路。可编程并行接口器 8155 的 PC 端口处于输出方式，用于行扫描；PA 端口处于输入方式，用来读入列值。

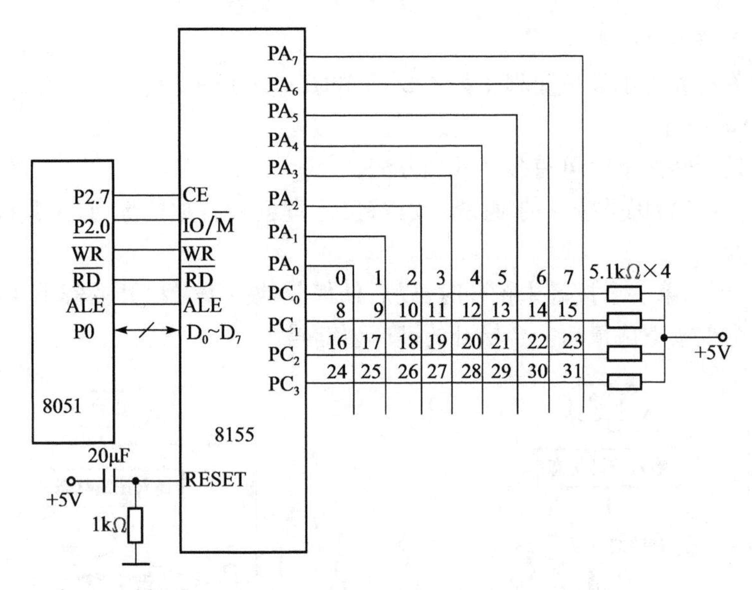

图 2-17　非编码式键盘与微控制器的接口电路

编码式键盘的内部设有键盘编码器，被按下键的键值由编码器直接给出，同时具有防抖和解决连击的功能，具有速度快的特点。编码键盘的基本任务是识别按键，提供按键读数，一个高质量的编码键盘还应具有反弹跳、处理同时按键等功能。

可利用可编程芯片 8279 来实现编码式键盘，接受来自键盘的输入数据并进行预处理，同时实现对显示数据的管理和对数码显示器的控制。但一般在智能仪器中，采用非编码键盘来降低硬件设计成本。

2.5.3　触摸屏技术

触摸屏是一种新型智能仪器仪表的输入设备，具有简单、方便、自然的人-机交互方式。工作时，操作者首先用手指或其他工具触摸屏幕，然后系统根据触摸的图标或菜单定位选择信息输入。触摸屏由检测部件和控制器组成，检测部件安装在显示器前面，用于检测用户触摸位置，并转换为触摸信号；控制器的作用是接受触摸信号，并转换成触摸坐标后送给 CPU，它同时能接受 CPU 发来的命令并加以执行。

按照触摸屏的结构，触摸屏可以分为嵌入式(内置式)和外挂式。按照触摸屏的检测手段和传输介质的不同，触摸屏可以分为四类：电阻式、电容式、红外线式及表面声波式触摸屏。

电阻式触摸屏的主要部分是一块多层的复合电阻薄膜。电阻式触摸屏的检测原理如图 2-18 所示，当手指触摸屏幕时两导体层在触摸点位置产生了接触，控制器检测到这个接触点后计算出 X、Y 的坐标。其特点是不怕油污、灰尘和水。电阻触摸屏的缺点是因为复合薄膜的外层采用塑胶材料，太用力或使用锐器触摸可能划伤触摸屏而损坏。

电容式触摸屏的构造主要是在玻璃屏幕上镀一层透明的阻性导体层，再在导体层外加一层保护玻璃。电容式触摸屏的原理是把人体当成一个电容器的电极，利用人体的电流感应进行工作。电容式触摸屏是众多触摸屏中最可靠、最精确的一种，但成本较高。缺点是一般仅手指的正面触摸时才有反应，当温度、湿度或环境电场改变时，可能会引起触摸屏的漂移，造成定位不准确。

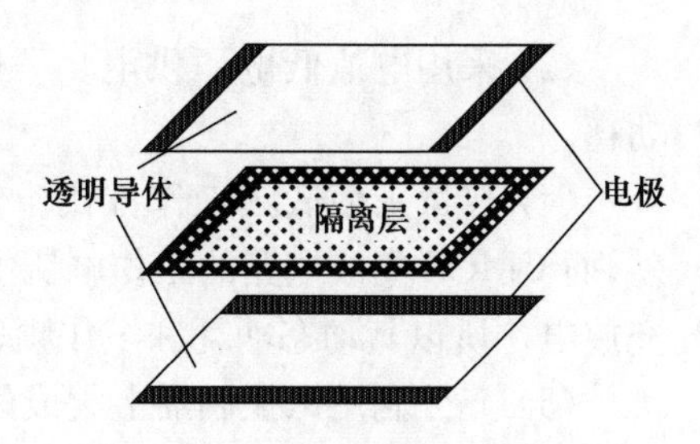

图 2-18　电阻式触摸屏检测原理

红外触摸屏以光束阻断技术为基本原理，不需要在原来的显示器表面覆盖任何材料。当手指触摸屏幕某一点时，便会挡住经过该位置的两条红外线，红外线接收管会产生变化信号，计算机根据 X、Y 方向两个接收管变化的信号，来确定触摸点的位置。表面声波触摸屏与红外触摸屏，除了声波取代红外线工作外工作原理类似。目前这两种方法在仪器仪表中很少使用。

2.5.4　打印机接口技术

在智能仪器中，有时不仅要求系统具有显示功能，还要求系统将有关数据、表格或曲线打印出来。一般智能仪器配备体积小、功耗低的微型打印机；或提供标准打印接口和软件，供用户外接打印机。打印机具有针式或热敏等工作原理。目前常用的微型打印机有 GP16、TPμp16A/40A、PP40、u80 等。

2.6　低功耗设计

智能仪器的功耗是由多方面的因素决定的，主要取决于系统的技术指标，芯片和器件的性能，以及系统的工作方式等。

低功耗设计不仅省电，而且可以降低电源模块及散热系统的成本。由于电流的减小也减少了电磁辐射和热噪声的干扰。随着设备温度的降低，器件寿命则相应延长。低功耗手持式智能仪器是一类特殊的智能仪器，其设计过程应遵循一些特殊的设计原则。

(1) 选用低功耗的微控制器。在满足运算速度的前提下，尽可能选择低功耗的微控制器。

(2) 尽量选用 CMOS 集成电路。CMOS(complementary metal oxide semiconductor)集成电路的静态功耗几乎为零，而且其输出逻辑电平摆幅大、抗干扰能力强、工作温度范围也宽。

(3) 采用电池低电压供电。一般降低器件的用电电压能够明显降低器件的功耗。

(4) 尽量采用低频工作方式。低功耗微控制器系统几乎全部采用 CMOS 器件,而 CMOS 集成电路的工作电流主要来自于开关转换时多对后级输入端的电容充放电。所以其动态功耗和工作频率成正比,因此,需要时可降低工作频率。

(5) 充分利用微控制器上集成的功能。微控制器已经将许多硬件集成到一块芯片中,使得这些功能要比用扩展外围电路有效得多。微控制器的真正单片化,使得工作效率大大提高,成本要比使用扩展化方式低,而且性能更好,微控制器电源电压可以很容易降下来,系统功耗可以大幅降低。

(6) 选用低功耗的外围器件和电路。在必须选择使用某些外围器件时,尽可能选用低功耗、低电压、高效率的外围器件,如 LCD 显示器、EEPROM 等,此外选用工作电流较小的低功耗、高效率的电路形式,如使用 PWM 方式驱动 LED 器件等。

(7) 妥善处理芯片闲置引脚。由于 CMOS 电路时电压控制器件,它的输入阻抗较高。如果输入引脚浮空,在输入引脚上很容易累计电荷,产生较大的感应电势,即使受到外界的一点点干扰也有可能成为反复振荡的输入信号。CMOS 器件的功耗基本取决于门电路的翻转次数。可以把它上拉或下拉到一个合适的电平,或者设置成输出。

(8) 电源系统设计。智能仪器大多采用工频交流电源供电,由两种类型的稳压电源提供各挡电压。一种是普通线性单元,稳压精度能满足一般需求,缺点是体积较大,发热严重;另一种是广泛应用于微机系统的开关电源,它按照脉宽调制式(PWM)原理工作,体积小巧,稳定性好,工作效率高,但成本略高,干扰较大。

设计与选用智能仪器系统电源要注意以下几点:电源应该具有足够的功率;由于电源是干扰信号进入智能仪器的主要途径之一,所以电源变压器等器件应有良好的屏蔽或滤波性能。由于微机系统中器件的要求不同,所以需要电源有若干组输出(例如,+5V,±12V,+24V 等),应根据各组电路供电的功耗等综合选取;有时仪器还需要具有相互隔离的电源,设计中应统一考虑。从抗干扰的角度考虑,共地系统不宜采用隔离电源,而隔离系统不宜使用共地电源。

2.7 数据处理技术

智能仪表的误差来源于采集数据误差和运算误差。采集数据误差由传感器、放大电路和 A/D 转换器精度等决定,误差的减小需付出高的代价;而运算误差可以采用较长字节的浮点数和较高精度的计算方法来减小。在进行设计时,要使智能仪器的误差主要取决于输入误差,使运算误差可以忽略以充分利用传感器和

A/D转换器部件的精度。

数据处理是指对智能仪器的测量数据进行加工和处理，以便进行控制、显示和记录等，并减小误差。

误差的分类方法很多。从时间角度，把误差分为静态误差和动态误差。静态误差包括系统误差和随机误差。动态误差指检测系统输入与输出信号之间的差异，由于产生动态误差的原因不同，动态误差又可分为第一类和第二类。因检测系统中各环节存在惯性、阻尼及非线性等原因，动态测试时造成的误差，称为第一类动态误差；因各种随时间改变的干扰信号所引起的动态误差称为第二类误差。

2.7.1　系统误差处理技术

系统误差是指在相同条件下，多次测量同一量时，其大小和符号保持不变或按一定规律变化的误差。产生误差的原因很多，主要有以下几个方面。

(1) 测量装置方面：如标尺的刻度偏差、放大器的零点漂移、增益漂移等。

(2) 环境方面：测量时实际温度与标准温度的偏差，以及测量时由温度、气压和湿度等环境量变化引起的误差等。

(3) 测量方法方面：采用近似测量方法或计算公式等引起的误差。

(4) 测量人员方面：测量者在使用仪表之前没有调零、没有校正以及由个人喜好，如读数时习惯偏于某一方向引起的误差等。

对于系统误差的校准主要有代数插值法和最小二乘法等方法。

1. 代数插值法

设有 $n+1$ 组离散点：$(x_0,y_0),(x_1,y_1),\cdots,(x_n,y_n)$，$x\in[a,b]$和未知函数 $f(x)$，代数插值法就是用 n 次多项式 $P_n(x)=a_nx^n+a_{n-1}x^{n-1}+\cdots+a_1x+a_0$ 去逼近 $f(x)$，使 $P_n(x)$在节点 x_i 处满足

$$P_n(x)=f(x_i)=y_i,\quad i=0,1,\cdots,n \tag{2.9}$$

系数 $a_n,\cdots,a_1,a_0$ 应满足方程组：

$$\begin{cases}a_nx_0^n+a_{n-1}x_0^{n-1}+\cdots+a_1x_0^1+a_0=y_0\\ a_nx_1^n+a_{n-1}x_1^{n-1}+\cdots+a_1x_1^1+a_0=y_1\\ \qquad\vdots\\ a_nx_n^n+a_{n-1}x_n^{n-1}+\cdots+a_1x_n^1+a_0=y_n\end{cases} \tag{2.10}$$

用已知的(x_i,y_i)，$(i=0,1,\cdots,n)$去求解方程组，即可求得 $a_i(i=0,1,\cdots,n)$，从而得到 $P_n(x)$。对于每一个信号的测量数值 x_i 就可近似地实时计算出被测量 $y_i=f(x_i)\approx P_n(x_i)$，这是求解插值多项式的最基本方法。

最常用的多项式插值有线性插值、抛物线(二次)插值、分段插值法。

(1) 线性插值：从一组数据(x_i, y_i)中选取两个有代表性的点(x_0, y_0)和(x_1, y_1)，如图 2-19 所示，然后根据插值原理，求出插值方程为

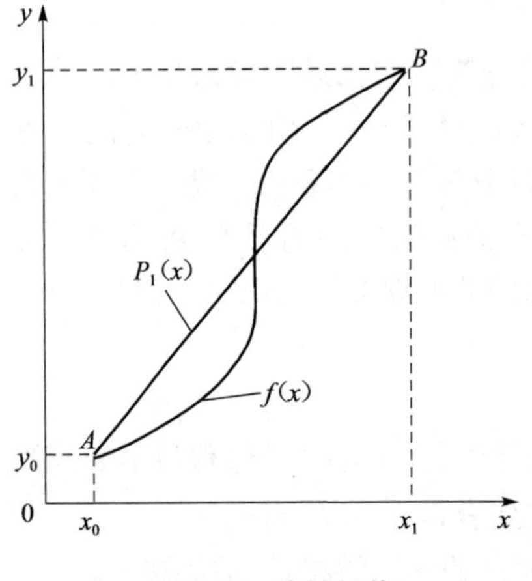

图 2-19　线性插值

$$P_1(x) = \frac{x - x_1}{x_0 - x_1} y_0 + \frac{x - x_0}{x_1 - x_0} y_1 = a_1 x + a_0 \tag{2.11}$$

式中，$a_1 = \frac{y_1 - y_0}{x_1 - x_0}$；$a_0 = y_0 - a_1 x_0$。

$V_i = |P_1(X_i) - f(X_i)|, i = 1, 2, \cdots, n-1$，若在 x 的全部取值区间$[a, b]$上始终有 $V_i < \varepsilon$(ε 为允许的校正误差)，则直线方程 $P_1(x) = a_1 x + a_0$ 就是理想的校正方程。

(2) 抛物线插值(二阶插值)是在一组数据中选取(x_0, y_0)，(x_1, y_1)，(x_2, y_2)三点，相应的插值方程为

$$P_2(x) = \frac{(x - x_1)(x - x_2)}{(x_0 - x_1)(x_0 - x_2)} y_0 + \frac{(x - x_0)(x - x_2)}{(x_1 - x_0)(x_1 - x_2)} y_1 + \frac{(x - x_0)(x - x_1)}{(x_2 - x_0)(x_2 - x_1)} y_2 \tag{2.12}$$

(3) 分段插值法是将曲线 $y = f(x)$分成 N 段，每段用一个插值多项式 $P_{ni}(x)$来进行线性或非线性校正。分段插值大范围内用较低的插值多项式(通常不高于二阶)来达到很高的校正精度，它有等距节点分段和不等距节点分段两种插值方法。

等距节点分段插值的段数 N 及插值多项式的次数 n 均取决于非线性程度和仪器的精度要求。非线性越严重或精度越高，N 取大些或 n 取大些，然后存入仪器的程序存储器中，适用于非线性特性曲率变化不大的场合。实时测量时只要先用程序判断输入 x(即传感器输出数据)位于折线的哪一段，然后取出与该段对应的多项式系数并按此段的插值多项式计算 $P_{ni}(x)$，就可求得被测物理量的近似值。提高插值多项式的次数可以提高校正准确度。考虑到实时计算这一情况，多项式的次数一般不宜取得过高。

若采用等距节点的方法进行插值，要使最大误差满足精度要求，分段数 N 就会变得很大(因为一般取 $n \leqslant 2$)，这使多项式的系数组数相应增加。此时更宜采用不等距节点分段插值法。即在线性好的部分，节点间距离取大些，反之则取小些，从而使误差达到均匀分布，不等距节点分段插值用于曲率变化大的场合。

2. 最小二乘法

设被逼近函数为 $f(x_i)$，逼近函数为 $g(x_i)$，x_i 为 x 上的离散点，逼近误差为

$$V(x_i) = | f(x_i) - g(x_i) |$$

令 $\Psi = \sum_{i=1}^{n} V^2(x_i)$，使 Ψ 最小，即在最小二乘意义上使 $V(x_i)$ 最小化，这就是最小二乘法原理。具体实现方法有直线拟合法和曲线拟合法。

直线拟合法是设一组测试数据，要求出一条最能反映这些数据点变化趋势的直线，设最佳拟合直线方程为

$$g(x) = a_1 x + a_0 \tag{2.13}$$

式中，a_1、a_0 称为回归系数，也称直线方程系数。首先求出直线方程系数 a_1、a_0。

令 $y_i = f(x_i)$，则有

$$\Psi = \sum_{i=1}^{n} V^2(x_i) = \sum_{i=1}^{n} [y_i - g(x_i)]^2 = \sum_{i=1}^{n} [y_i - (a_1 x_i + a_0)]^2$$

分别对 a_1、a_0 求偏导数，并令其为 0，得

$$\begin{cases} \dfrac{\partial \Psi}{\partial a_0} = \sum\limits_{i=1}^{n} [-2(y_i - a_0 - a_1 x_i)] = 0 \\ \dfrac{\partial \Psi}{\partial a_1} = \sum\limits_{i=1}^{n} [-2x_i(y_i - a_0 - a_1 x_i)] = 0 \end{cases}$$

联立求解，可得

$$a_0 = \frac{\left(\sum\limits_{i=1}^{n} y_i\right)\left(\sum\limits_{i=1}^{n} x_i^2\right) - \left(\sum\limits_{i=1}^{n} x_i y_i\right)\left(\sum\limits_{i=1}^{n} x_i\right)}{n\left(\sum\limits_{i=1}^{n} x_i^2\right) - \left(\sum\limits_{i=1}^{n} x_i\right)^2} \tag{2.14}$$

$$a_1 = \frac{n\left(\sum\limits_{i=1}^{n} x_i y_i\right) - \left(\sum\limits_{i=1}^{n} x_i\right)\left(\sum\limits_{i=1}^{n} y_i\right)}{n\left(\sum\limits_{i=1}^{n} x_i^2\right) - \left(\sum\limits_{i=1}^{n} x_i\right)^2} \tag{2.15}$$

只要将各组测量数据代入正则方程组，就可以求出直线方程系数，从而得到这组测量数据在最小二乘意义上的最佳拟合直线方程。

曲线拟合法是指自变量 x 与因变量 y 之间的单值非线性关系，可以用自变量 x 的高次多项式来逼近，选用 m 次多项式

$$y = a_0 + a_1 x + \cdots + a_m x^m \tag{2.16}$$

把 n 个实验数据对 $(x_i, y_i)(i=1,2,\cdots,n)$ 代入多项式，则可得如下 n 个方程

$$
\begin{cases}
y_1-(a_0+a_1x_1+\cdots+a_mx_1^m)y=V_1\\
y_2-(a_0+a_1x_2+\cdots+a_mx_2^m)y=V_2\\
\qquad\qquad\vdots\\
y_n-(a_0+a_1x_n+\cdots+a_mx_n^m)y=V_n
\end{cases}
\tag{2.17}
$$

根据最小二乘原理，为求取系数 a_j 的最佳估计值，应使误差 V_i 的平方和最小，即

$$
\varphi(a_0,a_1,\cdots,a_m)=\sum_{i=1}^{n}V_i^2=\sum_{i=1}^{n}\left[y_i-\sum_{j=0}^{m}a_jx_i^j\right]^2\longrightarrow\min
$$

对 a_k 求偏导数，可得

$$
\frac{\partial\varphi}{\partial a_k}=-2\sum_{i=1}^{n}\left[\left(y_i-\sum_{j=1}^{n}a_jx_i^j\right)x_i^k\right]^2=0
$$

也即计算 $a_0,a_1,\cdots,a_m$ 的线性方程组为

$$
\begin{bmatrix}
n & \sum x_i & \cdots & \sum x_i^m\\
\sum x_i & \sum x_i^2 & \cdots & \sum x_i^{m+1}\\
\vdots & \vdots & & \vdots\\
\sum x_i^m & \sum x_i^{m+1} & \cdots & \sum x_i^{2m}
\end{bmatrix}
\begin{bmatrix}a_0\\a_1\\\vdots\\a_m\end{bmatrix}
=
\begin{bmatrix}\sum y_i\\\sum x_iy_i\\\vdots\\\sum x_i^my_i\end{bmatrix}
\tag{2.18}
$$

由式(2.18)可求得 $m+1$ 个未知数 $a_j(j=0,\cdots,m)$的最佳估计值。

拟合多项式的次数越高，结果越精确，但计算量很大。一般在满足计算精度要求的条件下，应尽量降低多项式次数，还可以使用其他函数，如指数函数、对数函数等进行拟合。

2.7.2　随机误差的校正

随机误差是指由串入仪表的随机干扰、仪器内部器件噪声和 A/D 量化噪声等引起的，在相同条件下测量同一量时，其大小和符号作无规则变化而无法预测，但在多次测量中符合统计规律的误差。采用模拟滤波器是主要硬件方法。为提高测量的准确性和可靠性，经常采用数字滤波方法来消除信号中混入的无用成分，减小随机误差。

与模拟滤波器相比，数字滤波器有以下优点。

(1) 数字滤波是一个计算过程，通常用软件实现，无须增加硬件设备，且可共享一个滤波器。

(2) 无须模拟电路，不存在阻抗匹配、特性波动、非一致性等问题，故可靠性高，稳定性好。

(3) 可以对频率很低的信号(如 0.01Hz 以下)进行滤波，这是模拟滤波器做不到的。

(4) 只要根据需要选择不同的滤波方法或适当改变数字滤波程序有关参数，就能方便地改变滤波特性，因此数字滤波使用时方便灵活。

数字滤波就是通过特定的计算机程序处理，降低干扰信号在有用信号中的比例，实质上，它是一种程序滤波。这里重点介绍消除仪器随机误差的几种数字滤波技术。

1. 克服大脉冲干扰的数字滤波法(非线性法)

克服由仪器外部环境偶然因素引起的突变性扰动或仪器内部不稳定引起误码等造成的尖脉冲干扰，通常采用简单的非线性滤波法。

1) 限幅滤波法

限幅滤波法(又称程序判别法、增量判别法)通过程序判断被测信号的变化幅度，从而消除缓变信号中的尖脉冲干扰。基本算法是把两次相邻的采样值相减，求出其增量(以绝对值表示)，然后与两次采样允许的最大差值(由被控对象的实际情况决定)Δy 进行比较，若小于或等于 Δy，则取本次采样值；若大于 Δy，则仍取上次采样值作为本次采样值。

这种滤波方法适合缓变系统，也适合干扰特点为时间短，但幅值却很大的情况。门限值 Δy 的选取是非常重要的，通常可根据经验数据获得，必要时也可由实验得出。

2) 中值滤波法

中值滤波法是对某一被测参数连续采样 N 次(一般 N 应为奇数)，然后将这些采样值进行排序，选取中间值为本次采样值。中值滤波是一种非线性滤波器，其运算简单，在滤除脉冲噪声的同时可以很好地保护信号的细节信息。这种滤波方法对缓变被测参数，能收到良好的滤波效果。

3) 基于拉依达准则的奇异数据滤波法

拉依达准则(3σ 准则)是指当测量次数 N 足够多且测量值服从正态分布时，在各次测量值中，若某次测量值 X_i 所对应的剩余误差 $V_i > 3\sigma$，则认为该 X_i 为坏值，予以剔除。拉依达准则法的应用场合与程序判别法类似，并可更准确地剔除严重失真的奇异数据。

拉依达准则法实施步骤如下。

(1) 求 N 次测量值 $X_1 \sim X_N$ 的算术平均值

$$\overline{X} = \frac{1}{N}\sum_{i=1}^{N} X_i \tag{2.19}$$

(2) 求各项的剩余误差 V_i

$$V_i = X_i - \overline{X} \tag{2.20}$$

（3）计算标准偏差 σ

$$\sigma = \sqrt{\left(\sum_{i=1}^{N} V_i^{\,2}\right)/(N-1)} \tag{2.21}$$

（4）判断并剔除奇异项 $V_i > 3\sigma$，则认为该 X_i 为坏值，予以剔除。

采用 3σ 准则净化奇异数据，有的仪器通过选择 $k\sigma$ 中的 k 值，调整净化门限，$k>3$，门限放宽，$k<3$，门限紧缩。采用 3σ 准则净化采样数据有其局限性，有时甚至失效。因为 3σ 准则是建立在正态分布的等精度重复测量基础上的，而造成奇异数据的干扰或噪声往往难以满足正态分布。而且当准则在样本值较少时，就不能判别奇异数据。

4）基于中值数绝对偏差的决策滤波器

中值数绝对偏差估计的决策滤波器能够判别出奇异数据，并以有效性的数值来取代。采用一个移动窗口 $x_0(k), x_1(k), \cdots, x_{N-1}(k)$，利用 N 个数据来确定有效性。如果滤波器判定该数据有效，则输出，否则，如果判定该数据为奇异数据，用中值来取代。

2. 抑制小幅度高频噪声的平滑滤波法

叠加在有用数据上的随机噪声在很多情况下可以近似认为是白噪声，其统计平均值为零，可以用求平均值的方法来消除随机误差，这就是平滑滤波。平滑滤波适用于小幅度高频电子噪声，如电子器件热噪声、A/D 量化噪声等。下面介绍平滑滤波的几种方法。

1）算术平均滤波法

算术平均滤波是把 N 个连续采样值(分别为 $X_1 \sim X_N$)相加，然后取其算术平均值作为本次测量的滤波器输出值，即

$$\overline{X} = \frac{1}{N}\sum_{i=1}^{N} X_i \tag{2.22}$$

滤波效果主要取决于采样次数 N，N 越大，滤波效果越好，但系统的灵敏度下降，即外界信号的变化对测量结果影响小。因此这种方法只适用于慢变信号，应按具体情况选取 N。

2）滑动平均滤波法

对于采样速度较慢或要求数据更新率较高的系统，算术平均滤波法无法使用。滑动平均滤波法把 N 个测量数据看成一个队列，队列的长度固定为 N，每进行一次新的采样，把测量结果放入队尾，而去掉原来队首的一个数据，这样在队列中始终有 N 个最新的数据。即

$$\overline{X}_n = \frac{1}{N}\sum_{i=0}^{N-1} X_{n-i} \tag{2.23}$$

式中，$\overline{X}_n$ 为第 n 次采样经滤波后的输出；X_{n-i} 为未经滤波的第 $n-i$ 次采样值；N 为滑动平均项数。

这种滤波方法的平滑度高，灵敏度低；但对偶然出现的脉冲性干扰的抑制作用差。实际应用时，通过观察不同 N 值下滑动平均的输出响应来选取 N 值以便少占用计算机时间，达到最好的滤波效果。

3. 加权滑动平均滤波法

滑动平均滤波法对于 N 次采样值在结果中所占的比重都是均等的，用这样的滤波算法，对于时变信号会引入滞后。N 越大，滞后越严重。为了增加新的采样数据在滑动平均中的比重，以提高系统对当前采样值的灵敏度，即对不同时刻的数据加以不同的权。通常越接近当前时刻的数据权重较大，然后再加权平均。N 项加权滑动平均法的算法为

$$\begin{aligned} &\overline{X} = \frac{1}{N}\sum_{i=0}^{N-1} C_i X_{n-i} \\ &C_0 + C_1 + \cdots + C_{N-1} = 1 \\ &C_0 > C_1 > \cdots > C_{N-1} > 0 \end{aligned} \tag{2.24}$$

4. 一阶惯性滤波(低通数字滤波)

在检测系统的电路中常常伴随有电源干扰及工业干扰，这些干扰的频率很低，对这样低频的干扰信号，采用一阶惯性滤波：

$$y_n = \frac{T}{T_f + T}x_n + \frac{T_f}{T_f + T}y_{n-1} \tag{2.25}$$

$$y_n = \alpha x_n + (1-\alpha)y_{n-1} \tag{2.26}$$

式中，x_n 是第 n 次采样值；y_n 是第 n 次滤波输出值；y_{n-1} 是第 $n-1$ 次滤波输出值；$\alpha=T_f/(T+T_f)$为滤波系数，T_f 和 T 分别为滤波时间常数和采样周期，α 可以由实验确定，只要使被测信号不产生明显的纹波即可。可以模仿模拟 RC 滤波器的特性参数，用软件做成低通数字滤波器，从而实现一阶滤波。

5. 高通数字滤波

低通数字滤波器是将当前输入信号与上次输入信号取加权平均值，因而输出时快速突然变化的信号均被滤波掉，仅留下缓慢变化的部分。而高通数字滤波则是把输入信号中慢变的信号去掉，留下快变的信号，实现高通数字滤波器的功能。其数学表达式如下：

$$y_n = \alpha x_n - (1-\alpha)y_{n-1} \tag{2.27}$$

6. 复合滤波法

在实际应用中,常把前面介绍的两种以上方法结合起来使用,达到既消除了大幅度的脉冲干扰,也实现了数据平滑的目的。

2.7.3 标度变换

仪器采集的数据并不等于原来带有量纲的参数值,它仅仅对应于参数的大小,必须把它转换成带有量纲的数值后才能显示、打印输出和应用,这种转换就是工程量变换,又称标度变换。

例如,测量机械压力时,当压力变化为0～100N时,压力传感器输出的电压为0～10mV,放大为0～5V后进行A/D转换,得到00H～FFH的数字量。

1. 线性标度变换

若被测量的范围为$A_0 \sim A_m$,A_0对应的数字量为N_0,A_m对应的数字量为N_m,A_x对应的数字量为N_x;实际测量值为A_x;假设包括传感器在内的整个数据采集系统是线性的,则标度变换公式为

$$A_x = A_0 + (A_m - A_0)(N_x - N_0)/(N_m - N_0)$$

2. 非线性参数的标度变换

许多智能仪器所使用的传感器是非线性的。此时,一般先进行非线性校正,然后进行标度变换。也可以通过其非线性函数关系,直接进行变化。

参考文献

尚振东,张勇.2008.智能仪器工程设计.西安:西安电子科技大学出版社.
史健芳,钟秉翔,廖述剑,等.2007.智能仪器设计基础.北京:电子工业出版社.
孙宏军,张涛,王超,等.2007.智能仪器仪表.北京:清华大学出版社.
王祁.2010.智能仪器设计基础.北京:机械工业出版社.
王选民,张利川,张晓博,等.2008.智能仪器原理及设计.北京:清华大学出版社.
殷侠.2007.智能仪器设备原理.北京:中国电力出版社.
赵新民,王祁.2007.智能仪器设计基础.哈尔滨:哈尔滨工业大学出版社.

习 题

1. 什么是传感器?传感器如何分类?主要有哪些技术指标?
2. 什么是同相比例运算放大器、反相比例运算放大器?其主要特点有哪些?

3. 描述仪器放大器组成的特点，为何仪器放大器具有很大的输入阻抗及共模抑制比？
4. 模/数转换器的主要技术指标有哪些？描述双积分式模/数转换器的工作原理。
5. 简单描述 51 系列微控制器的内部资源情况，与其他主要微控制器比较有何优缺点？
6. 说明如何实现仪器的低功耗设计。
7. 消除仪器随机误差的数字滤波技术主要有哪些？
8. 智能仪器主要由哪些部分组成？

第3章　数据通信

通信技术实现信息的传递，是系统各部件有机结合并实现高度集成的基础。气象仪器由于其行业的特殊性，在很多情况下需要进行数据通信。本章围绕气象仪器的通信需求，介绍了基本的数据通信过程，典型的仪器通信接口，总线与仪器通信的一般原理和方法，包括数据通信的基础、各种总线通信技术、网络通信技术、仪器通信技术以及无线通信技术、远程通信技术等。

3.1　数据通信概述

3.1.1　信息与数据

信息是用以直接描述客观世界、在人们之间传递的知识；而数据是信息的具体表现形式。

数据可分为模拟数据与数字数据两种。在通信系统中，表示模拟数据的信号称为模拟信号，表示数字数据的信号称为数字信号，二者是可以相互转化的。模拟信号在时间上和幅度取值上都是连续的，其电平随时间连续变化。例如，语音是典型的模拟信号，其他由模拟传感器接收的信号如温度、压力、流量等也是模拟信号。根据信号不同，数据传输方式也可分为模拟传输和数字传输两种。

数字信号在时间上是离散的，在幅值上是经过量化的，它一般是由二进制代码0、1组成的数字序列。例如，计算机中传送的是典型的数字信号。

传统的电话通信信道是传输音频的模拟信道，无法直接传输计算机中的数字信号。为了利用现有的模拟线路传输数字信号，必须将数字信号转化为模拟信号，这一过程称为调制(modulation)。在另一端，接收到的模拟信号要还原成数字信号，这个过程称为解调(demodulation)。由于通常数据的传输是双向的，所以，每端都需要调制和解调，这种设备称为调制解调器(modem)。

模拟信号的数字化需要采样、量化和编码。其中编码是按照一定的规律，把量化后的值用二进制数字表示，然后转换成二值或多值的数字信号流，这样得到的数字信号可以通过电缆、光纤、微波干线、卫星通道等数字线路传输，在接收端则与上述模拟信号数字化过程相反，经过滤波又恢复成原来的模拟信号，上述数字化的过程又称为脉冲编码调制。

3.1.2 信道

要进行数据终端设备之间的通信要有传输电信号的电路,这里所说的电路既包括有线电路,也包括无线电路。信息传输的必经之路称为“信道”,信道有物理信道和逻辑信道之分。

物理信道是指用来传送信号或数据的物理通路,网络中两个结点之间的物理通路称为通信链路,物理信道由传输介质及有关设备组成。

逻辑信道也是一种通路,但在信号收、发点之间并不存在一条物理上的传输介质,而是在物理信道基础上,由结点内部或结点之间建立的连接来实现的。通常把逻辑信道称为“连接”。

信道和电路不同,信道一般都是用来表示向某个方向传送数据的媒体,一个信道可以看成是电路的逻辑部件,而一条电路至少包含一条发送信道或一条接收信道。

3.1.3 数据通信模型

数据通信是两台智能化设备之间数据交换的过程。数据通信模型基本的构成是远端的数据终端设备(data terminal equipment,DTE)通过数据电路和计算机系统相连。数据电路由通信信道和数据通信设备(data communication equipment,DCE)组成。

如果通信信道是模拟信道,DCE的作用就是把DTE送来的数据信号变换为模拟信号再送往信道,信号到达目的结点后,把信道送来的模拟信号变换成数据信号再送到DTE;如果通信信道是数字信道,DCE的作用就是实现信号码型与电平的转换、信道特性的均衡、收发时钟的形成与供给以及线路的接续控制等。

数据通信和传统电话通信的重要区别之一是,电话通信必须有人直接下来参加,摘机拨号,接通线路,双方都确认后才开始通话,在通话过程中有听不清楚的地方还可要求对方再讲一遍。

在数据通信中也必须解决类似的问题,才能进行有效通信。但由于数据通信没有人直接参加,就必须对传输过程按一定的规程进行控制,以便使双方能协调可靠地工作,包括通信线路的连接,收发双方的同步,工作方式的选择,传输差错的检测与校正,数据流的控制,数据交换过程中可能出现的异常情况的检测和恢复,这些都是按双方事先约定的传输控制规程来完成的,具体由通信控制器来完成。

在香农的通信模型基础上,图3-1给出了数据通信系统的构成。

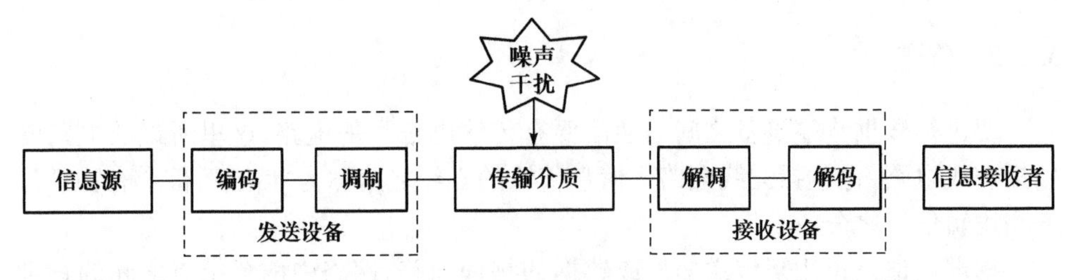

图 3-1　数据通信系统构成图

3.1.4　数据通信方式

根据所允许的传输方向，数据通信方式可分成以下 3 种。

(1) 单工通信：数据只能沿一个固定方向传输，即传输是单向的。

(2) 半双工通信：允许数据沿两个方向传输，但在任一时刻数据只能在一个方向传输。

(3) 双工通信：允许数据同时沿两个方向传输，这是计算机通信常用的方式，可大大提高传输速率。

3.1.5　数据通信基本过程

数据通信基本过程包括建立通信链路、数据传输和释放通信链路三个部分，完整的通信过程如下所述。

(1) 建立通信链路：用户将通信双方地址告知交换机，交换机协调该地址终端。若对方同意，则建立双方通信的物理信道。

(2) 建立数据通信链路：双方建立同步联系，使双方设备处于正确收发状态，通信双方相互核对地址。

(3) 传送通信控制信号和传送数据。

(4) 数据传送结束：双方通过控制信号确认此次通信结束。

(5) 通知交换机通信结束：切断物理连接。

3.2　RS232 接口

3.2.1　RS232 定义

在串行通信时，要求通信双方都采用一个标准接口，使不同的设备可以方便地连接起来进行通信。RS232 接口(EIA RS232C 的简称)是目前最常用的一种串行通信接口。它是在 1970 年由美国电子工业协会(EIA)联合贝尔系统、调制解调器厂家及计算机终端生产厂家共同制定的用于串行通信的标准。它的全名是“数据终端设备和数据通信设备之间用串行二进制数据交换的接口技术标准”,该标准规定采用一个25个脚的DB-25连接器,对连接器的每个引脚的信号内容加以规定,还对各种信号的电平加以规定。

RS232标准是定义DTE与DCE之间的接口标准。图3-2给出了两个DTE通过DCE在通信传输线路上连接示意图。

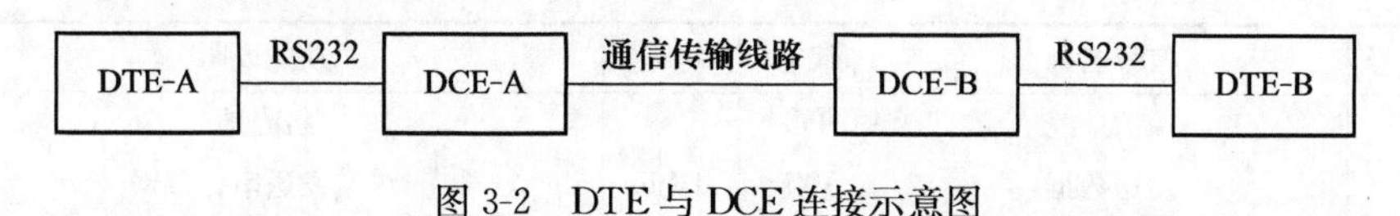

图3-2 DTE与DCE连接示意图

3.2.2 RS232特性

DTE可以是一台计算机或一个终端,也可以是各种I/O设备。一般DCE由一个与模拟电话线路连接的调制解调器组成。在DTE与DCE之间有多个接口,用多种信号线和控制线连接。在发送端DCE将DTE传过来的数据,按比特顺序逐个发往传输线路;而接收端DCE从传输线路收下来串行的比特流,然后再交给DTE。这个过程需要高度协调地工作,必须对DTE和DCE的接口进行标准化,这就构成了通信网络底层物理层的协议。而RS232也正是物理层的标准,其特点可以从物理层协议的四大特性,即机械、电气、功能、规程特性来讨论。

1. 机械特性

RS232使用25根引脚的DB-25针式插座,引脚分为上下两排,分别有13和12根引脚,其编号分别规定为1~13和14~25,公插为自左向右的方向,母插为自右向左。针脚排列如图3-3和图3-4所示。

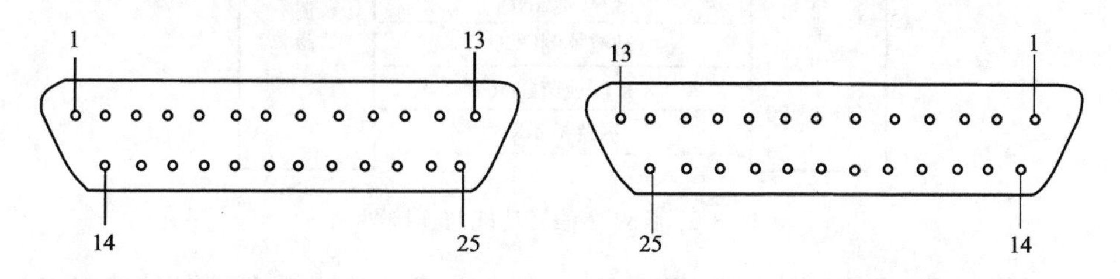

图3-3 RS232的DB-25公插排列图　　图3-4 RS232的DB-25母插排列图

2. 电气特性

RS232采用+15V和-15V的负逻辑电平,规定逻辑“1”的电平为-15~-3V,逻辑“0”的电平为+3~+15V,而在-3~+3V为过渡区域不进行定义。当连接电缆线的长度不超过15m时,允许数据传输速率不超过20Kbit/s。

3. 功能特性

功能特性主要规定了具体的电路与 25 根引脚的连接，以及每根引脚的作用。表 3-1 列出了 RS232 定义的部分常用引脚功能。

表 3-1　RS232 功能特性

引脚号	信号名称	缩写	方向	功能说明
1	保护地线	PG		机壳地
2	发送数据	TXD	DCE	终端发送串行数据
3	接收数据	RXD	DTE	终端接收串行数据
4	请求发送	RTS	DCE	DTE 请求 DCE 切换到发送状态
5	清除发送	CTS	DTE	DCE 已经切换到发送状态
6	数据设备就绪	DSR	DTE	DCE 研究准备好接收数据
7	信号地线	GND		信号地线
8	载波检测	DCD	DTE	DCE 已经检测到远程载波
20	数据终端就绪	DTR	DCE	DET 研究准备好，可以接收
22	振铃指示	RI	DTE	DCE 通知 DTE 线路已接通

终端与调制解调器之间的连接如图 3-5 所示。其他的引脚则可以置空。

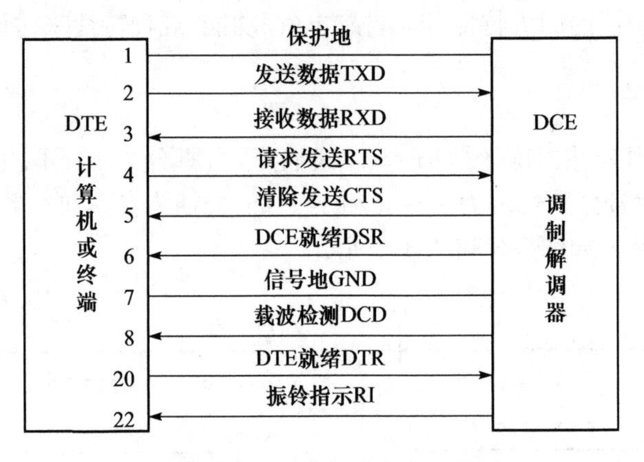

图 3-5　RS232 信号功能与连接图

以往在 PC 机的背板一般都配有两个 RS232 接口，称为串行通信接口 COM1 与 COM2。微机上的 COM 口通常是 9 针，也有 25 针的，最大速率可达 115.2Kbit/s 甚至 961.6Kbit/s 以上。通常用于连接鼠标(串口)及通信设备(如连接外置式调制解调器进行数据通信)等。在高速通信等方面目前已被 USB 接口等取代，但在仪器仪表中还在广泛使用。目前 PC 机一般都只带 1 个串口，甚至不带 RS232 接口，可以采用 USB 转 RS232 设备来扩充。图 3-6 是 COM 口的示意图。

4. 规程特性

规程特性定义了 DTE 与 DCE 之间信号产生的时序。为了使读者深入体会 RS232 的规程特性,下面将简要说明按图 3-7 所示连接的 DTE-A 向 DTE-B 发送数据的过程。

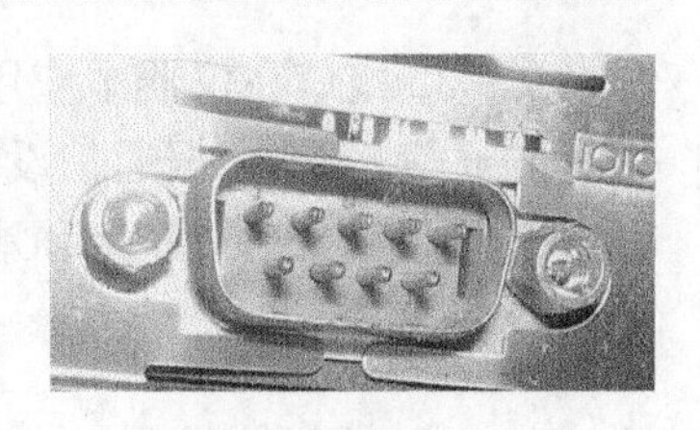

图 3-6　9 针 RS232 的 COM 口示意图

(1) 当 DTE-A 要和 DTE-B 进行通信时,DTE-A 将 DTR 置为有效,同时通过 TXD 向 DCE-A 发送电话号码信号。

(2) DTE-B 有呼叫信号到达时,DCE-B 将 RI 置为有效。DTE-B 将 DTR 置为有效,DCE-B 接着产生载波信号,并将 CTS 置为有效,表示已经准备好接收数据。

(3) DCE-A 检测到载波信号,将 DCD 及 CTS 置为有效,并通知 DTE-A 通信电路已连接好。

(4) DCE-A 向 DCE-B 发送载波信号,DCE-B 将 CTS 置为有效。

(5) DTE-A 若有发送的数据,将 DSR 置为有效,DCE-A 作为回应信号,将 RTS 信号置为有效。DTE-A 通过 TXD 发送串行数据,DCE-A 将数据通过通信线路发向 DCE-B。

(6) DCE-B 将收到的数据通过 RXD 传给 DTE-B。

DTE-B 向 DTE-A 发送数据的过程与上述一样,当使用 RS232 近地连接两台计算机时,可不使用调制解调器,而使用直接电缆连接,称为零调制解调器。具体的连接如图 3-7 和图 3-8 所示。

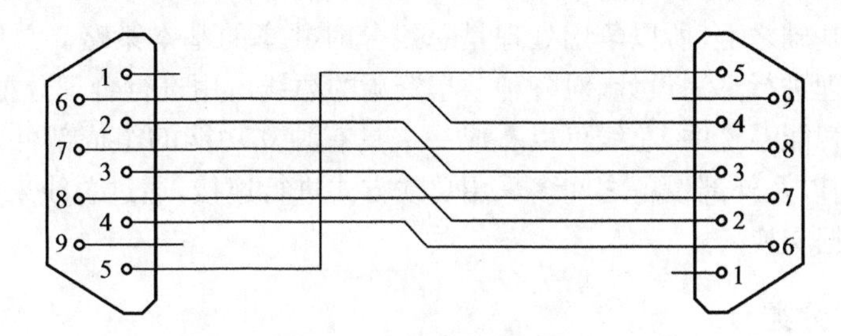

图 3-7　RS232 零调制解调器连接示意图

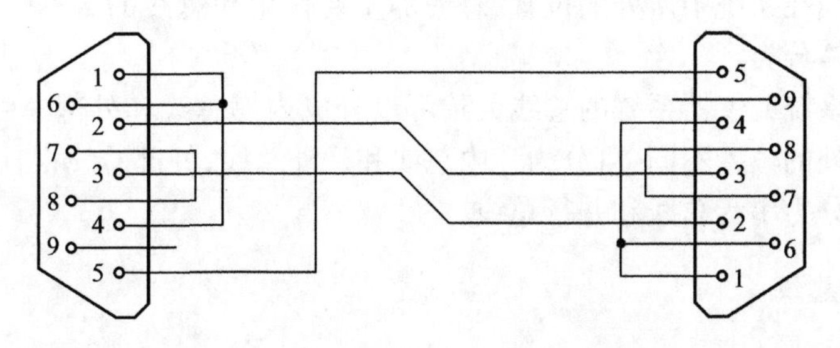

图 3-8　RS232 接口的三线连接方式

RS232 接口在仪器中应用时，一般为计算机与仪器之间、两个仪器之间、仪器内部的通信，无须数据通信设备，这时 RS232 接口可以简化为三线的连接，仅需要 TXD 与 RXD 的交叉连接和地线的连接，如图 3-8 所示。

3.3 总线技术

3.3.1 总线概述

总线是两个或两个以上的模块(部件或子系统)之间相互连接与通信的公共通路，实际总线由多个信号线的集合组成。而一般意义上的总线不仅仅是一组传输线，还包括一套管理信息传输的规则(协议)。总线通常包括数据线和地址线、控制、时序和中断信号线等。

总线的主要特征表现为共享性和可扩充性。所谓共享特性，表现为总线是一组公共信号线，在总线上挂接多个芯片或部件，并分时使用总线。单根信号线不能称为总线，两个芯片或部件之间的多根信号线也不能称为总线。所谓可扩充性，表现在总线上的信号线一般具有通用性，如数据总线、地址总线和控制总线都具有通用性，使连接的部件具有较强的兼容性。总线主要是为各种模块提供共享的条件，目前系统总线也渐趋完备。

虽然总线具有共享和扩展特性，但是在总线实现技术上存在着共享与争用之间的矛盾。这种情况类似于城市交通问题：道路是所有车辆共享的，但是经常会出现拥挤和争用问题，这就需要采用相应的对策来解决。因为共享会带来争用，总线工作于争用基础之上，所以争用处理是总线分时共享的基本策略。总线设计主要是为争用处理进行算法设计、对各种共享资源的总线占用进行合理分配。

在各种智能系统中，总线可以看成一个具有独立功能的组成部件。在芯片之间、部件之间以及外部设备之间多采用总线方式进行连接，通过总线来实现相互间的信息和数据交换。

3.3.2 总线分类

根据总线在系统中所处的位置、总线的主要作用和总线的传输性质等标准对总线进行具体分类。

计算机系统或仪器系统的总线大致可以分成内部总线和外部总线，内部总线根据总线所处的位置不同，可分为片内总线和片外总线；外部总线根据其线型及传输性质可以分为串行总线和并行总线。

1. 片内总线

位于微处理器芯片内部的总线，用于算术逻辑单元 ALU 与各种寄存器或其他功能单元之间的相互连接。

2. 片外总线

片外总线是电路板上连接各插件的公共通路。它是仪器设备内部的主要总线，主要进行各种接口与 CPU 之间的连接。在一块 PCI 引脚的插件板上，在智能设备系统主板上，各个芯片大多连接到片外总线上，形成数据交换通路。片外总线又可以分为片总线和内总线。

片总线(chip bus，C-Bus)又称元件级总线或局部总线，是一台单板计算机或一个插件板的板内总线，用于各芯片之间的连接。

内总线(internal bus，I-Bus)又称为微型计算机总线或板级总线，一般称为系统总线，用于微型计算机系统各插件板之间的连接，一般的微型机总线，指的就是这种总线。系统总线属于主板的一个组成部分，其表现形式是位于主板上的一个个可扩展系统插槽，这些插槽上总线信号是用户开发扩展的基础，例如，Multi Bus、PCI 总线和 ISA 总线等都是主要插件插槽。

3. 外部总线

外部总线(external bus，E-Bus)又称通信总线，用于系统之间的连接，如微机系统之间、微机系统与仪器仪表或各种设备之间的连接。如 EIA RS-232C、IEEE-488 等。按照线型及传输性质可以将外部总线分为并行总线和串行总线。

片总线、内总线和外部总线在智能设备中的地位及相互关系如图 3-9 所示。

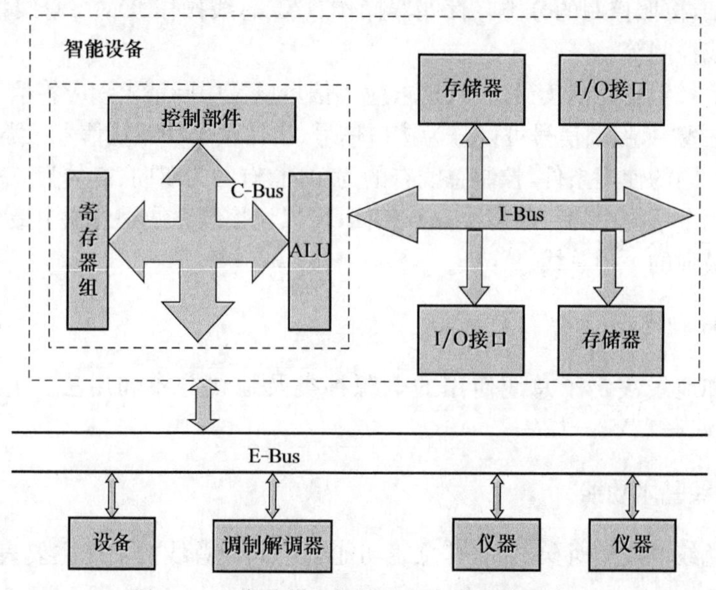

图 3-9　三类总线在智能设备中的地位和关系

3.3.3　总线组成

总线的分类形式有多种，按照总线在系统中承担的角色，一般可分为地址总线、数据总线和控制总线，这三类总线组成了一组专用的总线。

1. 地址总线

地址总线(address bus，AB)是微型计算机用来传送地址的信号线。通常用 $A_n \sim A_0$ 表示。地址线的数目决定了该总线直接寻址的范围。地址总线管理着存储器和 I/O 端口，可共用一组地址总线，也可分别独立使用地址总线。

地址总线都是单向的，它由系统中的 CPU、总线控制器或 DMA 控制器送出，且为三态输出锁存控制。

2. 数据总线

数据总线(data bus，DB)是传送数据和代码的总线，通常用 $D_n \sim D_0$ 表示，数据总线是一个字节的倍数，如 8 根(8 字节)，16 根(16 字节)等。数据总线表明了总线数据传输的能力，也反映了总线的性能。

数据总线一般为双向信号线，既可输入也可输出，数据总线也采用三态逻辑。

3. 控制总线

总线操作的各种功能都是由控制总线(control bus，CB)完成的。控制总线种类多而复杂，按照控制的分类有存储器操作、I/O 总线操作、DMA 总线操作、中断控制和总线控制等。

控制信号包括控制读写信号、请求应答信号以及中断请求和应答信号等。

PCI 总线中，控制信号可以分为接口信号、出错报告和系统信号三类。

根据不同的使用条件，控制总线有的为单向、有的为双向、有的为三态、有的为非三态。每个系统中的控制总线都不相同，可以说控制总线是总线中最复杂、最灵活和功能最强的一种总线。

4. 电源和地线

电源和地线决定了总线使用的电源种类及地线分布和用法。电源一般有 +5V、−5V、+12V、−12V。

3.3.4　总线基本功能

不同总线的应用对象不同，其总线功能也不同。总线的功能主要表现在以下几个方面。

1. 数据传输能力

数据传输能力是总线的基本功能,影响总线传输率的主要因素有总线宽度、时钟频率等,总线传输类型有同步传输和异步传输。

2. 中断功能

中断是智能系统中实时响应的机制,它是系统快速反应的关键。中断数的多少、中断优先级的高低,反映了系统响应多个中断源的能力。

3. 多设备支持

设备支持技术即多设备使用一条总线,总线占用权的问题,由总线仲裁器采用一定仲裁策略管理,以确定哪个设备占用总线。多 CPU 系统、DMA 系统都存在着总线占用问题。

3.3.5 总线标准

按照在系统中的连接关系可以将总线分为内部总线、系统总线和外部总线,严格来说,系统总线可以并入内部总线。系统总线需要兼容不同型号的插件板,外部总线要兼容各类外部设备,在设计上,外部总线和系统总线一般要规范设计,制定统一标准,遵循相应的总线设计标准。

在微机系统中,常用的系统总线有用于插件板的总线 XT、ISA、EISA 和 PCI 等标准,为了充分发挥总线的作用,每个总线标准都必须有具体和明确的规范说明,通常包括如下几个方面的技术规范或特性:机械特性、电气特性、功能特性、规程特性。

总线标准的产生通常有两种途径。

(1) 厂商总线标准,由于其性能优越,得到用户普遍接受,逐渐形成一种被业界广泛支持和承认的、事实上的总线标准。

(2) 在国际标准组织或机构主持下开发和制定的总线标准,公布后由厂家和用户使用。

3.3.6 总线数据传输方式

总线上两个模块之间进行传输时,进行传输的两个设备分别为主控设备和从属设备,主控设备可对总线进行控制,并能够进行数据传送;从属设备向主控设备提出请求和应答,并能够与主控设备之间进行数据传送。总线的数据传输方式分为同步方式、异步方式和半同步方式。

1. 同步式传输

此方式用“系统时钟”作为控制数据传送的时间标准。主设备与从设备进行一次传送所需的时间(称为传输周期或总线周期)是固定的,其中每一步骤的起止时刻,也都有严格的规定,都以系统时钟来统一步伐。

2. 异步式传输

异步式传输采用“应答式”传输技术。用“请求(request,REQ)”和“应答(acknowledge,ACK)”两条信号线来协调传输过程,而不依赖于公共时钟信号。它可以根据模块的速率自动调整响应的时间,接口任何类型的外围设备,不需要考虑该设备的速度,从而避免同步式传输的上述缺点。

3. 半同步式传输

此种方式是前两种方式的折中,综合了同步式传输和异步式传输的特点。

3.3.7 总线仲裁

在智能系统中,总线连接若干个模块并用于传送信息。为了让多个总线主模块合理、高效地使用总线,就必须在系统中有处理上述总线竞争的机构,这就是总线仲裁器(bus arbiter)。它的任务是响应总线请求,合理分配总线资源。

总线控制方式即为总线仲裁方式。基本的总线仲裁方式有两种,即串行总线仲裁方式和并行总线仲裁方式。按其仲裁机构的设置可分为集中式控制和分布式控制两种。总线控制逻辑基本上集中于一个设备(如 CPU)时,称为集中式控制,而总线控制逻辑分布在连接外总线的各个部件或设备中时,称为分布式总线控制。

1. 串行总线仲裁方式

在串行总线仲裁方式中,各个总线主模块获得的总线优先权取决于该模块在串行链中的位置,如图 3-10 所示。

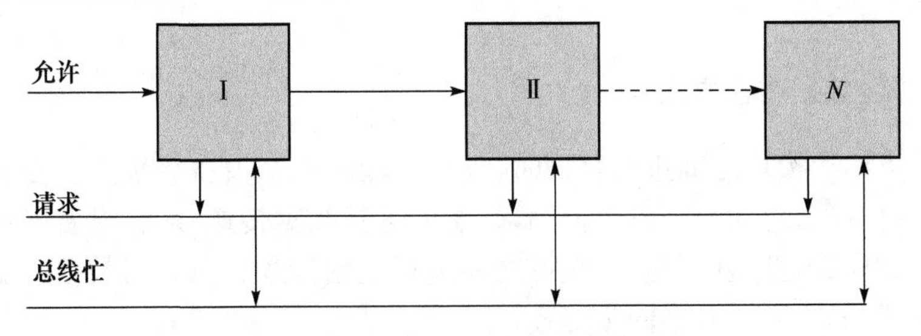

图 3-10 串行总线仲裁方式

图中的Ⅰ、Ⅱ、…、N都是总线主模块。当一个模块需要使用总线时，先检查“总线忙”信号。若该信号有效，则表示当前正有其他模块在使用总线，因此该模块必须等待，直到“总线忙”信号无效。在“总线忙”信号处于无效状态时，任何需要使用总线的主模块都可以通过“请求”线发出总线请求信号。总线“允许”信号是对总线“请求”信号的响应。“允许”信号在各个模块之间串行传输，直到到达一个发出了总线“请求”信号的模块，这时“允许”信号不再沿串行模块链传输，并且由该模块获得总线控制权。由串行总线仲裁方式的工作原理可以看出，越靠近串行模块链前面的模块具有越高的总线优先权。

2. 并行总线仲裁方式

并行总线仲裁方式的示意图如图3-11所示。

图中，模块Ⅰ到模块N都是总线主模块。每个模块都有总线“请求”和总线“允许”信号。各模块间是独立的，没有任何控制关系。当一模块需要使用总线时，也必须先检测“总线忙”信号。当“总线忙”信号无效时，所有需要使用总线的模块都可以发出总线“请求”信号。

在串行、并行两种总线仲裁方式中，串行方式只用于较小的系统中。而并行方式则允许总线上连接许多主模块，而且仲裁电路也不复杂，因此是一种比较好的总线仲裁方法。

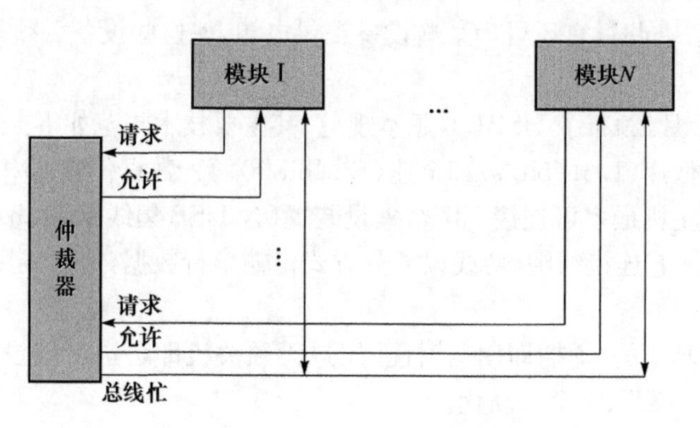

图3-11 并行总线仲裁方式

总线仲裁的算法有以下几种。

(1) 静态优先级算法。把每个使用总线的部件设置为固定的优先级。当多个部件要求使用总线时，优先级较高的部件获得总线使用权。这种算法也称为菊花链算法。

(2) 固定时间算法。这种算法是将优先权在总线各个部件之间轮转，如果轮到的部件不要求使用总线，则将使用权传递给下一个部件。

(3) 动态优先级算法。动态优先级算法可以减少平均等待时间而又使各设备有较平等的占用总线的机会,它给各设备赋予唯一的优先级,并且可以动态改变该优先级。

(4) 先来先服务算法。该算法按照使用总线请求的次序来进行裁决。

3.3.8　几种常见的总线技术

总线技术的种类非常多,几种常见的总线技术如下。

1. PCI 总线

外围部件互连(peripheral component interconnect,PCI)总线于 1991 年由 Intel 公司首先提出,并由 PCI SIG(special interest group)来发展和推广。由于 PCI 总线先进的结构特性及其优异的性能,使之成为现代微机系统总线结构中的佼佼者,并被多数现代高性能微机系统所广泛采用。

2. USB 总线

通用串行总线(universal serial bus,USB)是 PC 机与多种外围设备连接和通信的标准接口,它是一个"万能接口",可以取代传统 PC 机上连接外围设备的所有端口(包括串行端口和并行端口),用户几乎可以将所有外设装置统一通过 USB 接口与主机相接。同时,它还可为某些设备提供电源,使这些设备无须外接独立电源即可工作。

1996 年 1 月,颁布了 USB1.0 版本规范,其主要技术规范如下。

(1) 支持低速(1.5Mbit/s)和全速(12Mbit/s)两种数据传输速率。

(2) 一台主机最多可连接 127 个外设装置(含 USB 集线器 Hub)。

(3) 采用 4 芯连接线缆,两线以差分方式传输串行数据,另两线用于提供+5V 电源。

(4) 具有真正的"即插即用"特性。用户无须关机即可进行外设更换,外设驱动程序的安装与删除完全自动化。

目前,USB 已经从 USB1.0 版本,发展到 USB2.0 版本、USB3.0 版本。计算机主板一般配有两个以上的内建 USB 连接器,可以连接两个 USB 设备,或连接 USB Hub 来扩充。USB 的信号线及连接器如图 3-12 所示。

3. I^2C 总线

I^2C 总线由 Philips 公司推出,是近年来在芯片级通信中广泛采用的一种总线标准。在主从通信中,可以有多个 I^2C 总线器件同时接到 I^2C 总线上,通过地址来识别通信对象。

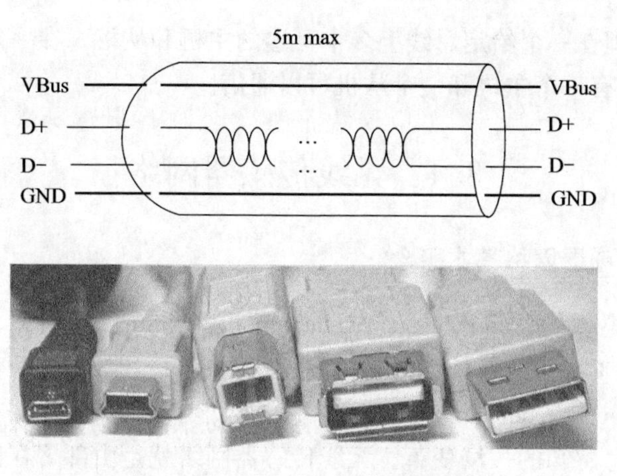

图 3-12 USB的信号线及连接器

I^2C 总线通过两根线:串行数据线(SDA)和串行时钟线(SCL)连接到总线上的任何一个器件,每个器件都应有唯一的地址,而且都可以作为一个发送器或接收器。此外,器件在执行数据传输时也可以被看成是主机或从机。

I^2C 连接如图 3-13 所示。

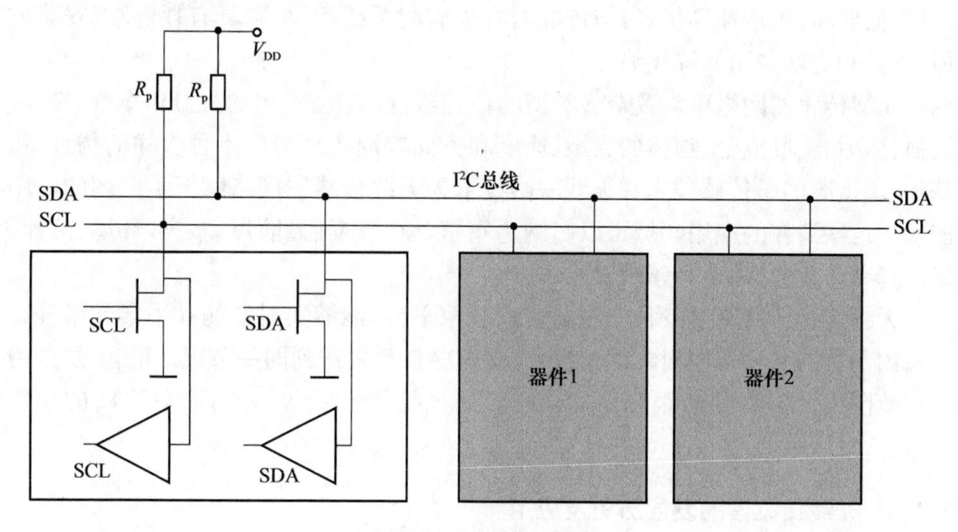

图 3-13 I^2C 连接示意图

4. SPI 总线

串行外围设备接口 SPI 总线技术是 Motorola 公司推出的一种同步串行接口。SPI 总线是一种三线同步总线,因其硬件功能很强,所以,与 SPI 有关的软件就相当简单,使 CPU 有更多的时间处理其他事务。SPI 是一个全双工的串行接口。它设计成可以处理在一个给定总线上多个互连的主机和从机。在一定数据传输过程中,接口上只能有一个主机和一个从机可以通信。

3.4 无线传感器网络

3.4.1 无线传感器网络基本概念

随着微机电系统(micro-electro-mechanism system,MEMS)、片上系统(system on chip,SOC)、无线通信和低功耗嵌入式技术的飞速发展,孕育出无线传感器网络(wireless sensor networks,WSN),并以其低功耗、低成本、分布式和自组织的特点带来了信息感知的一场变革。无线传感器网络就是由部署在监测区域内大量的廉价微型传感器节点组成,通过无线通信方式形成的一个多跳自组织网络。

无线传感器网络是由部署在监测区域内大量廉价微型传感器节点通过无线通信方式形成的一个多跳自组织的网络系统,它能智能地感知与采集周围环境的信息,并能根据环境需求自主完成指定任务。其目的是协作地感知、采集和处理网络覆盖的地理区域中感知对象的信息,并发布给观察者。无线传感器网络具有自组织性、低成本、灵活性等优点,与传统的有线监测系统相比,它具有耗资小、安装方便、维护和更新费用低等优势。

无线传感器网络可涉及众多类型的传感器,包括地震、电磁、温度、湿度、噪声、光强、压力、土壤成分、物体的大小、速度和方向等周边环境中多种多样的物理量。基于 MEMS 的微传感技术和无线联网技术为无线传感器网络赋予了广阔的应用前景。这些潜在的应用领域可以归纳为军事、航空、反恐、防爆、救灾、环境、医疗、保健、家居、工业、商业等领域。

无线传感器网络是一种全新的信息获取平台,能够实时监测和采集网络分布区域内部署的各种检测对象的信息,并将这些信息发送到网关节点,以实现复杂的指定范围内目标检测与跟踪,具有快速展开、抗毁性强等特点,有着广阔的应用前景。

3.4.2 无线传感器的发展历史及应用

WSN 的基本思想起源于 20 世纪 70 年代。1978 年,美国国防部高级研究计划局(DARPA)在卡内基梅隆大学成立了分布式传感器网络工作组;1980 年,DARPA 的分布式传感器网络项目(DSN)开启了传感器网络研究的先河;20 世纪 80～90 年代,主要在军事领域研究,成为网络中心战的关键技术,拉开了无线传感器网络研究的序幕;20 世纪 90 年代中后期,WSN 引起了学术界、军界和工业界的广泛关注,发展了现代意义的无线传感器网络技术。

2006年初发布的《国家中长期科学与技术发展规划纲要》为信息技术定义了3个前沿方向,其中2个与WSN的研究直接相关,即智能感知技术和自组织网络技术。我国2010年远景规划和"十五"计划中,将WSN列为重点发展的产业之一。

采用无线传感器网络能跟踪从天气到企业商品库存等各种动态事务,从而大大地扩充了互联网的功能。目前,人们利用互联网可以获得大量文字、数字、音乐及图像信息,而如果将数量巨大的传感器网络连成网络,则可以延伸到更多的人类活动领域。

3.4.3 无线传感器网络构成

WSN的构成与其他通信网络有显著差别。其生成过程大致包括:①随机抛洒传感器节点;②节点唤醒并相互侦测;③节点自组织成网络;④路由选择及数据通信。

WSN系统通常包括大量传感器节点、汇聚节点和监控系统。在大量传感器节点分布的目标监测区域内,各节点通过自组织方式构成网络。节点对监测对象进行监测,实时采集各种参数并定时将数据按照特有的路由协议以多跳方式传输。在传输过程中,原始的监测数据可能被多个节点进行有效处理后路由到汇聚节点,最后通过互联网或卫星传输到达管理节点。用户通过管理节点对传感器网络进行有效的配置和管理,发布监测任务以及收集监测数据。图3-14显示了WSN体系结构。为了节省费用和缩短施工时间,也可以利用无线局域网将WSN和监控系统连接起来。

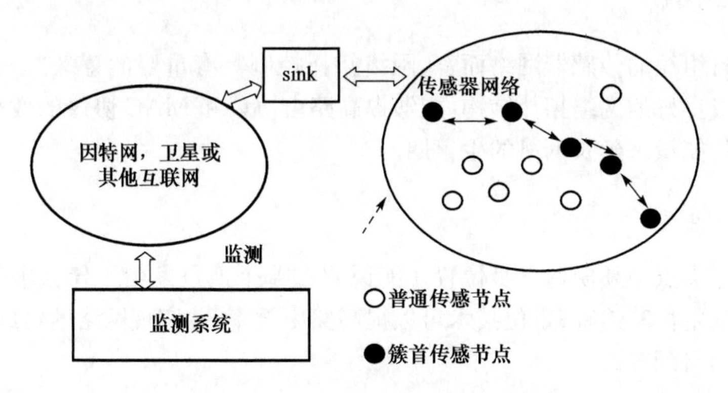

图3-14 无线传感器网络体系结构

每个传感器节点都包括传感器模块、处理器模块、无线通信模块和能量供应模块四部分。传感器模块负责监测区域内信息的采集和数据转换;处理器模块负责控制整个传感器节点,处理采集到的数据以及其他节点发来的数据;无线通信模块负责与其他传感器节点进行无线通信，交换控制信息和收发采集数据；能量供应模块为传感器节点提供运行所需的能量。个别传感器节点还包括定位系统、运动或执行机构、电源再生装置。这对于很多特殊场合的数据采集处理及传输都很有帮助。

3.4.4 无线传感器网络的关键技术

无线传感器网络作为当今信息领域新的研究热点，有非常多的关键技术有待发现和研究。而功耗和安全问题是 WSN 两个最重要的性能指标，所以 WSN 的关键技术必然以降低网络功耗和确保网络安全为主线。而目前对无线传感器网络的研究涉及通信、组网、管理、分布式信息处理等多个方面。

1. 路由协议

路由协议负责将数据分组，从源节点通过网络转发到目的节点。它主要包括两方面的功能：寻找源节点和目的节点间的优化路径，将数据分组沿着优化路径正确转发。

2. MAC 协议

介质访问控制(MAC)协议在无线传感器网络中决定无线信道的使用方式，在传感器节点之间分配有限的无线通信资源，用来构建传感器网络系统的底层基础结构。

3. 拓扑控制

对于自组织的传感器网络而言，网络拓扑控制具有重要的意义。通过拓扑控制自动生成良好的网络拓扑结构，能够提高路由协议和 MAC 协议的效率，有利于节省节点的能量来延长网络的生存期。

4. 定位技术

传感器节点必须明确自身位置才能说明在哪个地点发生了什么事件，实现对外部目标的定位和追踪；定位技术可以提高路由效率，并实现网络的负载均衡以及网络拓扑的自配置。

5. 时间同步技术

在无线传感器网络系统中，单个节点的能力非常有限，整个系统所要实现的功能需要网络内所有节点相互配合共同完成。鉴于无线传感器网络的特殊性，有必要研究适合于传感器网络的时间同步技术。

6. 安全技术

安全问题是无线传感器网络最关键的技术之一。由于采用的是无线传输信道,传感器网络存在窃听、恶意路由、消息篡改等安全问题。同时,无线传感器网络的有限能量和有限处理、存储能力两个特点使安全问题的解决更加复杂化。

7. 数据融合技术

对采集的数据进行适当处理与融合对降低节点能耗起到相当大的作用。通过数据融合技术能将多份数据或信息进行处理,组合出更高效、更符合用户需求的数据。

8. 无线通信技术

传感器网络需要低功耗短距离的无线通信技术。IEEE802.15.4标准是针对低速无线个人域网络的无线通信标准,低功耗、低成本是其设计的主要目标。

3.4.5 无线传感器网络在气象仪器中的应用

无线传感器网络在气象监测方面具有得天独厚的优势,下面对无线传感器网络在气象仪器方面的典型应用举例。

(1) 无线传感器网络在高速公路气象监测中的应用。
(2) 无线传感器网络在海洋气象监测中的应用。
(3) 无线传感器网络在边界层大气湍流强度测量中的应用。
(4) 无线传感器网络在农田气象监测中的应用。
(5) 无线传感器网络在大范围自然灾害远程监测系统中的应用。

3.5 远程通信技术

3.5.1 GPRS技术

1. 概述

通用无线分组业务(general packet radio service,GPRS),是一种基于GSM系统的无线分组交换技术,提供端到端、广域的无线IP连接。通俗地讲,GPRS是一项高速数据处理的技术,方法是以“分组”的形式传送资料到用户手上。GPRS也是封包交换数据的标准技术。由于具备立即联机的特性,对于使用者而言,随时都在上线的状态。GPRS技术也让服务业者能够依据数据传输量来收费,而不是单纯以联机时间计费。

2. GPRS 的技术优势及存在问题

GPRS 的技术优势主要有这样几点。

首先,资源利用率高,GPRS 用户的计费以通信的数据量为主要依据;其次,传输速率高,GPRS 可提供高达 115Kbit/s 的传输速率;第三,接入时间短,分组交换接入时间缩短为少于 1s,能提供快速即时的连接;第四,支持 IP 和 X. 25 协议,因此 GPRS 能提供各种分组网络的全球性无线接入。

GPRS 存在的问题主要包括如下。

首先,GPRS 会发生包丢失现象;其次,GPRS 的实际速率比理论值低;第三,GPRS 终端不支持无线终止功能;第四,GPRS 的调制方式不是最优;最后,GPRS 存在转接时延。

3. GPRS 基本原理

GPRS 是 GSM Phase2. 1 规范实现的内容之一,能提供比现有 GSM 网 9. 6Kbit/s 更高的数据率。GPRS 采用与 GSM 相同的频段、频带宽度、突发结构、无线调制标准、跳频规则以及相同的 TDMA 帧结构。因此,在 GSM 系统的基础上构建 GPRS 系统时,GSM 系统中的绝大部分部件都不需要作硬件改动,只需作软件升级。

构成 GPRS 系统的方法如下。

(1) 在 GSM 系统中引入 3 个主要组件:GPRS 服务支持节点(serving GPRS supporting node, SGSN)、GPRS 网关支持节点(gateway GPRS support node, GGSN)、分组控制单元(PCU)。

(2) 对 GSM 的相关部件进行软件升级,GPRS 系统原理如图 3-15 所示。

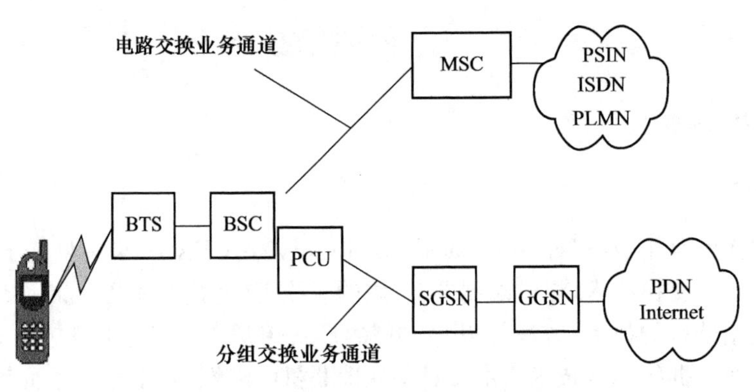

图 3-15　GPRS 系统工作原理图

4. GPRS业务特点及种类

GPRS是以分组模式在PLMN和与外部网络互通的内部网上传输。在有GPRS承载业务支持的标准化网络协议基础上,GPRS网络管理可以提供(或支持)一系列的交互式电信业务。

首先,GPRS支持在用户与网络接入点之间数据传输的性能,提供点对点业务、点对多点业务两种承载业务;其次,GPRS支持用户终端业务,GPRS提供完全的通信业务能力,包括终端设备能力,用户终端业务可以分为基于PTP的用户终端业务和基于PTM的用户终端业务;第三,GPRS支持一些附加业务,GSM第2阶段附加业务支持所有的GPRS基本业务PTP-CONS、PTP-CLNS、IP-M和PTM-G的CFU(无条件呼叫转送),GSM第2阶段附加业务不适用于PTM-M。

3.5.2 VPN技术

1. VPN概念

虚拟专用网络(virtual private network,VPN)可以理解成虚拟出来的企业内部专线。它可以通过特殊加密的通信协议像架设了一条专线一样,但是它并不需要真正地去铺设光缆之类的物理线路。VPN的核心就是利用公共网络建立虚拟私有网,以内部群组形式来支持远程通信服务。

虚拟专用网是对企业内部网的扩展,很多VPN的应用都是在远程通信的环境下进行的。虚拟专用网可以帮助远程用户、公司分支机构、商业伙伴及供应商同公司的内部网建立可信的安全连接,并保证数据的安全传输。虚拟专用网可用于不断增长的移动用户的全球因特网接入,以实现安全连接;可用于实现企业网站之间安全通信的虚拟专用线路,用于经济有效地连接到商业伙伴和用户的安全外联网虚拟专用网。

2. VPN分类

针对不同的用户要求,VPN有三种解决方案:远程访问虚拟网(Access VPN)、企业内部虚拟网(Intranet VPN)和企业扩展虚拟网(Extranet VPN),这三种类型的VPN分别与传统的远程访问网络、企业内部的Intranet以及企业网和相关合作伙伴的企业网所构成的Extranet(外部扩展)相对应。

3. VPN工作原理

关于用户连接VPN的形式,常规的直接拨号连接与虚拟专网连接的异同点在于前一种情形中,PPP(点对点协议)数据包流是通过专用线路传输的。在VPN

中,PPP 数据包流是由一个 LAN 上的路由器发出,通过共享 IP 网络上的隧道进行传输,再到达另一个 LAN 上的路由器。这两者的关键不同点是隧道代替了实实在在的专用线路。隧道好比是在 WAN 中拉出一根串行通信电缆。一旦隧道建立,就可以进行通信,如同 ISP 没有参与连接一样。

4. VPN 的特点

一个成功的 VPN 应该具有以下的特点。

第一,安全保障。虽然实现 VPN 的技术和方式很多,但所有的 VPN 均应保证通过公用网络平台传输数据的专用性和安全性。在非面向连接的公用 IP 网络上建立一个逻辑的、点对点的连接,称为建立一个隧道,可以利用加密技术对经过隧道传输的数据进行加密,以保证数据仅被指定的发送者和接收者了解,从而保证了数据的私有性和安全性。

第二,服务质量保证。VPN 网应当为企业数据提供不同等级的服务质量保证。不同的用户和业务对服务质量保证的要求差别较大。网络应用均要求网络根据需要提供不同等级的服务质量。在网络优化方面,构建 VPN 的另一重要需求是充分有效地利用有限的广域网资源,为重要数据提供可靠的带宽。QoS 通过流量预测与流量控制策略,可以按照优先级分配带宽资源,实现带宽管理,使得各类数据能够被合理地先后发送,并预防阻塞的发生。

第三,可扩充性和灵活性。VPN 必须能够支持通过 Intranet 和 Extranet 的任何类型的数据流,方便增加新的节点,支持多种类型的传输媒介,可以满足同时传输语音、图像和数据等新应用对高质量传输以及带宽增加的需求。

第四,可管理性。从用户角度和运营商角度应可方便地进行管理、维护。VPN 管理主要包括安全管理、设备管理、配置管理、访问控制列表管理、QoS 管理等内容。

5. VPN 的应用

目前,用于企业内部自建 VPN 的技术主要有两种:IPSec VPN 和 SSL VPN, IPSec VPN 和 SSL VPN 主要解决的是基于互联网的远程接入和互联,虽然在技术上,它们也可以部署在其他的网络上(如专线),但那样就失去了其应用的灵活性,它们更适用于商业客户等对价格特别敏感的客户。

3.5.3 卫星通信

卫星在通信、广播、导航定位、遥感遥测、地球资源、环境监测、军事侦察、气象服务等方面体现出日益重要的价值。因此,不仅西方各国,不少发展中国家也对卫星通信特别重视。近年来,卫星通信技术已进入数字化和宽带化发展的阶段。

1. 卫星通信分类

根据用途可分为中继型和面向用户型两类。为了弥补地面高速链路的不足，中继型卫星可作为中继链路为分布在不同区域或国家间的宽带网络提供互连的能力，这就是所谓的“宽带岛互连”；面向用户型卫星通过用户网络接口（UNI）直接为大量的终端用户提供B-ISDN网的接入链路，尤其是对移动用户提供宽带接入能力。这时的卫星不再仅仅是面向网络的中继线路，而是面向用户的“空中交换机”。

根据轨道情况可分为静止轨道、低轨道和混合轨道。采用静止轨道具有卫星数量少、星座结构简单等优点，而低轨道卫星具有信道传输延时小、适合实时业务的优点。例如，Teledesic由288颗低轨卫星组成，“计算机星”（cyberstar）由3颗静止轨道卫星组成，而Celestri则由9颗静止轨道卫星和63颗低轨卫星组成。

根据卫星有效载荷的情况可分为“透明”卫星通信系统和具有星上处理能力宽带卫星通信系统。“透明”卫星对信号只是进行频率变换和功率放大，并不涉及对信息本身进行处理，即所有的协议处理集中在地面终端、关口站和网络控制中心，这种卫星缺乏网络灵活性。新一代的卫星采用信道化处理、星上再生和信道的编译码信息存储交换等多种处理能力，以提高信息传输质量和系统灵活性。这是通过增加卫星的复杂度来降低地面设备的要求。

数字化卫星通信使用的技术主要有低速话音编码技术、先进信道编码技术、格状编码调制（TCM）技术以及混合多址技术等。

2. 卫星通信在我国的发展

我国的卫星通信干线主要用于中央、各大区局、省局、开放城市和边远城市之间的通信。它是国家通信骨干网的重要补充和备份，为保证地面网过负荷时以及非常时期（如地面发生自然灾害时）国家通信网的畅通，有着十分重要的作用。

在我国边远省、自治区（如西藏、新疆）的一些地区，难以用扩展和延伸国家通信网的方法来进行覆盖。对于这些地区的一些人口聚居的重镇或县城（也可用于海岛）的用户，我国是利用VSAT的方法将其接入地面公用网。这对我国通信网的全国覆盖具有重要意义。

卫星专用网在我国发展很快，目前银行、民航、石化、水电、煤炭、气象、海关、铁路、交通、航天、新华社、计委、地震局、证券等均建有专用卫星通信网，大多采用VSAT系统，全国已有几千个地面站。

卫星通信系统本身是个复杂的大系统，涉及很多学科、综合工艺和技术，需要多部门的相互协助，资金和人力方面加大投入，才能促进其更快发展，适应社会各部门多方面需求。

3.5.4 光通信

光通信就是以光波为载波的通信。光波和无线电波同属电磁波，但光波的频率比无线电波的频率高，波长比无线电波的波长短。因此，它具有传输频带宽、通信容量大和抗电磁干扰能力强等优点。人们使用过的光通信传输媒质有大气、水、液体纤维导管、玻璃纤维、光缆，甚至还在尝试使用外层空间；用于光通信的波长范围从红外线、可见光到高频射线。但目前光通信传输领域占主导地位的仍然是光纤。大体上看，光通信分为有线光通信和无线光通信两种。有线光通信即光纤通信，已成为广域网、城域网的主要传输方式之一；无线光通信又称自由空间光通信(free space optical communication，FSO)。

光通信技术经过不断的创新，特别是在市场需求的驱动下，取得了空前发展，使信息传输距离大为延展、通信容量成倍增加、通信速率不断提升以及通信成本大幅下降，并促进了信息消费的普及，使广大用户能以比较合理的价格享受到通信技术所带来的便利。

参考文献

丁龙刚，马虹. 2006. 卫星通信技术. 北京：机械工业出版社.
季福坤，张景峰，孙广路，等. 2007. 数据通信与计算机网络. 北京：中国水利水电出版社.
刘洪梅，薛永毅，尹兵. 1998. 微型计算机实用接口. 北京：机械工业出版社.
孙利民，李建中，陈渝，等. 2005. 无线传感器网络. 北京：清华大学出版社.
朱庆保，张颖超，孙燕. 2003. 微机系统原理与接口. 南京：东南大学出版社.
William S. 1998. 数据通信与计算机网络. 杜锡吾译. 北京：人民邮电出版社.
ZigBee Alliance. ZigBee 2007 specification. www. ZigBee. org[2010-5-1].

习　题

1. 简述数据通信模型。
2. 简述数据通信过程。
3. 思考并讨论目前流行的数据通信技术。

第4章 温度测量

4.1 概　　述

4.1.1 温度测量基本概念

温度是表示物体冷热程度的物理量。由于具有较热状态的物体总是将热量传递到较冷状态的物体,而且冷热状态差别越大,热量传递也越快。从微观上讲,温度反映了分子平均动能的大小。

温度表与被测物体接触,必然发生热交换现象,热量将由温度高的物体向温度低的物体传递,直到两物体的温度相等为止,即达到热平衡状态为止。此时温度表所表示的温度值,已不是被测物体的温度值,而是两者经过热量交换后的平均温度。

热平衡方程式为

$$(t_2 - t)C_2M_2 = (t - t_1)C_1M_1 \tag{4.1}$$

由此可得

$$t_2 - t = \frac{C_1M_1}{C_2M_2}(t - t_1) \tag{4.2}$$

式中,t_1、C_1、M_1 为温度表原有温度、比热、质量;t_2、C_2、M_2 为被测物体的原有温度、比热、质量;t 为热交换平衡后的温度。

由式(4.2)可知,被测物体的热容量(C_2M_2)越大或温度表的热容量(C_1M_1)越小,则温度表的示度越接近被测物体原来的温度 t_2。在测定空气温度时,温度表与空气的比热都是固定的,只有大量的空气通过温度表与它进行热交换,使得温度表的热容量与空气的热容量比较起来,显得微不足道,温度表的示度就能较真实地反映出当时的空气温度。

4.1.2 温标

为了能定量表示物体的温度,就必须选定衡量温度的尺度,称为温标。对于同一温度,不同的温标就会有不同的数值。目前国际上常用的温标有三种。

(1) 摄氏温标(℃):在标准大气压下,将纯水的冰点定为0℃,沸点定为100℃,中间作100等分,每一等分为1℃,用 t 表示。

(2) 华氏温标(℉):在标准大气压下,将纯水的冰点定为32℉,沸点定为212℉,中间作180等分,每一等分为1℉,用τ表示。

(3) 热力学温标(K):也称标准温标或绝对温标或开尔文温标,它用单一固定点来定义,规定水的三相点为273.16K,用T表示。

三种温标之间的关系为

$$t=\frac{5}{9}(\tau-32)$$
$$T=273.16+t \tag{4.3}$$

从1990年开始,通用的温标是"国际温标(ITS-90)",它是根据若干个可再现的平衡状态温度的认定值(表4-1)和在这些温度下校准的专用标准仪器确定的。在ITS定义的固定点之外,设置了一些气象上关注的二类参考点,见表4-2。

为了建立标准仪器指示值与ITS-90值之间的关系,采用一些公式在固定点之间内插。

从-259.34～630.74℃使用的标准仪器是铂电阻温度表,它的电阻比R_{100}/R_0是1.3850,其中R_{100}是100℃时的电阻,R_0是0℃时的电阻。

从0～630.74℃,在温度t时的电阻由式(4.4)给出:

$$R_t=R_0(1+At+Bt^2) \tag{4.4}$$

从-189.3442～0℃,在温度t时的电阻由式(4.5)给出:

$$R_t=R_0[1+At+Bt^2+C(t-100)t^3] \tag{4.5}$$

式中,R_t是铂丝在温度t时的电阻;R_0是其在0℃时的电阻;而A、B、C分别是在水的沸点、锌的凝固点和氧的沸点时由R_t的测量值得出的常数,$A=3.9083\times10^{-3}$,$B=-5.775\times10^{-7}$,$C=-4.183\times10^{-12}$。

表4-1 ITS定义的固定点

平衡态	国际温标的认定值	
	K	℃
氩的固相、液相和气相间的平衡(氩的三相点)	83.8058	−189.3442
水银的固相、液相和气相间的平衡(水银的三相点)	234.3156	−38.8344
水的固相、液相和气相间的平衡(水的三相点)	273.16	0.01
镓的固相和液相间的平衡(镓的凝固点)	302.9146	29.7646
铟的固相和液相间的平衡(铟的凝固点)	429.7485	156.5985

表 4-2 二类参考点与其在 ITS 的温度

平衡态	国际温标的认定值	
	K	℃
在标准大气压 p_0(1013.25hPa)时，二氧化碳的固相与气相之间的平衡(二氧化碳的升华点)。温度 t 作为二氧化碳蒸气压的函数，由下式给出：$t=[1.21036\times10^{-2}(p-p_0)-8.91226\times10^{-6}(p-p_0)^2-78.464]$℃ 其中，$p$ 是大气压(单位：hPa)，温度范围为 194～195K	194.686	−78.464
在标准大气压时，水银的固相与液相之间的平衡(水银的凝固点)	234.296	−38.854
在标准大气压时，冰与含饱和空气的水之间的平衡(冰点)	273.15	0.00
苯酚盐(二苯醚)的固相、液相和气相之间的平衡(苯酚盐的三相点)	300.014	26.864

4.1.3 测量方法

温度测温方法可分为接触式和非接触式两大类。

使温度表与介质直接接触以建立热平衡的测量方法称为接触式测温方法。

非接触式也称遥感式，温度表不与介质直接接触，无须热平衡，而是根据接收来自被测物体的电磁波或声波等信息，来探测被测物体的温度。

4.1.4 测量项目

气象温度观测一般包括对空气温度(气温)和地温的观测。以摄氏度为单位，取一位小数。

目前我国所测定的气温是指离地 1.5m 高处的空气温度。因这一高度的气温既基本脱离了地面温度振幅大、变化剧烈的影响，又是人类活动的一般范围。气温的观测项目有定时气温、日最高气温、日最低气温。

地温是下垫面温度和不同深度土壤温度的通称。下垫面温度包括裸露土壤表面的地面温度、草面(或雪面)温度及其最高、最低温度。浅层地温包括离地面 5cm、10cm、15cm、20cm 深度的地中温度。较深层地温包括离地面 40cm、80cm、160cm、320cm 深度的地中温度。

测量气温的仪器主要有干球温度表、最高温度表、最低温度表、温度计、铂电阻温度表；测量地温的仪器主要有玻璃液体温度表和铂电阻地温表。

4.2 玻璃液体温度表

目前气象台站仍普遍使用玻璃液体温度表。它是利用装在玻璃容器中的测温液体，随温度改变引起体积变化，利用液柱位置的变化来测定温度的。此方法测量温度历史悠久，虽不能自动记录，但是很可靠，不怕雷击等意外情况发生，所以，即使在自动化测温已经普及的今天，依然保留了这种测量方法。

4.2.1 测量原理

玻璃液体温度表的感应部分是一充满测温液的球部，与它相连的是一根一端封闭、粗细均匀的毛细管。设温度分别为0℃和t℃时，温度表内液体体积分别为V_0、V_t。当温度改变Δt时，液体体积的变化量为ΔV，则有

$$\Delta V = V_t - V_0 = V_0(1 + \alpha\Delta t) - V_0 = V_0\alpha\Delta t \tag{4.6}$$

式中，α为测温液的视膨胀系数，即测温液体膨胀系数与玻璃体膨胀系数之差。

因温度变化Δt而引起的测温液体积变化量为ΔV，这时，ΔV量的测温液进入截面积为S的毛细管内，使得毛细管内液柱的长度改变了ΔL，即

$$\Delta L = \frac{\Delta V}{S} = \frac{V_0\alpha}{S}\Delta t \tag{4.7}$$

式中，V_0、α、S对于一支温度表来说是定值（α在一定范围内近似常量）。故液柱长度的改变量与温度的变化成正比。温度升高，毛细管中的液柱就伸长；反之，则缩短。这就是玻璃液体温度表的测温原理。

式(4.7)可以改写为

$$\frac{\Delta L}{\Delta t} = \frac{V_0\alpha}{S} \tag{4.8}$$

式中，$\frac{\Delta L}{\Delta t}$表示温度每变化1℃时，液柱的改变量，即单位刻度的长度，称为温度表的灵敏度，$\frac{\Delta L}{\Delta t}$取决于$V_0$、$\alpha$、$S$的值。温度表球部的容积越大，毛细管横截面越小，视膨胀系数越大，则灵敏度越大，读数越精确。

4.2.2 常用的玻璃液体温度表

1. 普通（气象站用）温度表

普通温度表（图4-1），通常采用玻璃水银温度表。其刻度间隔为0.2℃或0.5℃，量程要比其他气象温度表大。普通温度表安置在百叶箱内以避免辐射误差。用支架使其保持直立，球部在最下端，球部形状为圆柱体状或洋葱头状。

一对普通温度表可作为干湿表。

2. 最高温度表

最高温度表（图4-2）用来专门测定一定时间间隔的最高温度。它的感应液是水银，构造与一般温度表不同，它的感应部分内有一玻璃针，伸入毛细管，使感应部

分与毛细管之间形成一狭窄的通道。当温度升高时，感应部分水银体积膨胀，进入毛细管；而温度下降时，毛细管内的水银，因水银表面张力作用，由于通道窄，不能缩回感应部分，所以能指示出上次调整后的最高温度。

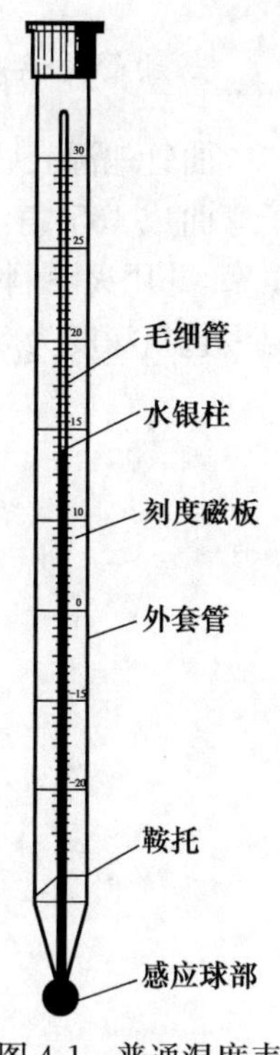

图 4-1 普通温度表

3. 最低温度表

最低温度表(图 4-3)用来专门测定一定时间间隔的最低温度。它的感应液是酒精，最低温度表水平放置时，游标停留在某一位置。当温度上升时，酒精膨胀绕过游标而上升，而游标由于其顶端对管壁有足够的摩擦力，就维持在原处不动；当温度下降，酒精柱收缩到与游标顶端相接触时，由于酒精液面的表面张力比游标对管壁的摩接力大，酒精柱面带动游标下降。由此可知游标只能降低不能升高，能够指示上次调整后的最低温度。

4. 地面温度表

地面温度表(图 4-4)又称 0cm 温度表。地面最高温度表、最低温度表的构造和原理，与测定气温用的温度表基本相同。

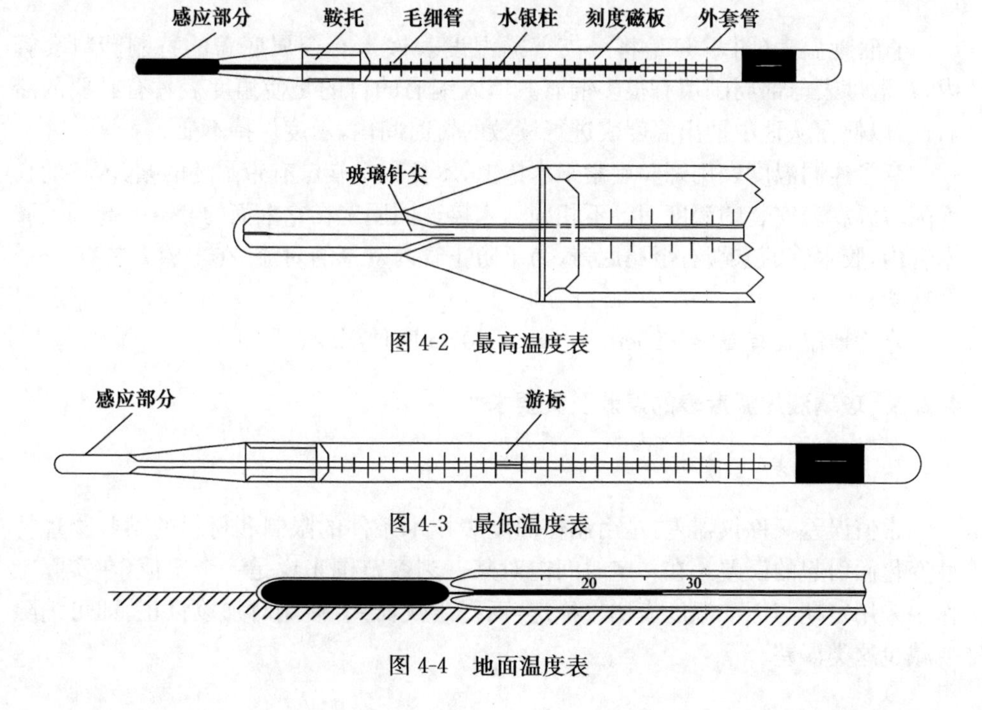

图 4-2 最高温度表

图 4-3 最低温度表

图 4-4 地面温度表

5. 曲管地温表

曲管地温表(图 4-5)用来测定浅层各深度的地中温度。温度表球部附近的管子弯曲成 135°角,玻璃套管下部(自球部到温标起点)用石棉灰充填,再上有棉花填塞,并用火漆制作成若干道分隔板,以防止玻璃套管内空气的对流。整套曲管地温表包括深度为 5cm、10cm、15cm、20cm 的四支温度表。

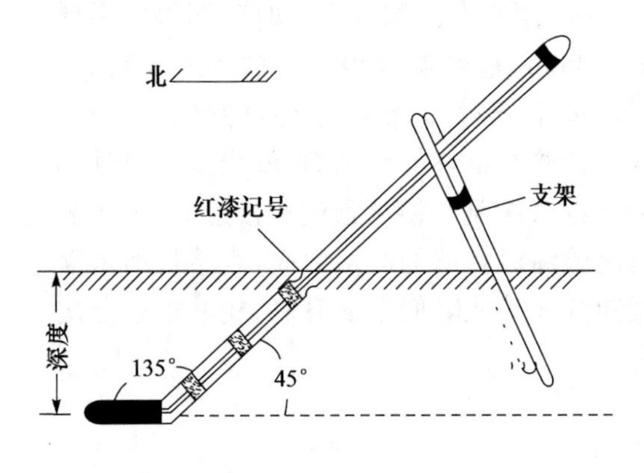

图 4-5　曲管地温表

6. 直管地温表

直管地温表(图 4-6)是将一支普通温度表嵌入有金属底盖的特制塑料套管内,在温度表球部周围填有很多铜屑。填入铜屑的目的是使温度表具有必要的滞后性,以便在从地中抽出温度表进行读数的短时间内,示度保持不变。

套管连同温度表用螺丝旋紧于木棒上,木棒另一端镶有带圆环的帽,木棒的长度随着温度表安装的深度而各不相同。木棒连同固定在它上面的套管一起插入胶木管内,胶木管的末端有金属底盖,为了防止管内空气的对流,在木棒上装有 3～4 个毡圈。

直管地温表有 40cm、80cm、160cm、320cm 四种深度。

4.2.3　玻璃液体温度表的误差及其要求

1. 常值误差

常值误差又称仪器差,是由制作温度表技术条件的限制和材料的某些物理特性变化而引起的误差。在一定时间内对某一刻度范围来说是一个定值,在实际工作中采用定期与标准温度表比较检定,而得出仪器差,使用时加以订正,即可消除或减少这类误差。

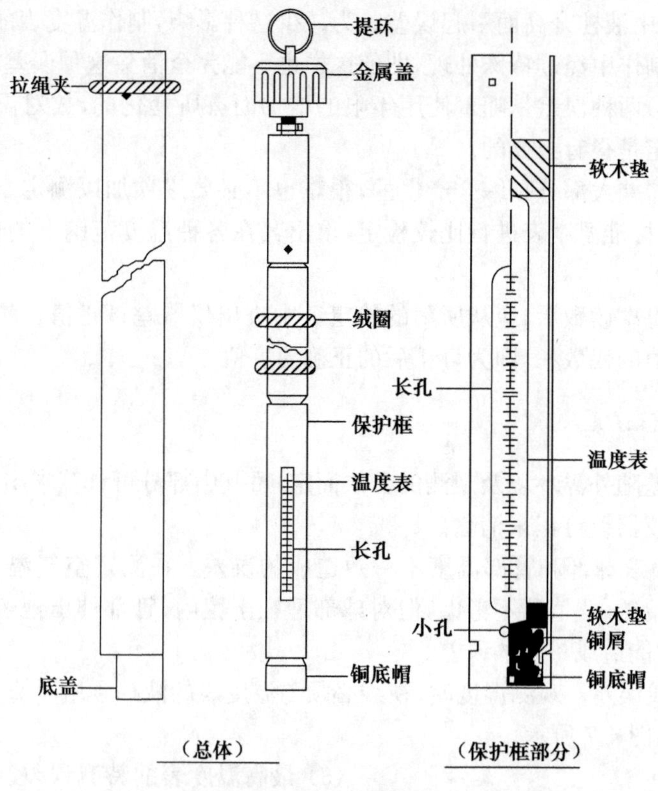

图4-6 直管地温表

(1) 因制作不良引起的误差。这种误差的大小决定着一支温度表质量的好坏,包括测温液不纯、刻度不准和零点位置不正确以及毛细管内径不一等方面。刻度标尺分度不精确,特别是零点位置不正确,使读数产生较大偏差。毛细管内径不一,使得在温度变化相同的情况下,管内液柱升降长度不一样,这就会与均匀刻度之间发生偏差,造成在各温度范围产生不同的误差值。

(2) 由于温度表内液体的视膨胀系数不随温度成线性变化而引起的误差。一般温度表的刻度采取等分刻度法,假定表内所用液体的体积随温度作线性变化。但事实上任何一种物体的膨胀和收缩,严格来说都不随温度成线性变化,都不是一个固定常数。这种误差对水银来说是很小的,但对酒精来说,却能引起较大的误差。

(3) 因液体分化引起的误差。如果温度表内的测温液不纯,日久会分化变质,不但可使体积改变,还可引起膨胀系数的改变,特别是酒精混有其他物质(如水分等),就很容易引起分化变质而产生误差。

(4) 由于玻璃日久收缩引起的误差。制作温度表的玻璃虽经冷却凝固,但其内部分子的排列并未完全固定,日久玻璃会逐渐收缩,使得球部和内管的内径减小,使毛细管中液柱升高而引起误差。为减少这种影响,制作温度表的玻璃采用特殊配方及在制作中经过特殊处理,即使这样也不能完全消除这种误差。

(3)和(4)两种误差是随着使用年限的增加而有所变化的,故对温度表进行定期的重新检定是很有必要的。

上述仪器差大部分是综合产生的,很难也不必要逐项加以测定。通常在仪器出厂前,先与标准温度表进行比较检定,求出其在各种温度范围下的仪器差,并编制成检定证。

温度表每次读数后,应从所附的检定证中查出仪器差订正值。然后求出读数值与仪器差值的代数和,即为订正后的正确温度值。

2. 非常值误差

这类误差随外界环境及观测的方法而定,虽其中部分可计算求出或设法避免,但不能通过仪器差订正来消除。

(1) 温度表球部和管部温度不一致造成的误差。在测定空气温度时,因球部与管部没有温差,此值可不考虑,但对球部埋在土壤内,管部伸出地表面的曲管地温表而言,就能造成一定的误差。

(2) 视线误差。观测温度时,视线必须与温度表的液柱顶端垂直,否则就有人为的误差,如图 4-7 所示。

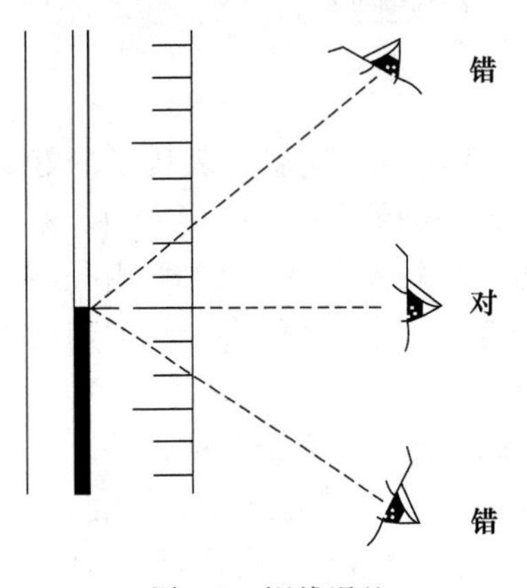

图 4-7　视线误差

(3) 最高温度表的特有误差。最高温度表的读数一般不是在达到最高温度的瞬间进行的,通常读数时,气温已经低于最高值。因此,毛细管中的水银丝因冷缩而比最高温度时应有的长度短些。

3. 温度表的滞后性

测温仪器与介质接触进行测温的过程中,不是立即达到热平衡的,而是要经过一定的时间。由于被测物体温度时刻在变化,所以温度表的示值始终落后于被测物体温度的变化,这种现象称为温度表的滞后性。滞后性的大小用热交换时间长短来表示。

设被测物质温度为 t,温度表球部温度为 t'(设 $t>t'$),由于热量交换的结果,在 $\Delta\tau$ 的时间内温度表感应部分将获得热量 ΔQ,其多少决定于感应部分的导热率 K、表面积 S、温度差$(t-t')$和时间 $\Delta\tau$:

$$\Delta Q = KS(t-t')\Delta\tau \tag{4.9}$$

热量 ΔQ 使温度表的示度升高 Δt

$$\Delta Q = mC\Delta t \tag{4.10}$$

式(4.9)、式(4.10)两式联立可得

$$\frac{\Delta t}{\Delta \tau} = \frac{1}{\lambda}(t - t') \tag{4.11}$$

式中，$\lambda = \frac{mC}{KS}$为温度表热滞后系数(s)；$\frac{\Delta t}{\Delta \tau}$表示温度在单位时间内改变的度数，即 t 到 t'的变化速度。

从前面讨论得出：要使温度表热交换时间短，具有较小的滞后性，即 λ 值小，就必须使温度表感应部分的比热 C 和质量 m 小，而导热率和球部的表面积则要大。

变化速度$\frac{\Delta t}{\Delta \tau}$则由 λ 值与$(t-t')$值决定，对同一温度表来说，由于 m、C、K、S 都是定位，也是常数，这时温度表的感应速率则与$(t-t')$成正比。

还必须指出，滞后性还与风速成反比。风速越大，达到热平衡的时间就越短。用同一支温度表测定不同介质时，滞后性大小也不同。例如，测定空气的温度比测定水的温度滞后性要大 20～30 倍。

如果被测物的温度是不变的，那么只要使温度表停留在被测物体中时间长一些就能测出较准确的温度。但是，空气与土壤的温度是经常变化的，则温度表的滞后性，使测得的温度与实际情况有一定出入，如图 4-8 所示。在气温上升过程温度示度比实际温度要偏低些；相反，温度下降时，温度示度偏高些。同时，使测得最高温度偏低，最低温度偏高，即使振幅变小。滞后性越大的温度表这种偏高偏低现象越显著。

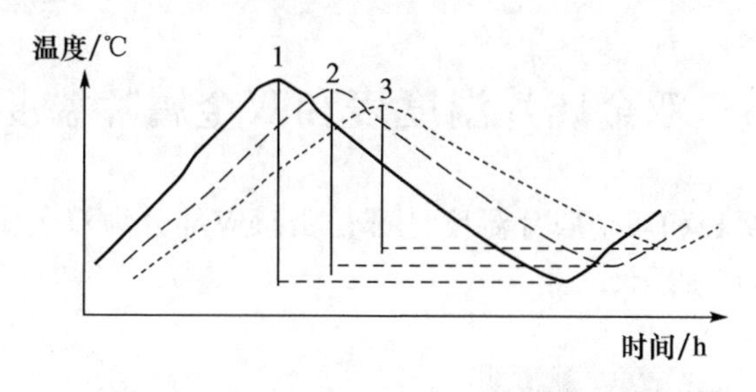

图 4-8 滞后性不同的温度表对测温的影响

1. 实际温度变化；2. 滞后性小；3. 滞后性大

温度表滞后性大小的选择，应根据观测目的而定。一般情况下滞后性小一些好，这样能及时反映出实际温度的变化。但对直管地温表则要求仪器滞后性要大些，否则由于地温与气温相差很大，在读数过程中将产生较大的误差。一般测定空气温度的温度表要求滞后系数为 100～200s，以消除温度的脉动变化，起到自动平均作用，如图 4-9 所示。

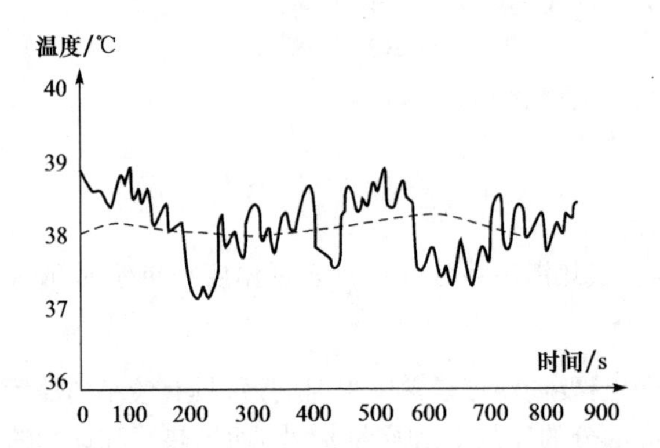

图 4-9 温度变化脉动曲线，实线为温度变化的脉动现象，虚线为温度表的示度变化

4. 对温度表的要求

综合玻璃液体温度表的灵敏度要求和尽可能减小各种误差值，从构造上讲，温度表应该尽可能符合以下几点要求。

(1) 灵敏度和视膨胀系数 α 要大，毛细管横截面积 S 要小。

(2) 滞后系数 λ 和比热 C 要小，导热率和球部表面积 S 要大，而液体体积要适中(因液体过多，虽然灵敏度增大，但感应时间也会相应增长)，为此，一般球部做成圆柱形或球形，以增大其与空气接触面积，球壁要薄。

(3) 毛细管内径要上下均匀，刻度板应尽量贴近毛细管，以减少视差。

(4) 制作温度表的玻璃与测温液的质量要好，并经过技术处理，以减少使用过程中的误差变化。

4.3 双金属片温度表和双金属片温度计

双金属片温度表和双金属片温度计都是由感应部分为双金属片的材料制成的测温仪器，如图 4-10 所示。

(a) 双金属片温度表

(b) 温度表内部的双金属片

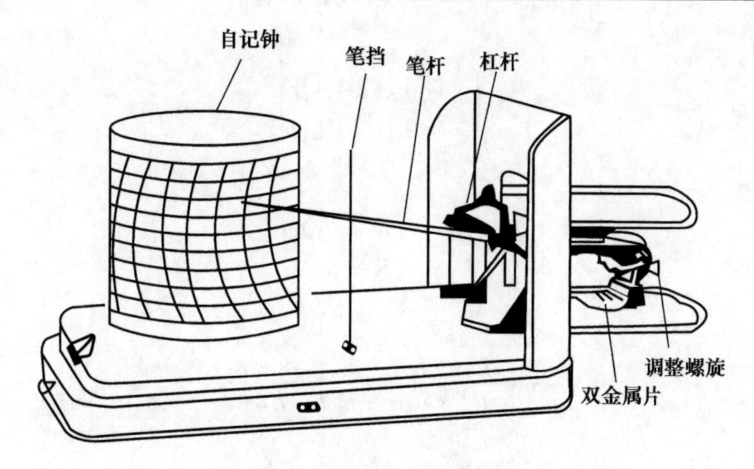

(c) 双金属片温度计的结构示意图

图 4-10 双金属片温度表和温度计

双金属片温度计是自动记录气温连续变化的仪器。从自记记录上可以获得任何时间的气温情况、极端值(最高值与最低值)及其出现时间。其结构如图 4-10(c)所示,由感应部分、传递放大部分和自记部分组成。

4.3.1 感应部分

感应部分是自记仪器的主要部分,是一个双金属片,它能随着温度的变化而变化。

双金属片是由两层热膨胀系数相差很大的金属薄片热压而成。热膨胀系数大的称为主动片;热膨胀系数小的称为被动片。主动片的材料,最普通的是黄铜(锌35%、铜 65%),无磁钢(镍 22%、铬 3%、铁 75%);被动片的材料多用铟钢(镍36%、铁 64%)。

温度计上的双金属片一端固定在支架上,另一端连接自记仪器的机械部分,称为自由端,它随温度变化而发生位移,如图 4-11 所示。

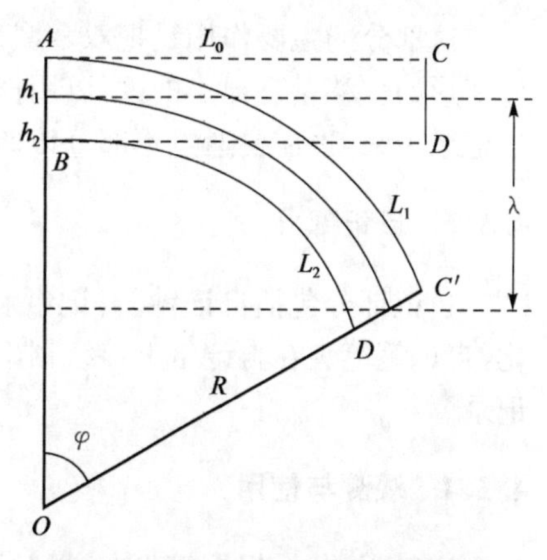

图 4-11 双金属片测温原理示意图

设在 0℃时双金属片是平直的,其长为 L_0。当温度升高时,自由端向被动片方向移动。α_1、α_2 和 h_1、h_2 分别是主动片和被动片的热胀系数和厚度,L_1、L_2 分别是它们在 t℃时的长度,R 为其曲率半径,弧所对应的圆心角为 φ(弧度),自由端的位移量为 λ,则 λ 与 t 的关系可计算如下:

因为

$$L_1 = L_0(1+\alpha_1 t)$$
$$L_2 = L_0(1+\alpha_2 t)$$

而

$$L_1 = (R+h_1)\varphi$$
$$L_2 = (R-h_2)\varphi$$

所以

$$\varphi = \frac{L_1 - L_2}{h_1 + h_2} = \frac{L_0 t(\alpha_1 - \alpha_2)}{h_1 + h_2}$$

又因

$$\lambda = R - R\cos\varphi = 2R\sin^2\frac{\varphi}{2}$$

而当 φ 很小时，可以认为

$$R \approx L_0/\varphi, \sin^2(\varphi/2) \approx (\varphi/2)^2 = \varphi^2/4$$

故可以得出

$$\lambda = \frac{L_0^2(\alpha_1 - \alpha_2)}{2h}t \tag{4.12}$$

式中，$h=h_1+h_2$。因 L_0、α_1、α_2、h 均为定值，故 λ 与 t 成正比，而且金属片越长，热膨胀系数的差越大，片的厚度越薄，位移量 λ 越大，即灵敏度大。如某温度计感应元件为 RS-3 型双金属片，其厚度 $h=0.6$mm，线胀系数 $\alpha_1-\alpha_2=(20\sim24)\times10^{-4}$/℃，双金属片长度 $L=30$mm。

4.3.2　传递放大部分

这部分的主要作用是把双金属片变形的位移量进行传递和放大。因为感应部分变形的位移量是很小的，所以用杠杆加以放大。为了将感应部分所得的温度信号记录下来，也需要通过本部分传递到记录部分。

4.3.3　自记部分

自记部分包括自记钟、自记纸和自记笔。自记钟时刻在运转，温度不断在变化，自记笔笔尖在自记纸上连续划出清晰的曲线来，实现了对观测温度的自动连续记录。

4.3.4　观测与使用

定时观测时，根据笔尖在自记纸上的位置观测读数，进行记录，并作时间记号。

在换下的自记纸上，把定时观测的实测值和自记读数分别填在相应的时间线上，自记记录以时间记号为正点。

自记钟在旋转一圈以后就应该更换自记纸。

自记仪器应经常保持清洁，感应部分不要用手及其他硬物体碰及，有灰尘时可用干洁毛笔清扫。

在严寒时，室外气温较低，自记钟会发生停摆现象，这常是由润滑油在轴上冻凝所致。遇此情况，应换用备份自记钟，清洗停摆的自记钟，并在轴和轴孔里加抗凝的钟表油。若气象台站无备份自记钟，则将自记钟拿回温暖的室内，盖住钟筒的上下孔（以免机件蒙上水汽），待自记钟获得室温后，将孔打开，在轴和轴孔里放一滴汽油，使机件滑润后恢复走动，但以后必须对此自记钟进行清洗，以免机件生锈。

4.4 电测温度表

在气象工作中用于测量温度的电测仪器正在普及。它的主要优点在于，能够提供适用于温度数据遥测显示、记录、存储或传送的信号输出。最常用的测温元件是热电阻、热敏电阻和热电偶。

4.4.1 电阻温度表

以已知方式随温度变化的某种材料的电阻测量值，可以用来表示温度。

温度变化小时，纯金属电阻的增加正比于温度变化：

$$R_t = R_0[1 + \alpha \cdot t] \tag{4.13}$$

式中，R_0 为金属在温度 0℃时的电阻；R_t 是其在温度 t 时的电阻；α 是该金属电阻的温度系数。

温度变化较大时，对于某些合金，需要引入二次或高次项，如用以下的二次表达式：

$$R_T = R_0[1 + \alpha \cdot t + \beta \cdot t^2] \tag{4.14}$$

这些公式给出了电阻随温度的变化，可以通过测试得出系数 α 与 β 的值。

一个好的金属电阻温度表，应满足下列要求。

(1) 在温度测量范围内，它的物理性质和化学性质保持不变。

(2) 在测量范围内，其电阻随温度的增加而稳定增加且无任何不连续。

(3) 诸如湿度、腐蚀或物理变形等外界影响都不会明显改变其电阻。

(4) 其电阻-温度特性保持稳定。

(5) 其阻值和温度系数应大到足以在测量电路中使用。

纯铂最能满足上述要求，因此把它用做传递国际温标 ITS-90 所需要的一级标准温度表。铜是适用于二级标准器的材料。

气象上 PT100 热电阻测温应用非常广泛，以下介绍 PT100 热电阻温度传感器及其测温电路。

1. PT100 热电阻温度传感器的电阻-温度特性

PT100 热电阻温度传感器是一种由铂(Pt)做成的电阻式温度传感器，它属于正电阻系数传感器，其阻值与温度的关系可以近似用如下表示：

在 0～650℃范围内：

$$R_t = R_0(1 + At + Bt^2) \tag{4.15}$$

在－200～0℃范围内：

$$R_t = R_0(1 + At + Bt^2 + C(t - 100)t^3) \tag{4.16}$$

式中，A、B、C 为常数：

$$A = 3.96847 \times 10^{-3}$$
$$C = -5.847 \times 10^{-7}$$
$$C = -4.22 \times 10^{-12}$$

由于它的电阻-温度关系的线性度非常好，所以，在测量较小的测量范围内，它的电阻和温度变化的关系式如下：

$$R = R_0(1 + \alpha t) \tag{4.17}$$

式中，$\alpha=0.00392$；R_0 为 100Ω(在 0℃的电阻值)；t 为温度。

PT100 温度传感器的测量范围广：－200～＋650℃，偏差小，响应时间短，还具有抗振动、稳定性好、准确度高、耐高压等优点。因此得到了广泛的应用。

2. PT100 热电阻温度传感器的引线形式

PT100 热电阻传感器有二线制、三线制、四线制三种形式，如图 4-12 所示为三线制和四线制 PT100 热电阻传感器实物图。

图 4-13(a)、(b)、(c)分别为二线制、三线制和四线制 PT100 热电阻传感器的结构图。

二线制 PT100 热电阻传感器是在热电阻感温元件的两端各连一根导线，该形式配线简单，安装费用低，但要带进引线电阻的附加误差。三线制 PT100 热电阻传感器是在感温元件的一端连接两根引线，另一端连接一根引线。四线制 PT100 热电阻传感器是在感温元件的两端各连两根引线，用于高精度测量。

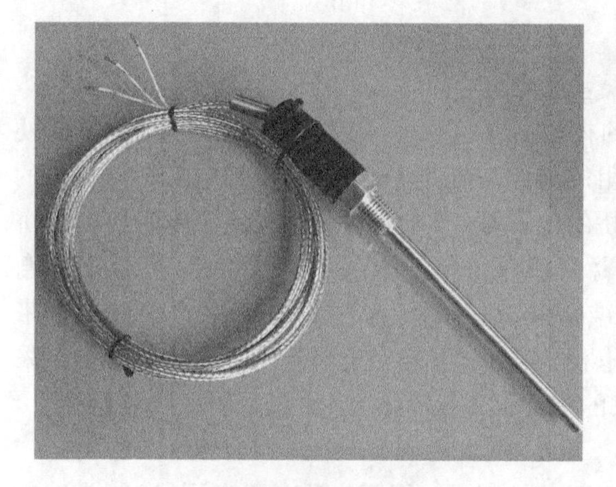

(a) 三线制PT100热电阻

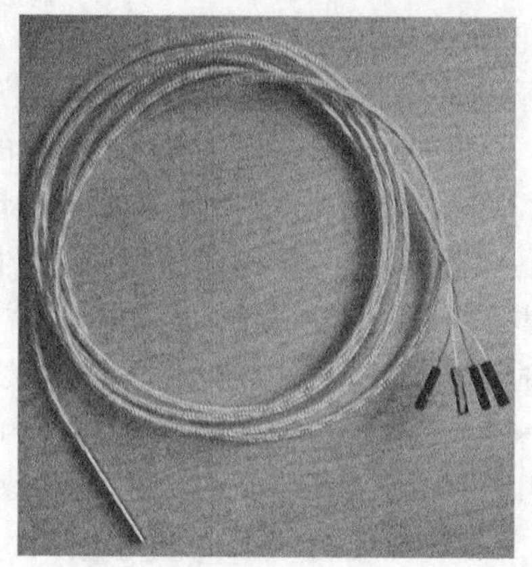

(b) 四线制PT100热电阻

图 4-12　三线制和四线制 PT100 热电阻传感器实物图

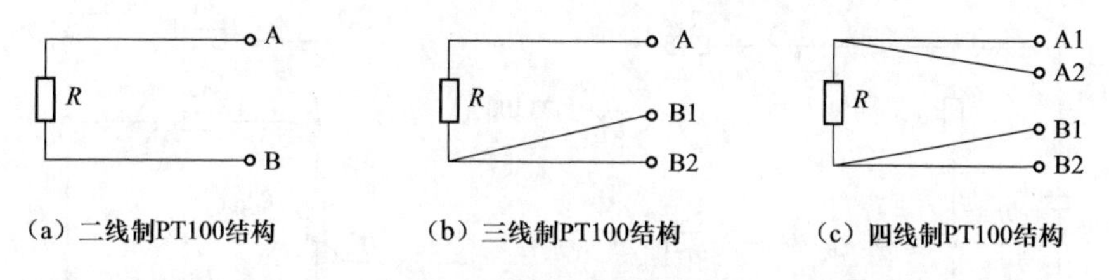

图 4-13　二线制、三线制、四线制 PT100 结构

3. PT100 热电阻温度传感器的测量电路

1) 二线制 PT100 和三线制 PT100 测量电路

二线制 PT100 和三线制 PT100 通常采用电桥法测量电路。

二线制 PT100 的引线电阻将引起测量误差，如图 4-14 所示。PT100 两根引线的电阻 R_{W1}、R_{W2} 和热电阻 PT100 一起构成电桥测量臂，引线电阻因沿线环境温度改变引起的阻值变化量 ΔR_{W1}、ΔR_{W2} 无法测得，它和因被测温度变化引起热电阻 PT100 的增量值 ΔR_t 一起被计入热电阻阻值的变化中，因而使测量结果产生附加误差。例如，在 100℃时，PT100 热电阻的热电阻率为 0.379Ω/℃，这时如果导线的电阻值为 2Ω，就会引起测量误差为 5.3℃。二线制用于测量精度要求不高的场合，并且使用时引线及导线不宜过长。

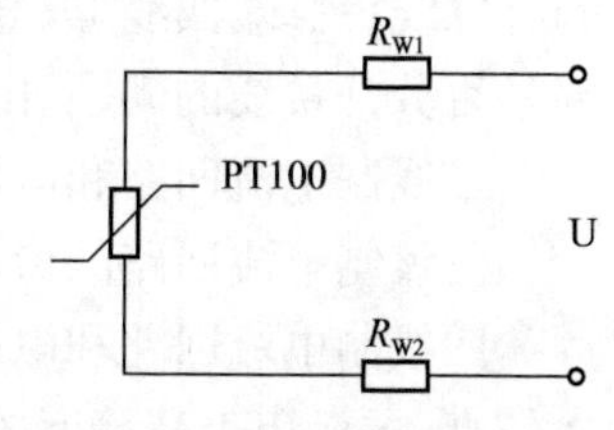

图 4-14　二线制 PT100 引线误差示意图

三线制 PT100 测量电路如图 4-15 所示。

当 $R_1\times(R_3+R_{W2}+R_{W3})=R_2\times(R_{PT100}+R_{W2}+R_{W1})$时，电桥平衡，$U=0$；当 PT100 受热温度变化后，

电桥不平衡，$U \neq 0$。

首先使 R_3 变化，当 $U=0$ 时，误差最小。

三线制 PT100 要求三根引线的材质、线径、长度一致且工作温度相同，从而使得三根引线的阻值相同，测量铂电阻的电路一般是不平衡电桥，铂电阻作为电桥的一个桥臂电阻，将一根引线接到电桥的电源端，其余两根分别接到铂电阻所在的桥臂及与其相邻的桥臂上，这样两桥臂都引入了相同阻值的引线电阻，当桥路平衡时，PT100 引线电阻的变化对测量结果没有任何影响，这样就消除了引线电阻带来的测量误差，但是必须为全等臂电桥，否则不可能完全消除引线电阻的影响。采用三线制会大大减小引线电阻带来的附加误差，工业上一般都采用三线制接法。

2）四线制 PT100 测量电路

为提高测量精度，选择四线制 PT100 热电阻，用恒流源电路来测量，如图 4-16 所示。

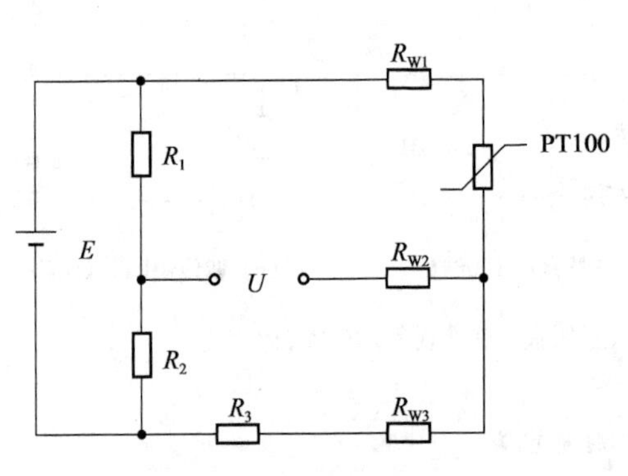

图 4-15　三线制 PT100 测量电路

其中，R_{W1}、R_{W2}、R_{W3} 为引线电阻

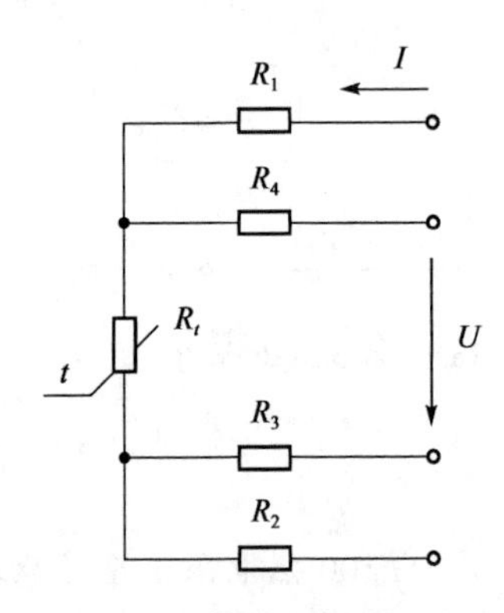

图 4-16　四线制 PT100 用恒流源测量电路

四线制测量用两条附加引线 1、2 提供恒定电流 I，另两条引线 3、4 输出电压 U，在电压表(或后级电路)输入阻抗足够高的条件下，电流几乎不流入电压表，从而引线电阻几乎就不引起误差，这样就可以精确测量 PT100 热电阻上的压降，计算得出电阻值。

二线、三线、四线 PT100 热电阻测温的本质区别在于电流回路和电压测量回路是否分开接线的问题，由此导致了测量精度和应用场合的差别。

二线制电流回路和电压测量回路合二为一，精度差。

三线制电流回路的参考位和电压测量回路的参考位为一条线，精度得以提高。

四线制电流回路和电压测量回路独立分开，精度高，但由于多出一个引线，成本较高，主要用于高精度的测量。出于成本的考虑，工程上多采用三线制接法。

一种实用的 PT100 恒流源电路及放大电路如图 4-17 所示。

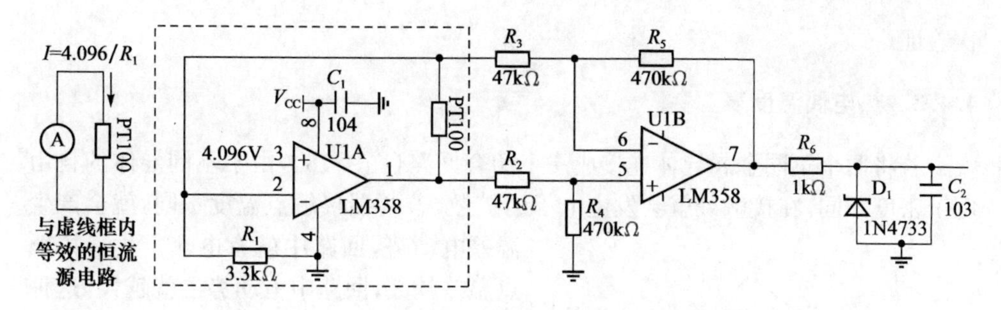

图 4-17 四线制 PT100 恒流源式测温电路

其中，虚线框内是为 PT100 提供恒流源的电路，运放 U1B 把 PT100 输出电压放大，经稳压管后可直接接 A/D 转换器。稳压管的作用是防止 PT100 置于设计测量温度之上的环境中，电路输出电压超出 A/D 转换器可承受的最高电压而烧毁。

图中 4.096V 为电压基准源。注意：等效恒流源输出的电流不能太大，以不超过 1mA 为宜，电流过大则会使 PT100 电阻自身发热造成测量温度不准确，当电流大于 1.5mA 就会对测量结果有较明显的影响。运放采用单一 5V 供电，如果测量的温度波动比较大，将运放的供电改为±15V 双电源供电会有较大改善。电阻 R_2、R_3 的电阻值取得足够大，以增大运放 U1B 的输入阻抗。

4.4.2 热敏电阻温度表

常用的另一类型的电阻元件是热敏电阻。这是一种电阻温度系数相对大的半导体，随实际材料的不同，电阻温度系数可能为正值或负值。金属烧结氧化物的混合体，适合于制作实用热敏电阻。成形通常为小圆片状、棒状或球状，并且常常外裹玻璃。热敏电阻的阻值 R 与绝对温度 T 的关系为

$$R = A\mathrm{e}^{B/T} \tag{4.18}$$

式中，A 和 B 是由热敏电阻特性所决定的常数，可由实验确定；T 是热敏电阻的温度，以 K 为单位。

从测温的观点看，热敏电阻的优点如下。

(1) 在获得相同灵敏度的前提下，大的电阻温度系数能够降低加在电阻桥两端的电压。这样，就能减少甚至可以消除对引线电阻及其变化的考虑。

(2) 元件能够做得非常小，因而热容量很小，可得到小的时间常数。然而，非常小的热敏电阻及其小的热容量也有缺点，对于给定的消耗，其自热效应要比大的温度表大。因此，必须注意保持小的功耗。

热敏电阻的主要缺点：阻值与温度的关系是非线性的，必须通过转换电路或软件处理来实现线性化；稳定性及互换性差，故测温用热敏电阻要经过严格挑选和多

次验证。

4.4.3　热电偶温度表

若将两个不同金属导体连接成一个闭合回路(图 4-18),由于不同导体的自由电子密度不同,在接触处就会发生电子的扩散,若两端接触点温度不同,就会产生温差电动势,回路中就有电流产生。接触点温差越大,回路中电动势也就越大,这种现象称为热电现象,这种装置称为热电偶或温差电偶。利用热电偶原理进行温度测量的仪器称为热电偶温度表。

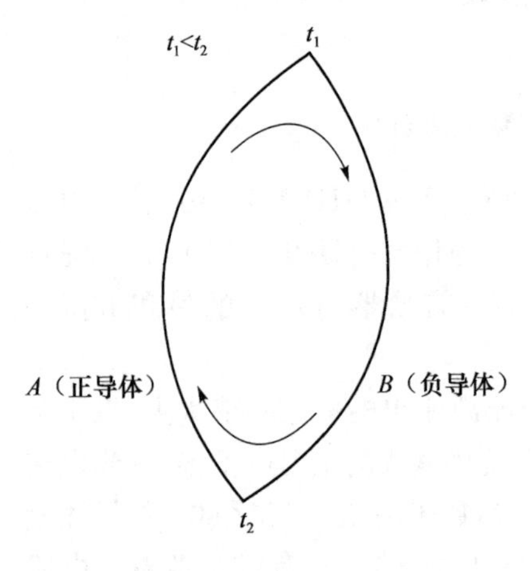

图 4-18　热电现象

根据经验,在气象测温范围内,两种金属构成的热电偶电动势 E 与温度差 t_2-t_1 的关系如下:

$$E=\varepsilon(t_2-t_1) \tag{4.19}$$

式中,ε 为与两金属性质有关的常数,称为热电系数。

将有关的金属丝焊接(或熔接)在一起就制成了热电偶。当用于测量温度时,将一个连接点保持在一个已知的标准温度,用另一个接点感受需要测量的温度,测试此时产生的电动势,就可得出待测量的温度。

热电偶温度表的优点:感应元件体积小、惯性系数小、不受辐射影响。通常在气象学的研究工作中,当需要温度表有非常小的时间常数(约 1s 或 2s)并能远距离读数和记录时,可以采用热电偶。另外在辐射计中,也可利用多个热电阻构成的热电堆来检测温差。

热电偶的缺点是如果要求测量温度绝对值,就需要有一个恒温容器,把冷接点装在容器内。采用适当的二次仪表,热电偶温度表也可以取得较高精度。

4.5　气温测量中的辐射屏蔽装置

测温仪器的热状态,不仅受空气热量交换的影响,而且受太阳及周围物体辐射的影响。测温仪器的感应部分对太阳及周围物体辐射能的吸收能力远远大于空气,因此,太阳及周围物体的辐射对测定气温有严重的影响,产生“辐射误差”。另外为使温度表的示度尽可能接近实际气温,还得有大量的空气流经感温元件。其次,降水等天气现象也会影响空气温度的测定。为消除上述影响,气象台站一般采用两种措施：一种是将温度表置于百叶箱内；另一种是温度表上增设通风和防辐射装置。无论屏蔽与否，元件和屏蔽外表面应具有较高的反射率。

4.5.1 百叶箱

百叶箱的作用是防止太阳对仪器的直接辐射和地面反射辐射，保护仪器免受雨、雪等影响，并使仪器感应部分有适当的通风，能真实地感应外界空气温度的变化。

气象台站常用的百叶箱结构如图 4-19 所示。箱壁由两排簿的木板条做成“人”字形，并与水平面成45°角。箱底由三块木板制成，中间一块稍高，以利通风；箱盖有两层，中间也能通风，上面一层稍向南倾斜。百叶箱外部漆成白色，以减少辐射影响。

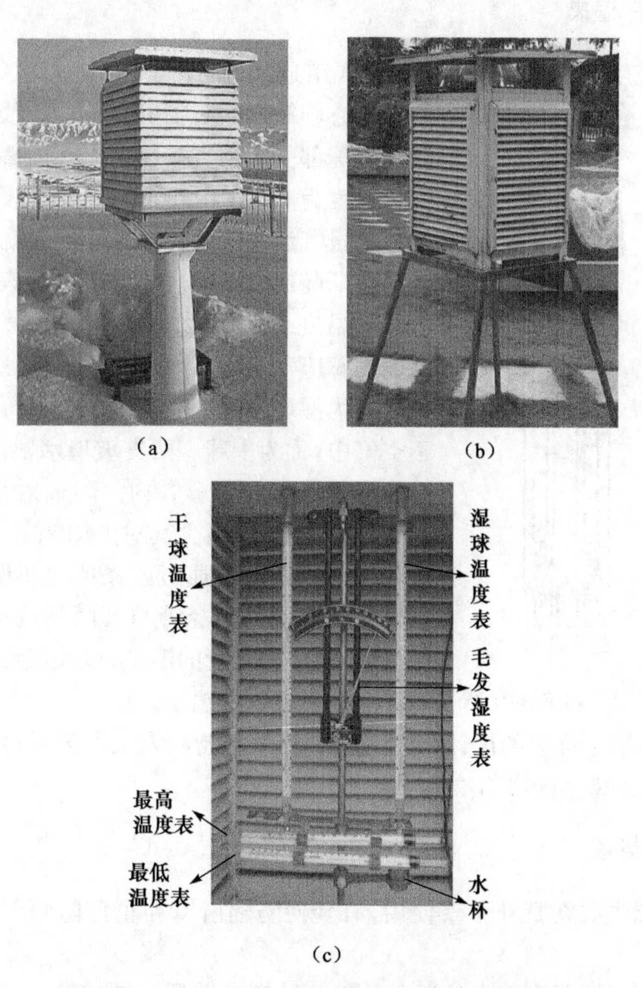

图 4-19 百叶箱的结构及温、湿度仪器的安装

(a)、(b) 为百叶箱；(c) 为百叶箱内所安装温、湿度仪器

百叶箱分大小两种，小百叶箱内部尺寸为高 537mm、宽 460mm、深 290mm，安置各种温度表和毛发表；大百叶箱高 612mm、宽 460mm、深 460mm，安置自记式温度计和湿度计。

尽管大多数百叶箱仍是木制的，但最近某些设计使用塑料材料可更好地防止辐射的影响。因为它改进了百叶箱的设计，能使空气更好地流通。

由于有了百叶箱的装置，使流经百叶箱的气流产生扰动，改变了原来大气的自然状况，同时百叶箱本身也是一种辐射体，这就使测得的温度有一定误差。特别是晴朗无风时，箱内外空气温度差异将会增大，个别情况误差可达 1℃。尽管如此，百叶箱仍然是目前台站采用的主要防辐射装置。

4.5.2 通风干湿表

除了把温度表放置在自然通风或人工通风的百叶箱外，还可以把温度表放在两个同心圆筒形的防辐射套管的轴线位置上，以防温度表球部受太阳直接辐射。在防辐射套管之间，引入速度为 2.5～10m/s 流经温度表球部的气流。用来测量气温和湿度的通风干湿表就是这种类型。

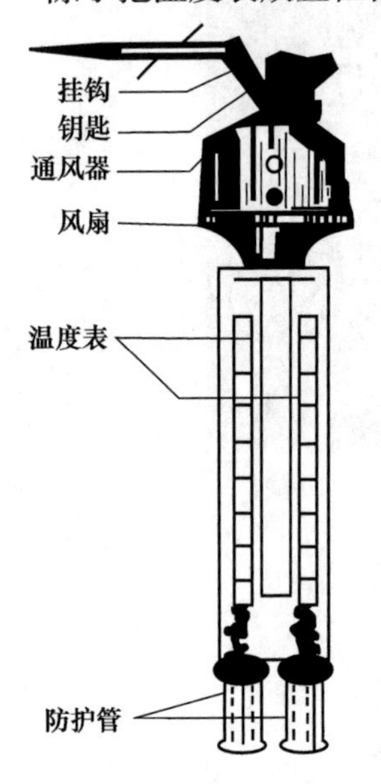

图 4-20　阿斯曼通风干湿表结构

阿斯曼通风干湿表是通风干湿表的一种，主要由两支温度表组成，如图 4-20 所示。其中一支温度表的感应部分的表面要罩上一薄层水膜从而相应地称为湿球，而另一支温度表的感应部分则裸置于空气中，称为干球。两支玻璃水银温度表垂直地并排安装在防辐射套管内。防辐射套管采用高度抛光的金属管，以减少其对太阳辐射的吸收。两支温度表都用管道与通过发条或电机驱动的通风器相连。防辐射的内套管与其两侧流动的气流都保持接触，以使内套管的温度，以及温度表的温度，都能极为接近空气的温度。

WMO 标准干湿表的设计充分考虑了辐射影响和人工通风及屏蔽罩的使用，能确保感温元件检测到真实的气温。

4.5.3 防辐射罩

防辐射罩主要在野外考察使用，有轻便防辐射罩和小型防辐射罩，如图 4-21 所示。

轻便防辐射罩是利用自然通风的轻便防辐射装置。结构简单，罩的上板为伞形金属薄板，下板为金属平板与伞板相连，金属板外侧镀铬具有良好的反射率，向

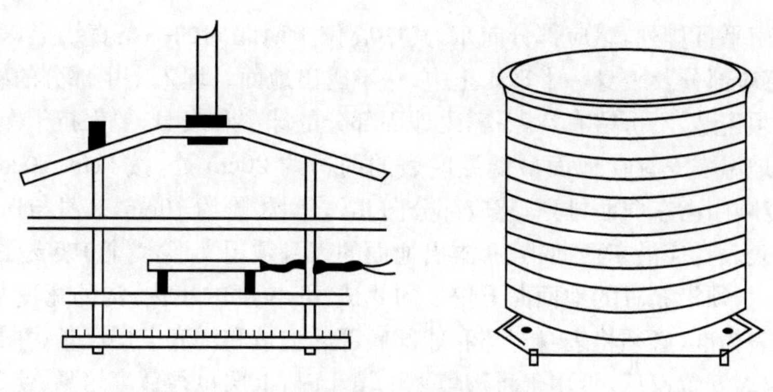

图4-21 防辐射罩结构示意图

内的一面涂黑，以便吸收罩内层的辐射，使其不能反射到传感器上。两块金属板之间嵌有两块透明的有机玻璃，传感器就安置在二者之间的夹层中，板的作用是为了隔绝金属板上的热对流。

实践证明，防辐射罩性能不如百叶箱，在特殊情况如静风条件下，用防辐射罩与百叶箱同时测得的气温，相差可达2～3℃，应当引起注意。

4.6 土壤温度的测量

土壤温度测量的标准深度是地面以下5cm、10cm、15cm、20cm、40cm、80cm、160cm和320cm，也可以包括其他的深度。

进行土壤温度测量的场地应当是一块约75cm^{2}的裸露平地，其土壤应能代表周围的土壤。如果不具有代表性，则场地范围就应当扩展到不小于100cm^2。

4.6.1 土壤温度表的使用和安装

为了测量深度为20cm或小于20cm的土壤温度，通常使用的是其表身在最低刻度线以下弯成直角或任何其他适当角度的玻璃水银温度表。温度表的球部埋入地下至需要的深度。

为了测量深度大于20cm的温度，建议使用装在木质、玻璃或塑料套管中的玻璃水银温度表，其球部埋入蜡内或含金属的涂料中。然后，该温度表连同套管一起悬挂或塞进一埋入地下至要求深度的薄壁金属外管或塑料外管中。在寒冷气候区，外管顶部应当伸出在地面以上并高于预期积雪厚度。

地面和浅层地温的观测地段，设在观测场内南面平整出的裸地上，地的面积为(2×4)m^2。地表疏松、平整、无草，并与观测场整个地面齐平。

地面三支温度表水平地安放在地段中央偏东的地面，按0cm、最低、最高的顺序自北向南平行排列，感应部分向东，其中心位于南北向的一条直线上，表间相隔约 5cm，感应部分及表身一半理入土中，一半露出地面。埋入土中部分的感应部分与土壤必须密贴，不可留有空隙；露出地面部分的球部和表身，要保持干净。

曲管地温表安置在地面最低温度表的两边约 20cm 处，按 5cm、10cm、15cm、20cm 深度顺序由东向西排列，感应部分向北，表间相隔约 10cm，表身与地面成 45°夹角。各表表身应沿东西向排齐，露出地面的表身须用叉形木(竹)架支住。

安装时，须沿布置的地面向下挖一向北成 45°坡度的小沟，沟的宽度与深度以各支地温表为准，必须将表身背部和球部底部的沟坡和沟底上层压紧，并与表身紧贴；待地温表安置以后，再用土将沟填平。填土时，上层也须适度培紧，使表身与土壤间不留空隙。整个安装过程动作应轻巧和缓，以免损坏仪器。

为便于正确安装地温表和日后检查深度变化，在安装前用米尺和量角器量准地温表埋置的深度部位，并在表身的相应处作一红漆记号，安置后的土面应与记号平齐。

为了避免观测时践踏土壤，应在地温表北面相距约 40cm 处，顺东西向设置一观测用的栅条式本制踏板，踏板宽约 30cm，长约 100cm。

直管地温表应安置在观测场南边，有自然覆盖物，面积为$(3\times4)m^2$ 的地段上，位于浅层地温表场的东边。观测地段应保持平坦，草层应与整个观测场上的草层同高。

直管地温表安装应自东向西，由浅而深，表间相隔约 50cm，在地段中部排列成一行。其套管须垂直埋入土中，挖坑时尽量少破坏土层。如有条件，使用钻孔设备钻孔更好。套管埋放后，要使各表感应部分中心距离地面的深度符合要求，并把管壁四周与土层之间的空隙用细土充填、捣紧。

为了使观测员接近要观测的温度表而能保持地段的草层和有积雪时的自然状况，建议构造一个平行于温度表排列的轻便桥。此桥应设计成其盖板在两次读数之间可以移走，以免影响积雪。

4.6.2 土壤温度的观测

定时观测应按地面(0cm)温度表、地面最低、地面最高(最高、最低表观测并调整仅在 20 时进行)、5cm、10cm、15cm、20cm 曲管和 40cm 直管的顺序进行。测定较深层地温的 80cm、160cm、320cm 地温表因深层地温日变化小，每日仅在 14 时观测一次。

各种地温表读数方法与普通温度表相同。由于安置的不同，观测时还应注意以下几点。

(1) 观测地面温度表时，应站在踏板上俯视读数，不准把地温表取离地面；观测曲管地温表时，应特别注意视线与水银柱顶保持垂直；观测直管地温表时，应站在台架上把直管地温表很快取出读数。

(2) 直管地温表从套管中迅速取出读数，并用身影遮住温度表，仍不得用手握住球部，观测后将表轻轻插回套管，盖好顶盖。

另外，除了观测地温表并进行记录之外，其他相关情况也要测量并记录。

当地面被雪覆盖时，最好也测量积雪的温度。雪稀少的地方，在读数之前可以把雪拨开，观测后再盖上。

对土壤温度测量的场地也要进行记录。当描述土壤温度测量的场地时，土壤类型、覆土和地面倾斜的程度与走向都应当记录下来，只要有可能，诸如单位体积干重、导热率和田间持水量等土壤物理常数都应当说明。地下水位高度(如果在地面以下 5m 之内)和土壤结构也应当包括在内。

农业气象站要连续记录土壤温度和贴近该土壤的气层中各高度上的气温(最好是地面到主要植被上限以上约 10m)。

参考文献

李家瑞. 1994. 气象传感器教程. 北京：气象出版社.

刘连吉. 1998. 气象仪器与测量. 青岛：青岛海洋大学.

邱金桓，陈洪滨. 2005. 大气物理与大气探测学. 北京：气象出版社.

任芝花，涂满红，陈永清，等. 2006. 玻璃钢百叶箱与木制百叶箱内温湿度测量的对比分析. 气象，32(5)：35-40.

世界气象组织. 1996. 气象仪器和观测方法指南(第六版).

谭海涛，王贞龄，余品伦，等. 1986. 地面气象观测(气象专业用). 北京：气象出版社.

张霭琛. 2008. 现代气象观测. 北京：北京大学出版社.

张文煜，袁九毅. 2007. 大气探测原理与方法. 北京：气象出版社.

张玉存，王卫平. 2001. 二十世纪末气象仪器的现状与发展. 气象水文海洋仪器，(3)：1-9.

中国气象局. 2003. 地面气象观测规范. 北京：气象出版社.

WMO. 2008. Guide to Meteorological Instruments and Methods of Observation. 7th ed. Geneva.

习　　题

1. 什么是温标？有哪几类？
2. 地面观测中，常用测温仪器分为哪几类？各自的特点如何？
3. 气温测量中为何需要辐射屏蔽装置？不用辐射屏蔽装置对测量结果有何影响？
4. 为什么地表温度的测量要比空气温度的测量复杂？
5. 为何不同深度土壤温度的测量，所用温度表有直管和曲管之分？
6. [实验与思考]为什么要把气象温度计放在一个漆成白色的百叶箱里？

请在课外时间用温度计分别测量百叶箱内和百叶箱外的气温。

时间	上午	中午	下午	晚上
温度(百叶箱内)				
温度(百叶箱外)				

根据表中的数据,进行对比分析,得出实验结论。

(1) 百叶箱内外气温孰高、孰低?

(2) 百叶箱内外气温波动哪个大、哪个小?哪个更能反映真实的气温?

7.[实验与思考]

请在课外时间用玻璃液体温度表(或其他温度表),每隔2小时测量并记录一天中不同时刻的气温,画出一天气温变化曲线。连续测量5天,观察一天中气温最高值和最低值大概出现在什么时间。

由实验可得出什么结论?

思考:这是什么原因造成的?提示:可从太阳辐射、大地散热等角度考虑。

第5章　湿度测量

大气中的湿度及其变化与天气变化有密切的关系。大气中的水汽，是形成云雾、降水现象的重要因素，大气中水汽的水相转换是重要的能量传递方式。因此，湿度的变化往往是天气变化的前奏。低层大气中的水汽含量还直接影响农作物的生长。

5.1　概　　述

5.1.1　空气湿度的定义

空气湿度，简称湿度，是表示空气中水汽含量的物理量。

地面观测中测定的是离地面1.50m高度处的湿度。

表示空气湿度的物理量很多，在地面气象观测中，主要测定下列几种湿度量：水汽压、相对湿度、露点温度。

(1) 水汽压(e)——大气中水汽所具有的压强称为水汽压或水汽张力，实际上是大气压强的一部分，单位是百帕(hPa)。

空气中水汽达到饱和状态时的水汽压称为饱和水汽压(或最大水汽张力)，以e_w表示，它是温度的函数。

(2) 相对湿度(U)——空气中实有水汽压与同一温、压条件下的饱和水汽压的百分比。

$$U = \frac{e}{e_w} \times 100\% \tag{5.1}$$

(3) 露点温度(t_d)——湿空气在水汽含量不变的条件下，等压冷却到饱和时的温度称为露点温度，单位为℃。

5.1.2　表示湿度的参量

表示空气湿度的参量有很多，此处给出常用的几种。

(1) 湿空气的混合比r：空气中水汽质量m_v与干空气(与水汽相结合成湿空气)质量m_a之比，即

$$r = \frac{m_v}{m_a} \tag{5.2}$$

(2) 比湿 q:湿空气中水汽质量 m_v 与湿空气质量 m_a+m_v 之比,即

$$q=\frac{m_v}{m_v+m_a} \tag{5.3}$$

(3) 水汽浓度 ρ_v:水汽质量 m_v 与混合气体所占有的容积 V 之比,即

$$\rho_v=\frac{m_v}{V} \tag{5.4}$$

(4) 湿空气样本中水汽的摩尔份数:由干空气质量 m_a 和水汽质量 m_v 组成的湿空气样本中水汽的摩尔份数 x_v,是水汽摩尔数($n_v=m_v/M_v$)与样本的摩尔总数 n_v+n_a 之比,n_a 为样本中干空气的摩尔数($n_a=m_a/M_a$)。即

$$x_v=\frac{n_v}{n_a+n_v} \tag{5.5}$$

或者

$$x_v=\frac{r}{0.62198+r} \tag{5.6}$$

式中,r 是湿空气样本中水汽的混合比($r=m_v/m_a$)。

(5) 水汽压 e':空气中水汽部分作用在单位面积上的压力,多数测湿元件能直接测量的湿度量值。当湿空气的总压为 p 和混合比为 r 时,水汽压 e' 定义为

$$e'=\frac{r}{0.62198+r}\cdot p=x_v p \tag{5.7}$$

(6) 饱和水汽压:分为纯水汽的饱和水汽压和湿空气的饱和水汽压。

纯水汽的饱和水汽压 e_w:相对于水的纯水汽的饱和水汽压 e_w,就是在相同的温度和气压下,与具有平表面的纯水共处于中性平衡状态的水汽压。同理,相对于冰的纯水汽的饱和水汽压 e_i 可依此类推。e_w 和 e_i 都是只与温度有关的函数。

湿空气的饱和水汽压 e'_w:在气压 p 和温度 T 下,相对于水面的湿空气饱和水汽压 e'_w 定义为

$$e'_w=\frac{r_w}{0.62198+r_w}p=x_{vw}\cdot p \tag{5.8}$$

同理,在气压 p 和温度 T 下,相对于冰面的湿空气饱和水汽压 e'_i 定义为

$$e'_i=\frac{r_i}{0.62198+r_i}p=x_{vi}\cdot p \tag{5.9}$$

式中,r_w 和 r_i 分别代表湿空气对水面和冰面的饱和混合比。

纯水饱和水汽压和湿空气的饱和水汽压之间的关系:在气象学所涉及的气压和温度的范围内,下列关系成立,其误差在 0.5%以内,即

$$e'_w = e_w, e'_i = e_i$$

(7) 露点温度 t_d 和霜点温度 t_f。

露点温度 t_d:气压为 p 和混合比为 r 的湿空气的热力学露点温度 t_d,是在给定气压下,相对于水面达到饱和状态时,其饱和混合比 r_w 与给定的混合比 r 相等的湿空气所处的温度。

霜点温度 t_f:气压为 p 和混合比为 r 的湿空气的霜点温度 t_f,是在给定气压下,相对于冰面达到饱和状态时,其饱和混合比 r_i 与给定的混合比 r 相等的湿空气所处的温度。

5.1.3 空气湿度的测量方法

气象上用于测量空气湿度的方法,一般主要有以下几种。

(1) 干湿表法:利用蒸发表面冷却降温的程度随湿度而变的原理来测定水汽压。主要用于气象观测工作,也常用做校准。

(2) 吸收法:利用吸湿物质吸湿后的尺度变化或电性能变化来测相对湿度。常用吸湿物质有毛发、肠膜元件、氯化锂、氧化铝、高分子材料等。

(3) 凝结法:测量凝结面降温产生凝结时的温度,即露点温度。可用于气象观测或工作标准。

(4) 电磁辐射吸收法:利用水汽对电磁辐射的吸收来测量湿度。在电磁波谱中,最有用的区域是紫外区和红外区。因此,这项技术常归类为光学测湿法。

(5) 称重法:直接对一个空气样品的水汽含量进行绝对的测量,并以混合比表示此空气样品的湿度。此方法准确度高,但方法复杂,需要时间长,操作复杂,一般只在实验室用来对参考标准器提供绝对校准。

5.2 干湿球湿度表

5.2.1 测量原理

1. 测湿原理

干湿球湿度表主要由两支型号完全一样的温度表组成,如图 5-1 所示。其中一支温度表感应部分的表面包上润湿的纱布,称为湿球,而另一支温度表裸置于空气中,称为干球,两支温度表置于相同的环境之中。当空气中的水汽含量未达饱和时,湿球表面的水分不断蒸发,消耗湿球的热量而降温;同时又从流经湿球的空气中不断取得热量补给。当湿球因蒸发而消耗的热量和从周围空气中获得的热量相平衡时,湿球温度就不再继续下降,从而维持了一相对稳定的干湿球温度差。

干湿球温度差值的大小,主要与当时的空气湿度有关。空气湿度越小,湿球表面的水分蒸发越快，湿球温度降得越多，干湿球温度差就越大；反之，湿度大，湿球水分蒸发慢，湿球温度降低得少，干湿球温度差就小，当然干湿球温度差值的大小还与其他一些因素，如湿球附近的通风速度、气压、湿球大小、润湿方式等有关。可以根据干湿球温度值，以及一些其他因素，从理论上推算出当时的空气湿度。

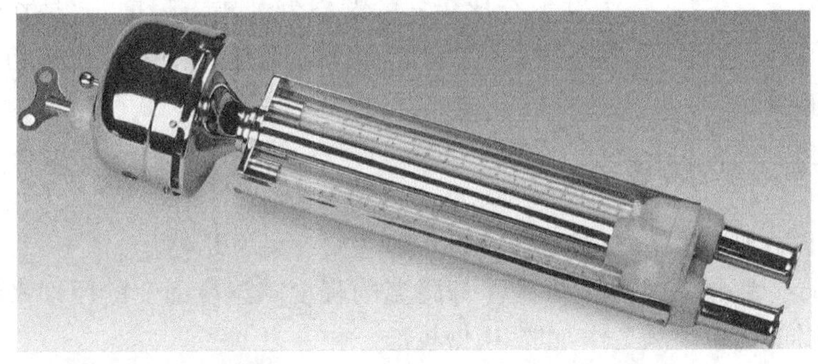

(a) 天津气象仪器厂生产的DHM2型电动通风干湿表

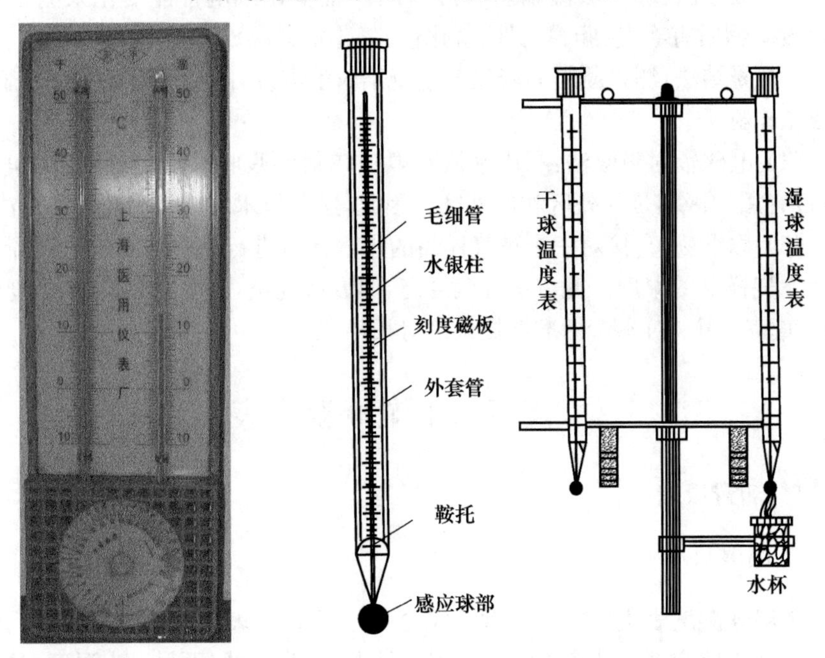

(b) 上海医用仪表厂生产的干湿表　　(c) 干湿球湿度表主要器件

图 5-1　干湿球湿度表

所有的干湿球湿度表的测湿原理基本相同。也可用热电偶、电阻或半导体热敏元件代替玻璃温度表来测定干湿球温度，或用其他溶液代替水在更低温度(−10℃以下)情况下测定湿度。

2. 测湿公式

湿球纱布上的水分，在单位时间内所蒸发出来水的质量为 M，根据道尔顿蒸发定律可表示为

$$M = \frac{CS(e_{tW} - e)}{P} \tag{5.10}$$

式中，S 为湿球球部的表面积；e_{tW} 为湿球温度下的饱和水汽压；e 为当时空气中的水汽压；P 为当时的气压；C 为随风速而变的系数。

湿球表面蒸发 Mg 水分，需要消耗的蒸发热量为

$$Q = ML = \frac{LCS(e_{tW} - e)}{P} \tag{5.11}$$

式中，L 为蒸发潜热。

由于湿球温度低于周围气温，要与周围空气进行热量交换，从周围空气吸收热量，设单位时间吸收的热量为

$$Q' = kS(t - t_W) \tag{5.12}$$

式中，S 为进行热交换的表面积，即湿球球部表面积；t 为干球温度；t_W 为湿球温度；k 为热量交换系数。

当湿球球部因蒸发消耗的热量和吸收周围空气的热量相平衡时，湿球温度就不再下降而稳定在某一个数值上，此时有 $Q=Q'$，即

$$\frac{LCS(e_{tW} - e)}{P} = kS(t - t_W)$$

得

$$e = e_{tW} - \frac{k}{CL}(t - t_W)P$$

则

$$e = e_{tW} - AP(t - t_W) \tag{5.13}$$

此式即为干湿表实用测湿公式。式中，$A=\frac{k}{CL}$为干湿表测湿系数。

5.2.2 干湿表测湿系数 *A*

从实用测湿公式来看，干湿表系数 A 主要取决于流经湿球球部的风速，实际上 A 值也与湿球大小、形状、质料以及包裹的纱布和湿润方式有关。可以从理论上来计算 A 值，但实用上 A 值都用实验直接测定。对于固定形状、大小的干湿表

来说,A 值基本上只与风速有关,如图 5-2 所示。在通风速率较低时,A 值受通风速率的影响显著。在通风速率为 3～5m/s(对常规尺度的温度表而言)或更高时,对于设计精良的干湿表,A 值实质上就不再随通风速率而变化。

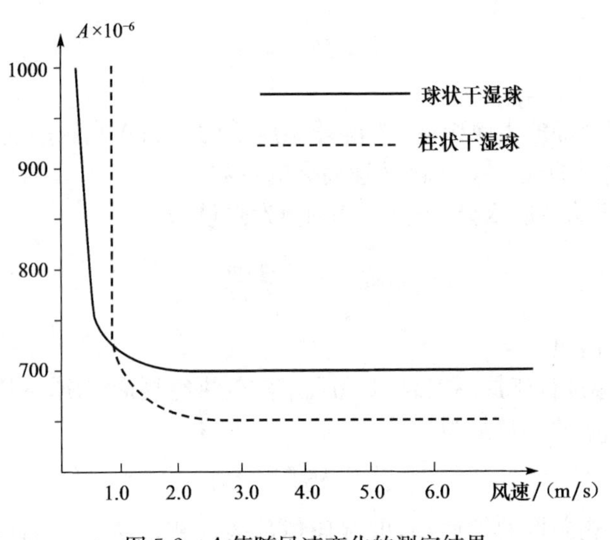

图 5-2　A 值随风速变化的测定结果

湿球结冰时的 A 值,也可以采取实验方法直接测定。但由于在低温情况下,稳定的实验条件难于控制,不易准确测定,故多采用半经验公式。

从 A 值随风速的变化关系,可以得到一个启示,为了使湿球温度读数稳定,简化湿度计算,最好用人工通风方法在湿球附近维持较大的固定风速(世界气象组织推荐 2～4m/s),使 A 值保持为一常数,以便在实践中具体实现测湿公式成立的理想条件。

5.2.3　干湿表的测量误差来源

对于干湿表,以下是必须考虑的误差主要来源。

(1) 温度表的示值误差:在干湿表方法的测量中,必须知道温度表在其实际测温范围内的示值误差,以便在应用湿度查算表之前可以将所有读数予以修正。由其他因素引起的湿球温度或冰球温度的任何误差均可表现为示值误差。

(2) 温度表的滞后系数:要使得干湿表的准确度最高,就需要使干球温度表和湿球温度表具有相同的滞后系数;对于球部形状尺寸都相同的温度表,湿球温度表的滞后明显小于干球温度表的滞后。

(3) 与通风有关的误差:由于通风不合要求可引起严重的误差。

(4) 由于湿球上有过量的冰壳而引起的误差:因为厚的冰壳会增大温度表的

滞后，所以应当立即将球部浸入蒸馏水中以除去冰壳。

(5) 由于湿球纱布套受污染或用了不纯净的水而引起的误差：由于存在能使水汽压发生变化的物质，就有可能引起很大的误差。湿球和纱布套必须定期放在蒸馏水中清洗，以除去可溶解的杂质。在一些地区(如在海洋或近海区，或者在空气受到污染的地区)应比其他地区进行清洗的次数要更多些。

(6) 因温度表表身对湿球球部的热传导而引起的误差：温度表表身传向湿球球部的热量会减少湿球温度的下降量，从而导致测定的湿度值过高，在相对湿度较低时这种影响最为明显。这种影响可以通过将纱布套的上端加长使之高出球部至少 2cm 而得到有效消除。

5.3 毛发湿度表和毛发湿度计

5.3.1 概述

很早就有人发现，脱脂人发有随空气中相对湿度变化而改变其长度的特性。相对湿度增大时，毛发会伸长；反之，毛发则缩短。毛发长度的变化主要是相对湿度的函数；而且，当相对湿度由 0%变化到 100%时，毛发的增长量为 2%～2.5%。但在各不同的湿度上其伸长量是不均等的。表 5-1 列出不同相对湿度情况下，毛发伸长量对总伸长量 ΔL_0 的百分比。

表 5-1 毛发伸长量与湿度的关系

相对湿度/%	0	10	20	30	40	50	60	70	80	90	100
毛发伸长量(对 ΔL_0 的百分比)	0	20.9	38.8	52.8	63.7	72.2	79.2	85.2	90.5	95.4	100

从表 5-1 可以看出：相对湿度变化相同时，低湿时毛发伸长量大，高湿时毛发伸长量小。也就是湿度小时，毛发灵敏度大；湿度大时，毛发灵敏度小。

利用毛发随空气湿度大小而改变长度的特性，可以制成测定空气相对湿度的仪器：毛发湿度表与湿度计。

毛发经过滚轧使其截面变为椭圆形并用乙醇将其中的油脂性物质溶出之后，毛发的表面积与其体积之比增大，而滞后系数变小。滚轧之后虽然毛发的抗拉强度变小，但却获得了比较线性的响应函数。毛发若经过硫化钡(BaS)或硫化钠(Na_2S)的化学处理后，其响应线性度会更好。

在很少出现或从不出现极低温度和极低湿度的情况下或时段内，毛发湿度计、毛发湿度表可以基本满足湿度的气象观测要求，目前已被电子湿度计所取代。

5.3.2 毛发湿度表和毛发湿度计的构造

毛发湿度表的感应部分是脱脂的人发，装在金属架内，毛发的上端固定在金属片上，下端则固定在弧钩上。弧钩和指针固定在同一轴上，指针尖端可在刻度尺附近移动。在刻度尺上自左至右刻出相对湿度由 0%～100%，其刻度间隔是左疏右密的，如图 5-3 所示。若采用线性毛发，则为均匀刻度。

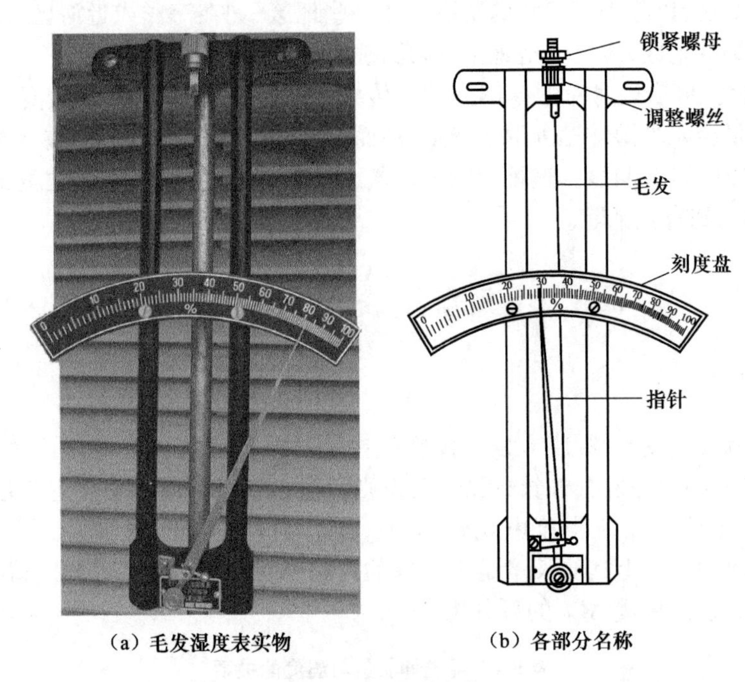

(a) 毛发湿度表实物 (b) 各部分名称

图 5-3 毛发湿度表

当空气中相对湿度增大时，毛发伸长，重锤因重力作用下降，拉紧毛发并使指针右移；湿度减小时，毛发缩短，使重锤与弧钩上抬指针向左移动。

毛发湿度计是自动记录相对湿度连续变化的仪器，它由感应部分(脱脂人发)、传动机械(杠杆曲臂)、自记部分(自记钟、纸、笔)组成，如图 5-4 所示。湿度计的感应部分为一束毛发，此毛发束一端固定，另一端由一个小弹簧将其拉紧，小弹簧与笔杆相连，这就可以将毛发束的长度变化量放大。笔杆端部的笔尖能在一张紧贴着一个金属圆筒一周的记录纸上记录下笔杆的角位移量，金属圆筒围绕其轴按照机械钟机控制的速率转动。转动速率有转动一周为一星期或一昼夜两种。记录纸上有围绕圆筒一周而划分的时间标尺和平行于圆筒轴心的湿度标尺。圆筒通常是垂直安装的。

连接笔杆和毛发束的机构可以特别设计为凸轮组，据此可将毛发束响应湿度变化而引起的非线性的伸长量变化转换为笔杆的线性的角位移量变化。

笔杆和钟机的组合通常是装在一个带有玻璃面板的盒子里，玻璃面板可便于观测已记录到的湿度而无须扰动仪器，盒子的一端有敞开的口子，使毛发元件可以安装在箱子外面的自由空间，盒子的四面和坚实的底板可以完全分开，但其中与毛发元件相对的一面可用铰链与底板相连。这种安装可自由接近钟筒和毛发元件，毛发元件可用有大网眼的笼子保护。

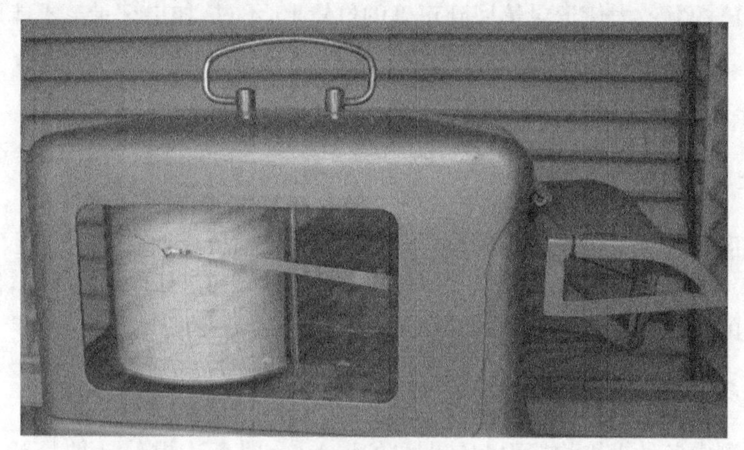

（a）毛发湿度计实物

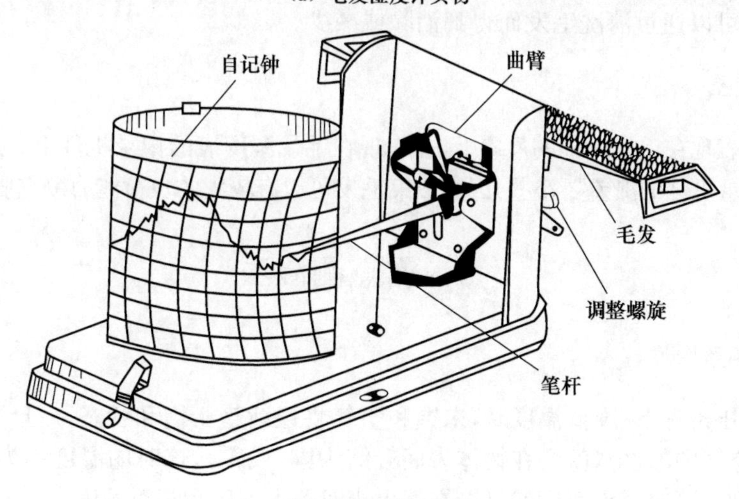

（b）毛发湿度计结构

图5-4　毛发湿度计

5.3.3　观测方法

毛发湿度表在读数前必须轻敲以放松其机械系统的张力。而毛发湿度计在换纸之前除了做时间记号外应当尽可能不要碰它。

毛发湿度表和毛发湿度计通常都要读数到百分之一相对湿度。一定要注意，毛发湿度表所测的相对湿度即使是在气温0℃以下都是相对于水面的饱和状态时的测量值。

空气中的湿度变化是很快的，因此，在毛发湿度计上做时间记号是很重要的，做记号时只能使笔杆向降低湿度的方向拨动。这样做可以使毛发得以松弛，然后，由弹簧所施的复位力使记录笔回到正确的位置上，不过，如果记录笔不能回到原来的位置上，就证明已受到滞差的作用。

5.3.4 误差来源

1. 零位偏置的变化

毛发湿度计易于改变零位的原因是各种各样的，最可能的原因是毛发受到过度的拉伸。如果毛发湿度计在干燥空气中放置很久，也会引起零位变化，但若将仪器在饱和的大气中放置足够长的时间后，这种变化就会消除。

2. 毛发受污染引起的误差

在观测中各种尘埃均能引起较明显的误差，有时高达相对湿度15%。这种影响大多数可以通过清洗毛发而得到消除或减少。

3. 滞差

滞差表现在毛发元件的反应上，也表现在毛发湿度表的记录机件上。采用成束毛发的记录机件的滞差要小些，因为成束毛发可以有较大的负荷能力以克服摩擦。

5.4 露点测湿法

5.4.1 测量原理

在定压条件下，降低温度时，未饱和空气将逐渐趋于饱和状态，一旦达到饱和状态时，空气中的水汽就会在物体表面凝结为露（或霜），这时的温度称为露点（或霜点）温度。测定露点温度就可以查算出当时的水汽压和相对湿度。

根据克劳修斯—克拉贝龙方程，由露点温度测定误差而引起的湿度（水汽压）的测量误差可以写为：

$$\frac{\Delta e}{e}=\frac{L}{R_W}\frac{\Delta t}{t^2} \tag{5.14}$$

这表明水汽压的测量误差随着空气温度的降低而增加。温度为－60℃时，测量湿度的误差要比20℃时增大一倍以上，即在低温条件下用露点法进行测湿，其精度有所降低。不过比其他测湿仪器和方法，它仍是较精确的，特别是在低温、低湿时进行测定，非其他仪器所能比拟。

实际测定中,关键是如何决定相对水面(或冰面)达到饱和时刻的温度,即决定水分蒸发和凝结达到动态平衡的时刻。常取冷却面开始产生凝结现象的时刻和加热而水分凝结物消失时刻的温度,取两者的平均值作为达到饱和的温度。

根据露点测湿法制成的一种冷镜式露点仪 LD-50 型如图 5-5(a)所示。

通常露点测湿仪器包括冷却装置、结露面、测温元件等几部分,如图 5-5(b)所示。最广泛应用的系统就是采有一个小的磨光金属反射面,并采用半导体制冷装置冷却,用光学检测器来检测凝结。

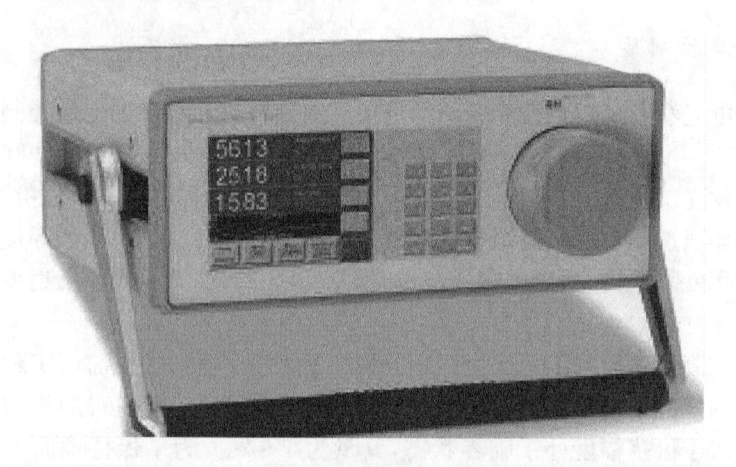

(a) 冷镜式露点仪LD-50型

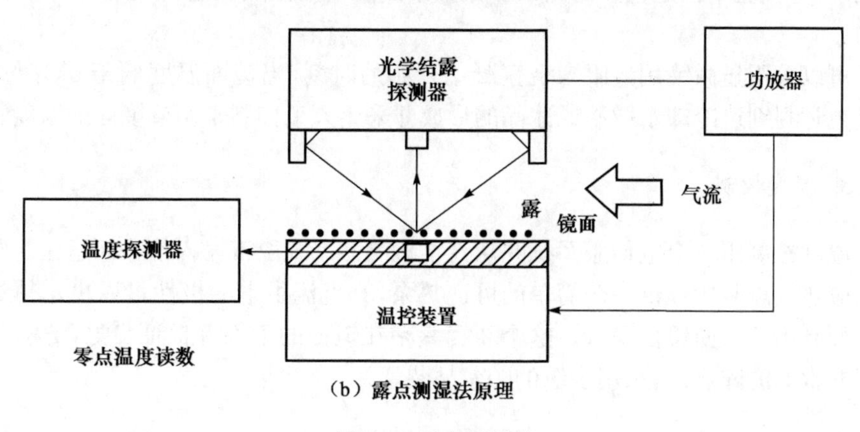

(b) 露点测湿法原理

图 5-5　露点测湿法

5.4.2　仪器主要结构

1. 测湿传感器部分

最广泛采用的系统是用一个很小的抛光反射表面,此表面可以用佩尔捷(Peltier)效应装置进行电冷却。传感器包括一个很薄的小直径(2～5mm)金属镜面，此镜面的温度可用制冷及加热装置进行调节，镜面下嵌埋了一个测温传感器(热电偶或铂电阻温度表)。镜面必须具有高的导热性、高的光学反射能力和高的防锈能力以及很低的水汽渗透率。适宜制作镜面的材料有金、银基铑片、铜基铬片和不锈钢。

镜面还必须装备有可检测污染物的装置，污染物能提升或降低可视露点，因此镜面必须清洁。

2. 光学检测器

一套电光学系统用于检测凝结的形成并向调节镜面温度的伺服控制系统提供输入信号。一窄光束以约55°的入射角投射到镜面上。光源可用白炽灯，但现在已多采用发光二极管。在简单的系统中，直接反射的光强度由一个光检测器测出，该光检测器通过一个伺服控制系统调节冷却和加热组件。当沉积的厚度增加时镜面的反射率就降低，而当出现薄的沉积时即应停止冷却，这相当于反射率减低的范围为5%～40%。

通过控制镜面的温度达到使沉积物既不累积又不消失的状态，实际上就是使伺服系统围绕此温度振荡即可获得最好的精密度。此时，镜面对加热与冷却的响应时间相对于振荡幅度处于临界状态，其量为1～2s。为了保持镜面上沉积的稳定状态，空气流率也是重要的因素。把凝结出现时的温度测定精确到0.05℃是可能的。

可以采用显微镜用人眼来观察凝结开始的时刻，当镜面温度低于0℃时用以通过视觉判别过冷却水微滴或冰晶的形成并采用人工控制来调节镜面的温度。

3. 温度控制

温度控制用一个电伺服系统并从光学检测器系统取得输入信号而运作。佩尔捷效应热接点装置提供一个简单的可逆热泵，其直流供电的极性可以决定热量是从镜面泵出还是向镜面泵入。这个装置紧粘在镜面的下面并保证良好的热接触。对于非常低的露点，可采用多级的帕尔帖装置。

4. 温度显示系统

由埋嵌在镜面下方的铂电阻所测得的结露时的镜面温度，就是空气样品的露点温度。通过一个适用铂电阻温度检测的装置即可检测出温度值，并显示出来。

5.5 电学湿度表

5.5.1 概述

某些吸湿性物质表现出能响应环境相对湿度的变化而改变其电特性，且与温度只有很小的依赖关系。许多传感器对湿度变化响应呈非线性，因此，需要进行线性化处理。

5.5.2 电阻湿度表

电阻湿度表采用电阻值随空气相对湿度变化的湿敏电阻制成。湿敏电阻是一种电阻值随空气相对湿度而变化的敏感元件。它主要由感湿层(体)、电极和具有一定强度的绝缘基体组成。感湿层(体)具有强烈的吸水性，其电导率又随吸水量的多少而发生变化。感湿层所用材料有很多种，如电解质、高分子聚合物、高分子电解质和半导体陶瓷等。

由于这种传感器的感湿部位只限于表面薄层，以吸附(而非吸收)过程占主导地位，正是由于这种原因，这种类型的传感器可以快速地响应环境湿度的变化。

1. 氯化锂(LiCl)湿敏电阻

氯化锂湿敏电阻属于电解质湿敏器件，氯化锂吸湿后电阻发生变化。由于氯化锂吸收水分的多少与空气中相对湿度有关，相对湿度大时，吸收水分多，电阻小；相对湿度小时吸收水分少，电阻大。因此测定氯化锂的电阻，便可得出空气的相对湿度。一定浓度的氯化锂溶液的感湿范围只能测定20%范围内的相对湿度，所以整个测量范围内就需要有多个湿敏电阻综合处理。

2. 聚苯乙烯磺酸锂湿敏电阻

这是一种高分子电解质湿敏器件，仍然利用锂所具有的良好吸湿特性，但不用聚乙烯醇(避免量程变窄)，设法将含有锂离子的感湿膜直接生成在基片上。

方法是将聚苯乙烯基片置入含有催化剂(Ag_2SO_4)的浓硫酸中进行磺化反应，在基片表面获得磺化聚苯乙烯层(即离子交换树脂)，然后浸泡在饱和氯化锂溶液中，进行离子交换，形成聚苯乙烯磺酸锂感湿膜；最后用导电的炭黑印浆，通过丝网印刷技术来完成交错的碳电极。

一种典型的聚苯乙烯磺酸锂湿敏电阻产品PCRC-11特性如图5-6所示。

这种器件的响应速度快，温度系数小，比电解质湿敏电阻优越，且由于电子导电，可使用直流电检测。但随着感湿膜的反复胀缩，碳粒有集聚成块的趋势，导致

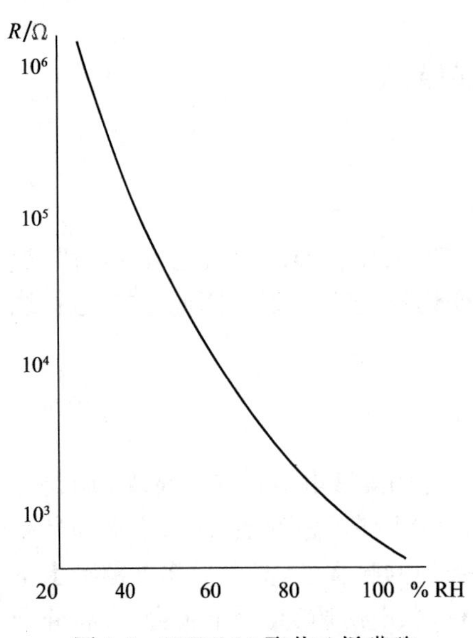

图 5-6　PCRC-11 聚苯乙烯磺酸锂湿敏电阻特性

感湿膜阻值逐渐加大，影响器件的稳定性，不便于地面测湿仪器采用，而适合于无线电探空仪。

3. 陶瓷湿敏电阻

陶瓷湿敏电阻分为涂覆膜型和烧结型两种，多采用金属氧化物材料。前者如 Fe_3O_4 湿敏电阻，用 Fe_3O_4 胶体涂覆在具有梳状电极的滑石瓷基片，再经热处理形成；后者经配料、研磨、成型、高温烧结、切刻、印刷电极而成。

烧结型湿敏陶瓷材料，一般为具有多孔结构的半导体多晶体，材料总电阻由较低的晶粒体电阻和较高的晶粒界面电阻组成，湿敏特性正是由于水分子在其表面和晶粒界面间（即孔隙）的吸附，引起表面和晶粒界面处电阻率的变化。

与其他湿敏器件相比，烧结型半导体陶瓷湿敏电阻的物理化学性能稳定，寿命长；可以加热清洗，利于在恶劣环境下使用；使用的温度范围宽（可达 150℃）；响应时间短，在半导体陶瓷材料所具有的其他敏感性能基础上，提供了向多功能器件发展的可能，例如，湿-气敏感器件、温-湿敏感器件等。

主要缺点是一致性差，材料的固有电阻大，不利于精确测量。

5.5.3　电容湿度表

电容湿度表的主要元件是湿敏电容，湿敏电容是具有感湿特性的电介质，其介电常数随相对湿度而变化。

最广泛用来做湿敏电容的是聚合性材料，由于水分子的较大偶极子力矩，约束在聚合物中的水能改变聚合物的介电特性。这种湿度传感器的主要部分是夹在两个电极之间的聚合物薄膜所构成的电容器。这个电容器的电阻抗可以作为相对湿度的一种量度。电容器的标称值只有数十或数百皮法，与电极的尺寸和介电层的厚度有关。电容值会影响到用于测量阻抗的激励频率范围，这个频率至少要几千赫兹，并且在传感器与电路之间的连接要短，以减少分布电容的影响。因此，电容式元件通常都将电路板封装在探头上，并且还必须考虑到环境温度对电路元器件的影响。

常用的湿敏电容是用有机高分子膜作为介质的小型电容器，如图 5-7 所示。湿敏电容上电极是一层多孔金膜，能透过水汽，下电极为一对刀状或梳状电极，基板是玻璃,整个传感器由两个小电容器组成。

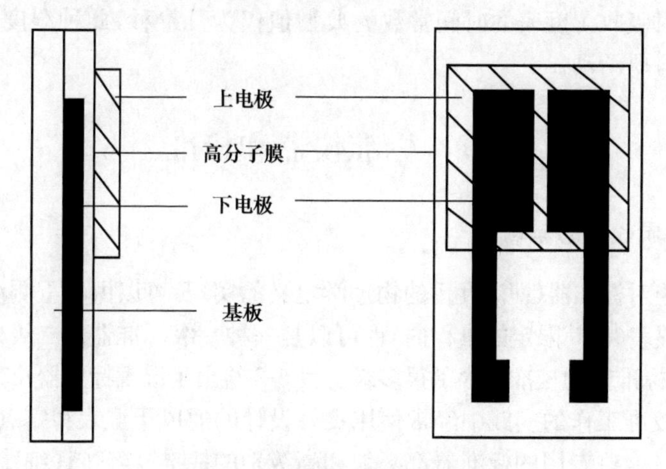

图 5-7 湿敏电容结构示意图

湿敏电容置于空气中,当空气中水汽透过上电极进入介电层,介电层吸收水汽后,介电系数发生变化,因而电容器电容量发生变化,该变化与相对湿度成正比。

基于吸湿性材料电特性变化的原理而制作的传感器常用于相对湿度的远距离测量,也用于自动气象站。

5.6 电磁辐射吸收湿度表

水分子能吸收一定范围波段和离散波长的电磁辐射,这种特性可用于测量气体中的水汽分子浓度。在电磁波谱中,最有用的区域是紫外区和红外区。因此,这项技术常归类为光学测湿法,或者更确切地说,是电磁辐射吸收测湿法。

这种方法是在辐射源至接收装置的路径上对水汽吸收的某一波段辐射的衰减进行测量。测量辐射衰减程度的方法主要有以下两种。

(1) 发射一固定强度的窄波段辐射到一个已校准的接收器上。最常用的辐射源为氢气;氢的发射光谱包括莱曼-阿尔法线 121.6nm,它恰好与紫外区域中的水汽吸收波段重合(这一波段还会被大气中的普通气体成分少量吸收)。典型的测量路径长度为几厘米。

(2) 发射两种波长的辐射,一种波长辐射可由水汽强烈吸收,另一种波长辐射则不为水汽所吸收或很少吸收。如果用一个辐射源发生两个波长的辐射,则必须精确地知道这两个辐射发射强度的比值,这样,根据在接收器测得的两个波长强度的比值就可以测出被吸收波长的辐射衰减,这种技术使用最广泛的辐射源是钨丝灯泡,经过滤光后分离为一对波长在红外区域的辐射,其测量路径通常大于 1m。

两种电磁辐射吸收型湿度表都需要经常校准,并且用于测量水汽浓度的变化比绝对测量更为适宜。电磁辐射吸收型湿度表最广泛用于监视变化频率很高的湿度。电磁辐射吸收湿度表的时间常数的典型值仅为几毫秒，此种湿度表的应用目前仍局限于科研活动。

5.7 标准仪器和校准

5.7.1 湿度表校准的原理

湿度的绝对标准器(即湿度量的物理学定义的实现)可以由称重测湿法来达到。参考标准干湿表(在其限定的量程内)也可以是一种一级标准器。二级标准器、参考标准器、工作标准器的校准包含了很多级。表5-2给出了湿度标准器及其性能。

在野外校准工作的实践中经常使用良好设计的通风干湿表和露点传感器作为工作标准器。这些专用的标准器都必须和高级别的标准器经过仔细比对以进行溯源。用做标准器的任何仪器都必须逐个地对其在计算湿度时包含的所有变量(如空气湿度、湿球湿度、露点温度等)进行校准，其他能影响性能的因素(例如，通风速度)也必须检查。

5.7.2 校准周期和校准方法

在野外使用的所有测湿传感器都必须定期校准。对于干湿表、冷镜湿度表和加热露点湿度表等所用的温度检测器，可在每次例行的定期维修时对其校准数据进行检查，应当至少每月一次用工作级标准器(例如，阿斯曼通风干湿表)进行比较。

表5-2的所有变量(如空气湿度、湿球湿度、露点温度等)进行校准，其他能影响性能的因素(例如，通风速度)也必须检查。

表5-2　湿度测量的标准仪器

标准仪器	露点温度		相对湿度/%	
	测量范围/℃	不确定度/K	测量范围	不确定度
基准(一级标准器)				
要求	−60～−15	±0.3	5～100	±0.2
	−15～+40	±0.1	5～100	±0.2
称重湿度表	−60～−35	±0.25		
	−35～+35	±0.03		
	+35～+60	±0.25		
标准双温度法湿度发生器	−75～−15	±0.25		
	−15～+30	±0.1		
	+30～+80	±0.2		
标准双压力法湿度发生器	−75～+30	±0.2		

续表

标准仪器	露点温度		相对湿度/%	
	测量范围/℃	不确定度/K	测量范围	不确定度
二级标准器				
要　求	−80～−15	±0.75	5～100	±0.5
冷镜湿度表	−15～+40	±0.25		
参考标准干湿表	−60～+40	±0.15	5～100	±0.6
参考标准器				
要　求	−80～−15	±1.0	5～100	±1.5
	−15～+40	±0.3		
参考标准干湿表			5～100	±0.6
冷镜湿度表	−60～+40	±0.3		
工作级标准器				
要　求	−15～+40	±0.5	5～100	±2
阿斯曼干湿表	−10～+25		40～90	±1
冷镜湿度表	−10～+30	±0.5		

5.7.3 校准周期和校准方法

在野外使用的所有测湿传感器都必须定期校准。对于干湿表、冷镜湿度表和加热露点湿度表等所用的温度检测器,可在每次例行的定期维修时对其校准数据进行检查,应当至少每月一次用工作级标准器(例如,阿斯曼通风干湿表)进行比较。

采用标准型式的通风干湿表作为工作级标准器的优点是干湿表的完善性可以用干球温度表与湿球温度表的比对得到验证。参考标准器应按适合自身需要的周期进行校准。

饱和盐类溶液可应用于只要求小容量样本的传感器,它需要非常稳定的环境温度,一般不适合野外应用。

5.7.4 实验室校准

实验室校准是保持准确度的主要方法,具体方法如下。

(1) 野外用仪器和工作级标准器应当按照与其他常规湿度表相同的规范进行实验室校准。校准时,冷镜湿度表的冷镜传感器部分应当与其控制单元分开。冷镜湿度表应当单独进行校准,而控制单元则应当按照精密电子部件的相同规则进行校准。仪器的运行是否正确可在稳定的室内条件下与参考标准仪器(例如,阿斯曼干湿表或标准冷镜湿度表)相比较的方法予以验证。

(2) 参考标准器:对参考标准器的实验室校准需要一台精密的湿度发生器和

一台适合传递的标准湿度计。双压法湿度发生器和双温度法湿度发生器都能够发送一股按预定温度和露点控制好的气流。应当至少每 12 个月对仪器的应用范围进行全程校准一次。对冷镜温度表的校准和对其温度显示系统的校准应当单独进行，至少每 12 个月一次。

5.7.5 基准(一级标准器)

1. 称重测湿法

称重方法可对一个空气样品的水汽含量进行绝对的测量，并以混合比表示此空气样品的湿度。首先是用已知质量的干燥剂，如无水五氧化二磷(P_2O_5)或过氯酸镁($Mg(ClO4)_2$)，将空气样品中的水汽吸尽。然后，通过称取干燥剂吸收水汽前后的重量，即可测定水汽的质量。对干燥的样气质量的确定可以采用称重方法(在液化后可易于恢复此样气的体积)，或者采用测量此样气体积的方法(同时需知道此样气的密度)。

这种设备要求严格进行上述步骤操作，因此这种方法只能在实验室环境中应用。此外，空气样品实际体积的精确测量，为了精确称重，需要获得足够质量的水汽通过长时间(可能要多个小时)稳定的被测气流。因此，这种方法只能用来对参考标准器提供绝对校准。这种装置多数建立在国家计量实验室中。

2. 动态的双压法标准湿度发生器

这种实验室装置用于提供以绝对方法确定相对湿度的湿气源。一股载气气流通过气压为 P_1 的饱和容器并进入气压为低压 P_2 的第二个容器中进行绝热膨胀。两个容器均安置在同一个油槽中且温度相同。根据道尔顿分压定律，这股水汽与载气混合物的相对湿度直接与这两个容器中各自的总压相关；低压容器中的水汽分压 e' 与高压容器中的饱和水汽压 e'_w 之比等同于低压容器中的总压与高压饱和容器中的总压之比。这样，相对湿度 U_w 为

$$U_w = 100 \cdot \frac{e'}{e'_w} = 100 \cdot \frac{P_2}{P_1} \tag{5.15}$$

如果气体在气压为 P_1 时相对于冰面达到饱和，则上述关系对固态仍可适用：

$$U_i = 100 \cdot \frac{e'}{e'_i} = 100 \cdot \frac{P_2}{P_1} \tag{5.16}$$

3. 动态的双温度法标准湿度发生器

这种实验室装置能提供一股温度为 T_1 和具有露点或霜点温度 T_2 的潮湿气流。有两个温度可控的液槽，每个液槽都有热交换器，其中一个液槽有饱和容器

(其中有水或冰),气流首先经过饱和器在温度 T_2 下达到饱和,然后等压地增温至 T_1。在实际的设计中,气流是不停地循环流动的,以保证其饱和状态。测试仪器引出气体温度 T_1 的空气,其流量与饱和气体总量相比应只占很少的量。

5.7.6　二级标准器

二级标准器必须妥善保存,只是在用基准器校准时或与其他的二级标准器相互比对时,才能移出校准实验室,二级标准器可以作为一级标准器的传递标准。

冷镜湿度表在气温、湿度与气压都受控制的条件下可以用做二级标准器。为此目的,仪器应当送到经过认证的实验室进行校准,并给出仪器全量程的不确定度。这种校准必须直接与基准溯源,并在合适的时间间隔内(通常每 12 个月一次)进行再校准。

5.7.7　工作级标准器

冷镜湿度表或者阿斯曼干湿表可以在野外或在实验室环境条件下进行比对时用做工作级标准器。因此,这些仪器必须完成至少是参考标准器等级的比对,这种比对必须在稳定的室温条件下至少每 12 个月进行一次。工作级标准器需要有合适的通风装置以便空气取样。

5.7.8　WMO 参考标准干湿表

这种干湿表基本上是一级标准器。然而,它的主要用途还只作为高准确度的参考标准仪器,特别是在野外条件对其他仪器系统进行型式试验时,对它的使用倾向于作为一种可随意安置的仪器,可以放在百叶箱的旁边,也可以放在其他仪器的旁边,但是这种仪器必须是精确地按照其技术规格制造的,而且必须是由精密实验室的熟练人员来操作;要特别注意其通风条件,要防止其湿球被手指或其他物品碰触而受到污染。

5.7.9　饱和盐类溶液

盛有各种合适的盐类饱和溶液的器皿可以用于检定相对湿度传感器。通常采用的盐类及其在 25℃的饱和状态时的相对湿度值列出如下:

氯化钡($BaCl_2$)　90.3%RH
氯化钠(NaCl)　75.3%RH
硝酸镁($Mg(NO_3)_2$)　52.9%RH
氯化钙($CaCl_2$)　29.0%RH
氯化锂(LiCl)　11.1%RH

重要的是,溶液表面的面积必须比传感器的面积大,溶液上方的空气应是封闭的，以便较快地达到平衡；被测试传感器的插入部分应当是气密的。因为大多数的盐类都有较明显的温度系数，所以，装溶液的器皿必须保持恒温并测量其温度。

虽然使用盐类饱和溶液可以为一些相对湿度传感器的调整提供简单方法，但是，这种方法还不能作为对传感器的溯源性检定。

参考文献

郭永彩，陈钊，高潮. 2006. 近红外湿度测量仪研究. 光电工程，33(6)：97-100，110.

华振斌，孟凡斌. 2009. 红外辐射强度测量系统设计. 光电技术应用，24(2)：10-12.

李家瑞. 1994. 气象传感器教程. 北京：气象出版社.

刘连吉. 1998. 气象仪器与测量. 青岛：青岛海洋大学.

邱金桓，陈洪滨. 2005. 大气物理与大气探测学. 北京：气象出版社.

任芝花，涂满红，陈永清，等. 2006. 玻璃钢百叶箱与木制百叶箱内温湿度测量的对比分析. 气象，32(5)：35-40.

谭海涛，王贞龄，余品伦，等. 1986. 地面气象观测(气象专业用). 北京：气象出版社.

王成，乔晓军，张云鹤，等. 2008. 机械通风式干湿球湿度传感器测量误差分析. 现代科学仪器，(1)：79-81.

张霭琛. 2008. 现代气象观测. 北京：北京大学出版社.

张文煜，袁九毅. 2007. 大气探测原理与方法. 北京：气象出版社.

张玉存，王卫平. 2001. 二十世纪末气象仪器的现状与发展. 气象水文海洋仪器，(3)：1-9.

中国气象局. 2003. 地面气象观测规范. 北京：气象出版社.

WMO. 2008. Guide to Meteorological Instruments and Methods of Observation. 7th ed. Geneva.

习　题

1. 常用的湿度测量方法有哪些？各自有哪些常用测湿仪器？它们的测量原理如何？
2. 干湿球湿度表测定湿度的原理如何？为什么干湿球湿度表测量湿度时需要人工通风？
3. 毛发湿度表和湿度计的原理如何？此种仪表是否是线性的？
4. 请设计常用湿敏电容、湿敏电阻测湿度时，前端信号处理电路。

第6章　气压的测量

大气圈本身的重量对地球表面会产生一种压力。对任何一层空气而言，也都会受到它上面的各层空气的压力。把单位面积上承受的这种压力，称为大气压强，简称气压。气压的空间分布及时间上的变化，是与气流流场情况及天气变化紧密联系的。气压的测量对于天气分析和预报具有重要的意义。航空上可以利用气压来测定飞机飞行的高度，军事上也用气压来计算空气的密度，以进行弹道修正。

6.1　概　　述

6.1.1　气压的定义和单位

1. 气压的定义

气压定义为在任何表面上，由大气的重量所产生的压力(单位面积所受的力)。其数值等于单位底面积上向上一直延伸到大气外界的垂直气柱的重量。

2. 气压的单位

1) 国际单位

气压的计量单位与物理学压强的单位相同，国际单位为帕斯卡(Pa)，即牛顿每平方米。1982年世界气象组织规定，在气象部门采用“百帕”作为气压基本单位。

$1Pa=1N/m^2$，$1hPa=100Pa$。

2) 其他单位

过去也常用毫巴(mb)或毫米汞柱(mmHg)作为气压单位。

(1) 毫巴。1911年起，气象学家首先使用毫巴为气压单位。规定1巴表示每平方厘米受到1达因的压力。“巴”的千分之一称为“毫巴”。达因是力的单位，在厘米-克-秒制中，它代表作用于1g质量的物体上，使物体以$1cm/s^2$的速度发生运动的力。

$1mb=1000dyn/cm^2$，$1mb=1hPa=100Pa$。

(2) 毫米汞柱。毫米汞柱是用水银柱高度来表示气压高低的单位。例如，气压为760mmHg，表示当时的大气压强与760mm高的水银柱所产生的压强相等。

水银柱的高度不仅受气压的影响，也会因为温度、重力加速度的变化而变化，因此需要统一规定一个标准状态，6.2 节中会详细阐述。

6.1.2 气压的测量方法

气象上用于测定气压的方法主要有以下几种。

(1) 液体气压表：利用一定长度的液柱重量直接与大气压力相平衡的原理，常用的液体是水银。

(2) 空盒气压表和气压计：利用空盒的金属弹力和大气压力相平衡的原理。

(3) 膜盒式电容器传感器：利用真空膜盒，当大气压力产生变化时，弹性膜片产生形变而引起其电容量的改变，通过测量电容量来测量气压。

(4) 振筒式气压传感器：弹性金属圆筒在外力作用下发生振动，当筒壁两边存在压力差时，其振动频率随压力差而变化。

(5) 压阻式气压传感器：利用气压作用在敏感元件所覆盖的弹性膜片上，通过膜片使电阻受到压缩或拉伸应力的作用，由压阻效应可知电阻值随气压变化而变化，通过测量电阻值来测量气压。

(6) 沸点气压表：利用液体的沸点温度随气压而变化的特性测量气压。

6.2 水银气压表

6.2.1 工作原理

从理论上来说，任意一种液体都可以用来制造液体气压表，之所以选用水银基于以下几点原因。

(1) 水银的密度大，当它与大气压力相平衡的时候，水银柱的高度合适，便于制造和观测。

(2) 当温度不超过 60℃时，水银的蒸气压很小，因此在管顶的水银蒸气所产生的附加压力对读数精确度的影响可以忽略不计。

(3) 水银不沾湿玻璃，管中水银面成凸起的弯月面，容易正确判定其位置。

(4) 水银的性能很稳定，不易与其他物质发生反应。

(5) 经过一定的工艺处理，就可以得到十分纯净的、合乎水银气压表观测精度要求的水银。

利用水银柱与大气压力相平衡的原理而制成的气压测量仪器称为水银气压表。将一根管顶抽真空的玻璃管插入水银槽中就可形成如图 6-1 所示最简单的水银气压表。

水银气压表的发明源于意大利物理学家和数学家托里拆利在 1643 年所做的

实验。将一根一端封闭，长约 1m 的玻璃管装满水银，用手堵住管口后将管倒转过来，把开口的一端插在盛有水银的槽中。待开口端全部浸入水银槽内时放开手指，这时管中水银柱受重力作用而下降，但并未全部流入槽中。当作用在水银槽面上的大气压力与管内水银柱重量产生的压强相平衡时，水银柱就稳定在某一高度上。逐渐倾斜玻璃管，管内水银柱的竖直高度不变。用内径不同的玻璃管和长短不同的玻璃管重做这个实验，可发现水银柱的垂直高度不变。说明大气压强与玻璃管的粗细、长短无关。当外界气压升高时，大气压力会自动把水银槽中的水银压进管腔中使水银柱长高。气压下降时，水银柱会自动降低，水银自动流回槽里。所以根据水银柱的高度随气压变化的规律，就可以测定气压。

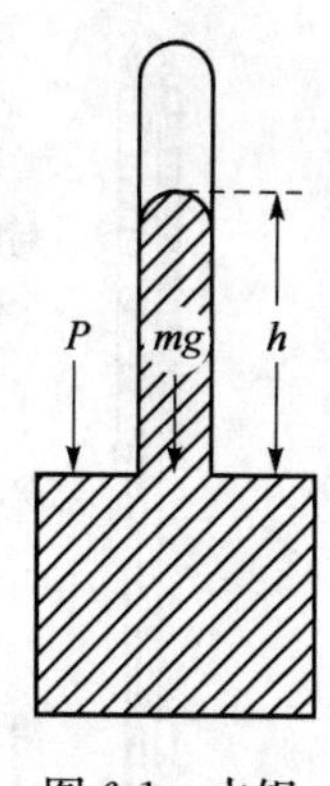

图 6-1　水银气压表

若水银柱顶与槽部水银面之间的垂直高度读数为 h，则气压为

$$p_h = \rho_{\mathrm{Hg}}(t) g h_{\mathrm{Hg}}(t, g) \tag{6.1}$$

式中，$\rho_{\mathrm{Hg}}(t)$是温度为 t℃时的水银密度；g 为当地的重力加速度。可见，对于同一气压值，由于水银密度和测量地点的重力加速度不同，与之相平衡的水银柱的高度就不相同。为了保证水银气压表测量的水银柱高度能相互比较，国际上统一规定，在当地和当时温度下测出的水银柱高度均应换算成标准状态下的水银柱高度。

标准状态的条件如下。

(1) 以 0℃时的水银密度为准，取 $\rho_{\mathrm{Hg}}(0) = 1.35951 \times 10^4 \mathrm{kg/m^3}$。

(2) 以纬度为 45°的海平面为标准，取 $9.80665 \mathrm{m/s^2}$ 为标准重力加速度 g 值。

一个标准大气压，其数值等于 1013.25hPa。

$$1\mathrm{hPa} = 0.750062\mathrm{mmHg}$$

$$1\mathrm{mmHg} = 1.333224\mathrm{hPa}$$

水银气压表形式多样，气象观测业务中常用的有动槽式和定槽式两大类。

6.2.2　动槽式水银气压表

动槽式水银气压表是法国人福丁(J. Fortin)于 1810 年发明制造的，故也称福丁式水银气压表。它的主要特点是标尺上有一个固定的零点。每次读数时，须将水银槽的表面调到这个零点处，然后读出水银柱顶的刻度。具体构造如图 6-2 所示，主要分为内管、水银槽和外套管三部分。

(1) 内管：这是一根直径约为 8mm，长约 900mm 的玻璃管，一端封闭，另一端开口，且开口处的内径较小。经过专门的工艺清洗干净后，边加热边抽成真空，用高纯度的水银灌满，再将开口的一端插在水银槽中。内管外有铜套管保

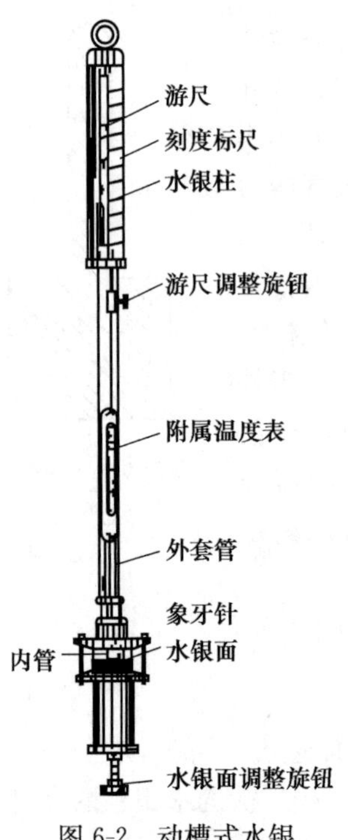

图 6-2　动槽式水银气压表的构造

护,为防止其晃动,在铜套管的中部和顶部用数个软木塞支住垫紧。

(2) 水银槽:水银槽分为上下两部分,中间有一个玻璃圈,由三根螺钉将上、下两部分紧紧相连。通过玻璃圈可以看见槽内的水银面,槽的上部主要是一个皮囊,一般由很软的羊皮制成,其特性是能通气而不漏水银。皮囊的上端紧扎在玻璃内管上,下端扎在上木杯上,并在扎线处用油漆封固。此木杯中间凸出成圆筒形,内管即通过此木杯而伸入槽内。用来指示刻度零点的象牙针,就固定在木杯的平面上,其尖端向下,观测时应使针尖正好与水银面相接触。槽的下部有一个下皮囊,特性与上皮囊相同,呈圆袋状,袋口扎在下木杯的下部,扎线处亦用油漆封固。下木杯由两截组成并用螺纹旋紧,其间有皮垫圈。下皮囊的外面有一铜套管,在铜套管底盘中央有一用以调节槽内水银面的调整螺旋,螺旋的顶部有一小木托顶住下皮囊以免皮囊磨坏。拧动调整螺旋,木托便可上下升降,挤压或放松下皮囊,槽内的水银面也随着上升或下降。

(3) 外套管:外套管用黄铜制成,它的作用是保护与固定内管,同时在铜套管上部刻有标尺。在铜套管前后都开有长方形窗口,其外有玻璃套管保护,通过长方形窗口可以观测内管中水银柱的高低。游尺位于铜套管的长方形窗口内,并与窗口的左右两边紧密吻合,要求游尺与标尺之间的间隙不大于 0.1mm。游尺固定在游尺托上,其下与传动齿条相连,具有弹性的卡片将齿条压向转动齿轮,这样当转动游尺调整螺旋时,可操纵游尺在窗口间上下移动。标尺和游尺分别用来读取气压表气压读数的整数部分和小数部分。铜套管的顶端装有吊环,用以悬挂气压表,其下端用螺纹与槽部的上铜座相接,并用螺钉固定。若松开螺钉,拧动铜套管,就会改变标尺的零点。铜套管下部装有一支附属温度表,其球部在内管与套管之间,用来测定水银及铜套管的温度。套管的下端与水银槽相连接。

动槽式水银气压表的测量范围一般为 810～1070hPa 或 600～800mmHg,并能在空气温度为－15～45℃的条件下正常工作,其测量误差不超过±0.4hPa 或±0.3mmHg。

6.2.3　定槽式水银气压表

定槽式(又称寇乌式)水银气压表构造上也可分为内管、套管和槽部三部分。

如图 6-3 所示，内管是一根直径约为 8mm、长约 840mm，一端开口一端封闭的玻璃管。内管的横截面积与水银槽的横截面积成一定的比例，所以要求内管使用部分的直径必须均匀，并成正圆柱形。内管抽成真空并灌满水银，其开口的一端插入水银槽内。内管外有铜套保护，为防止晃动，在铜套管的中部和顶部都用软布塞垫紧。

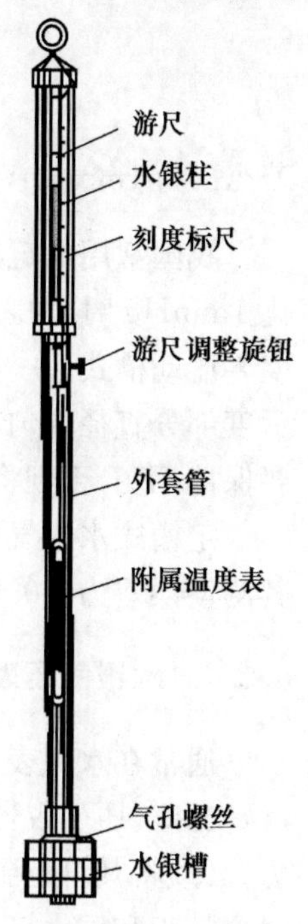

图 6-3　定槽式水银气压表的外形

槽部一般用铸铁或钢制成，里面装有定量的水银，没有羊皮囊、水银面调节螺钉以及象牙针尖。水银槽通常分为上、中、下三层，利用螺纹结合，其结合处都有垫圈。水银槽的上层利用螺纹与铜套管相接，中心固定着玻璃内管。槽顶上有一气孔螺丝，拧松该螺丝，可使槽部与外界空气相通而感应大气压的变化。水银槽的中层里面是一块具有若干小圆洞的隔板，使槽内水银互相连通，隔板用以减少槽内水银剧烈的震荡，减少水银用量，并在温度变化时也可以补偿一部分槽部容积变化的误差，水银槽的下层实际上是一个槽部底盖。附温表与动槽式水银气压表相同。

定槽式水银气压表的最大特点是槽部没有调整水银面的装置，即没有固定零点，而采取了补偿标尺刻度的方法，以解决零点位置的变动。它要求内管截面与槽部截面成不变的比例关系，定槽式的内管示度部分直径均匀。

所谓补偿标尺是由于槽部水银面不能像动槽式那样进行调整，随着气压的变化，水银柱在玻璃管内上升(或下降)所增加(或减少)的水银量必将引起水银槽内的水银减少(或增加)，使槽内的水银面向下(或向上)变动，即整个气压表的基点随水银柱顶的高度变动。而标尺是固定刻在铜管上的，不能随水银面活动，因此就需要把这种由基点变化而影响示度的量考虑进标尺的刻度大小中去。

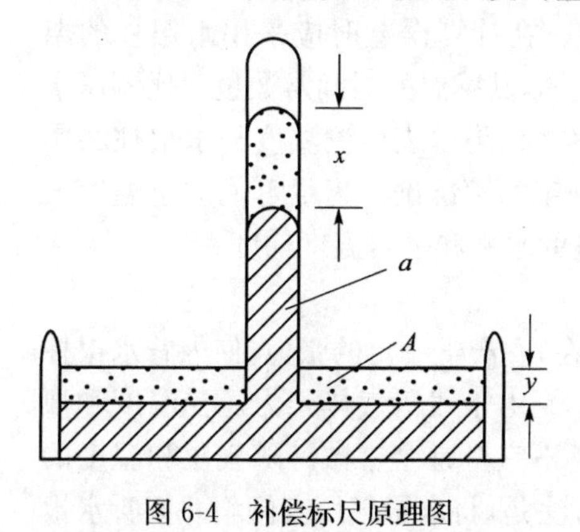

图 6-4　补偿标尺原理图

如图 6-4 所示，设 a 为内管横截面积，A 为槽体与内管横截面积之差。当气压升高时，设水银柱上升了 $x$mm，但这并不表示真正的气压变化值，因为槽内的水银面同时也下降 $y$mm，因此实际气压下降为$(x+y)$mm。槽内水银体积的减少等于管心内水银体积的增加，即

$$x \cdot a = y \cdot A$$

$$y = \frac{a}{A}x \tag{6.2}$$

所以气压下降：

$$\Delta P = x + y = x + \frac{a}{A}x = \frac{A+a}{A}x \tag{6.3}$$

若 ΔP 为 1mmHg，则水银柱的下降量为 $x=\frac{A}{A+a}$mm。

我国常用的定槽式水银气压表的内管与槽部截面积之比为 1/50，因此气压变化 1mmHg 时，内管水银柱变化只有 0.98mmHg。故定槽式水银气压表的表身刻度要比动槽式短一些，表上 1mm 的刻度只有 0.98mm 长。这就要求定槽式内管示度部分直径均匀，内管截面面积与槽部截面面积成固定比例。同时整个水银量要保持不变，否则将会影响气压表的精度。

定槽式水银气压表的测量范围和工作条件、要求与动槽式水银气压表相同，但其测量误差为±0.5hPa。

6.2.4　水银气压表的读数订正

通常在水银表上观测到的标尺示度实际上只表示观测所得到的水银柱的高度，实际气压受仪器误差、温度和测点位置的影响。为使该高度值能表示大气压力，必须将其订正到标准状态。水银气压表的读数必须按顺序经过仪器误差订正、温度订正和重力订正后才是本站气压。

1. 仪器误差订正

由于受制成气压表材料物理特性的变化及制作技术条件的限制，水银气压表存在仪器误差。根据测得的气压数值，从该气压表的检定证上相应的气压值范围内查出订正值，与气压读数求代数和，即为经仪器误差订正后的气压值。

水银气压表主要的仪器误差主要由以下几个原因造成。

(1) 温度误差。

水银的热胀冷缩会造成测量温度的误差。在计算误差时应采用水银柱的温度，但附温表却是安装在水银气压表外套管上的，其感温的时间常数也要比测压水银柱的感温时间常数小得多。在环境温度变化时，附温表所测温度与水银柱的实际温度往往会不同步，由此即可造成对温度修正的不准确。为尽可能减小温度误差，气压室的温度必须稳定、均匀，不应有明显的水平和垂直温度梯度。

(2) 真空不良。

真空不良是指水银柱管内顶端有空气存在，它产生一定的张力，使内管水银柱略为降低，观测到的气压值较实际大气压力小。由于残留气体张力还受温度和顶部容积变化的影响，所以由其所产生的误差还不完全是个常数。随气压和温度的升高，这种影响随之增大。比较简单的检查方法是，将水银气压表倾斜并倾听水银柱撞击玻璃管顶时是否有"咔嗒"声音；或将水银气压表倾斜，检查玻璃管内顶部气泡的直径是否大于 1.5mm，但是用这种方法不能测出存在的水汽，因为当空腔的容积缩小时水汽会凝结。根据波义耳定律，空腔内空气和不饱和水汽所造成的误差与水银柱上部空腔的容积成反比。唯一解决办法是将此水银气压表进行全刻度范围的再校准，如果误差太大则应将气压表内管重新灌装或更换。

(3) 水银面的毛细压缩。

毛细压缩是由液面的表面张力所造成的一种指向液体内部的分子压力。分子压力的大小随液体的种类和液体表面的形状、大小而不同。在槽式气压表中，由于内管较细，水银面的曲率半径较小，所以内管的水银分子压力比槽内的大，使气压表水银柱的高度降低，测得的气压示值变小。根据拉普拉斯公式，弯曲液面产生的附加压力为

$$\delta = \frac{2\sigma}{r} \tag{6.4}$$

式中，σ 为表面张力系数；r 为水银柱液面的曲率半径。由于水银不能沾湿玻璃，管顶水银面呈凸起圆形，r 取正值。

在柱形的管中：

$$r = \frac{-D}{2\cos\theta} \tag{6.5}$$

式中，D 为内管直径；θ 为液面与内管的接触角。

由于气压的升降，观测时的操作步骤对水银液面与玻璃内管的接触角 θ 都有影响，所以 θ 不能保持固定的数值。实验表明，水银和玻璃正常的接触角为 125°，可有 ±8° 的变动。对于 8mm 的玻璃管，其弯月面高度变化 1mm（从 1.8mm 变为 0.8mm）会引起气压读数约 0.5hPa 的误差。

槽式气压表内管水银液面的曲率并不是恒定不变的，而是随着压力的变化速度和变化趋势而改变的。为了在一定程序上避免这种附加分子压力的不稳定影响，观测中规定定槽式水银气压表读数前轻击表身，使弯月面形状只取决于管径的大小，接触角尽可能取常值。动槽式水银气压表因有按规定调整水银面的程序，即旋动槽底调整螺旋，使槽内水银面自下而上地升高，直至象牙针尖与水银面刚好相接，故不必采取该步骤。

毛细压缩的大小还与温度、玻璃的清洁程度、玻璃管的粗细及水银的纯度有关。

(4) 悬挂不垂直。

水银气压表安装不垂直，会造成水银柱凸面的倾斜，导致读数不准。一支正常长度（约 90cm）的具有对称性的气压表自由悬挂时，若其底部偏离垂直位置约 6mm，则气压示值将偏高 0.02hPa。这种气压表，通常能悬挂得更接近垂直。然而

对于不对称的气压表,这项误差来源就严重得多。例如,如果槽内象牙针尖距中轴线约 12mm,槽部只偏离垂直位置 1mm,就会产生 0.02hPa 的误差。

(5) 仪器的基点和标尺误差。

用来测量水银柱高度的标尺和游标尺是刻在金属套管上的,由于受到刻度机本身的精度和环境条件的影响就会使基点、标尺、游标尺的刻度产生一定的误差。

(6) 水银蒸气压的影响。

任何液体表面都不可避免地蒸发出液体分子,形成蒸气压。如果液体的表面是真空的,其蒸气压就破坏了真空度,尽管水银常温时的饱和蒸气压很小,但对于要求观测的气压准确度而言仍是不可忽视的。由于水银蒸气的附加压强,将使水银柱下降,造成气压示值偏低。在技术上彻底消除水银的饱和蒸气压是很困难的,所以气压表需要定期复检。

(7) 风的影响。

大气压是大气柱的重力与水银柱平衡的结果,大气的重力是静平衡力。空气的上下运动产生的上升或下降气流,直接造成水银柱高度的误差。空气水平运动时,也会产生一个动压力,风造成的动压力对水银柱产生"抽吸"或"加压"作用,使气压表的示值增大或减小,其大小与风向风速有关。这时气压表测得的气压值就不能代表大气真实的静压强值。由于风遇到建筑物时,一般都要形成涡旋,动压力将有明显的波动。在读取水银气压表的示值时,动压力的波动将会使水银柱明显调动,调整困难。

为了避免空气流动对气压值的影响,气压观测室应关闭门窗和一切通风管道以防止外界风的影响。在观测时还应关闭取暖和制冷设备,以避免热对流的影响,并且要尽量减少观测人员的走动。由于气压室不可能完全密封,室外风的影响不可避免,在室外风速较大时,一般不要进行气压表动态比对试验。

(8) 其他误差。

定槽式水银气压表由于构造特点容易产生一些特定的误差,如水银槽部横截面积与内管横截面积之比偏离配合标准,以及水银量不能绝对准确等原因所产生的误差。

以上误差是作为仪器误差综合表现出来的,一般不进行逐项的检定,只是在与标准气压表进行比较检定后,得出综合订正值表供观测时使用(一般的仪器误差检定表给出不同的气压范围的仪器误差订正值)。

2. 温度订正

当外界气压不变,而温度发生变化时,水银密度也会随之改变,从而引起水银柱高度的变化,也将使测量水银柱高度的黄铜标尺发生胀缩。如水银和黄铜的热胀系数相同,是不会产生误差的,但实际这两者的热胀系数是不同的,这就会引起示度的改变。这种纯系温度的变化而引起气压读数的改变值,称为水银气压表的温度差。

为了消除由温度变化给气压示值带来的误差,水银气压表的读数必须订正到0℃。

如图6-5所示,$t>0$℃时,水银柱与黄铜标尺的长度均为H。假定在气压不变的情况下,温度从t℃降到0℃,这时水银柱及黄铜标尺都因温度降低而收缩。但水银收缩比黄铜标尺多,使水银柱降至l_0处,l_0表示水银柱在标准状态下的长度,而黄铜标尺只降至l_t处。l_t既表示黄铜标尺在标准状态下的长度,也表示经仪器误差订正后的水银气压表的读数。它比水银柱在标准状态下的长度l_0高了C_t,故温度订正值为

$$C_t = l_0 - l_t \tag{6.6}$$

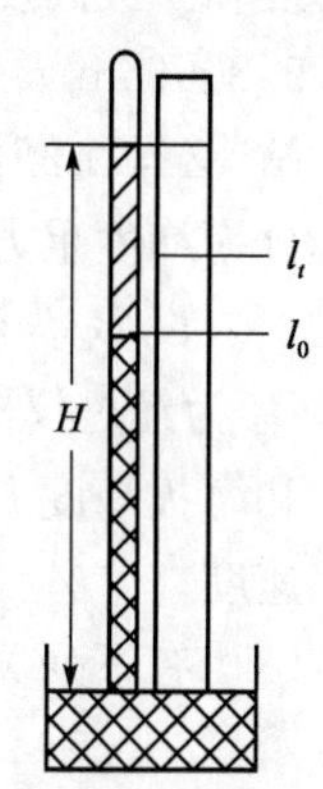

图6-5 温度订正原理图

由于在t℃时水银柱和黄铜标尺长度相等,已知水银热膨胀系数为α,黄铜的热膨胀系数为λ,故

$$H = l_t(1+\lambda t) = l_0(1+\alpha t) \tag{6.7}$$

$$l_0 = l_t\left(\frac{1+\lambda t}{1+\alpha t}\right) \tag{6.8}$$

$$C_t = l_t\left(\frac{1+\lambda t}{1+\alpha t}\right) - l_t = -\frac{(\alpha-\lambda)t}{1+\alpha t}l_t \tag{6.9}$$

将$\alpha=0.0001818$,$\lambda=0.0000184$,代入式(6.9)得

$$C_t = -\frac{0.0001634t}{1+0.0001818t}l_t \tag{6.10}$$

式中,t为附温表所示温度。

在气压不变时,当附属温度在0℃以上时,由于水银柱膨胀较黄铜标尺膨胀得大,这样按照水银柱高度来测气压时,就会比实际偏高,所以要减去水银柱膨胀比黄铜标尺大的一段水银柱高度,C_t订正值为负;反之当附属温度在0℃以下时,C_t订正值为正。

对于定槽式气压表,订正公式则更复杂一些,它必须将水银槽的热膨胀效应考虑在内,而写成下述形式:

$$C_t = -\frac{0.0001634t}{1+0.0001818t}l_t - 1.33\frac{V}{A}(\alpha - 3\eta)t \tag{6.11}$$

式中,A为水银槽的截面积;V是气压表内的总水银体积;η为铁的热膨胀系数,取值0.00001。

3. 重力订正

在给定的气压和温度下，水银气压表的读数取决于重力值，而重力值是随着纬度和海拔高度而变化的。气象用气压表的校准就是要给出在标准重力加速度为 $9.80665\mathrm{m/s^2}$ 条件下的真实气压读数。凡纬度不在 45°，海拔高度不在 0m 的测站，必须将经仪器误差订正、温度订正后的气压表读数进行重力订正。重力订正可分为纬度重力订正和高度重力订正。

设 B_t 为经过仪器误差订正、温度订正，但未经过重力订正的水银气压表读数；B_n 为经过仪器误差订正、温度订正和重力订正的水银气压表读数；$g_{\varphi,H}$ 为纬度 φ 和海拔高度 H 的当地重力加速度（单位 $\mathrm{m/s^2}$）；$g_n=9.80665\mathrm{m/s^2}$ 为标准重力加速度。

有下列关系：

$$B_n = B_t(g_{\varphi,H}/g_n) \tag{6.12}$$

世界气象组织推荐台站的重力加速度计算公式如下。

(1) 纬度重力订正。

根据大地参考系统，在平均海平面上，重力加速度与纬度的关系为

$$g_{\varphi,0} = 980.616(1-0.0026373\cos\varphi+0.0000059\cos^2 2\varphi) \tag{6.13}$$

(2) 高度重力订正。

① 陆地站将 $g_{\varphi,0}$ 值进行高度修正，其局地的重力加速度可根据式(6.14)计算

$$g_{\varphi,h} = g_{\varphi,0}-0.000003086H+0.000001118(H-H') \tag{6.14}$$

式中，H 为给定点的实际海拔高度；H' 是以给定点为圆心，半径为 150km 范围内实际地形表面的平均海拔高度。

② 给定点位于海水表面之上且海拔高度 H 不超过 10km 时，其当地重力加速度为

$$g_{\varphi,h} = g_{\varphi,0}-0.000003086H-0.00000688(D-D') \tag{6.15}$$

式中，D 是测点正下方的水深；D' 是以给测站为中心的半径为 150km 范围内的平均水深。

③ 海岸地区附近，将 $g_{\varphi,0}$ 值进行高度修正，则按式(6.16)计算

$$\begin{aligned} g_{\varphi,h} = & g_{\varphi,0}-0.0000003086H+0.0000001118\alpha(H-H') \\ & -0.00000688(1-\alpha)(D-D') \end{aligned} \tag{6.16}$$

式中，α 为 150km 地区内陆地面积所占面积比重。

4. 海平面气压订正

经过仪器差、温度差和重力差订正后的气压表读数，称为本站气压或场面气

压。但在绘制天气图时,仅仅知道场面气压是不能绘制等压线的,显然高山上的场面气压比平原要低得多,因此必须将各点的场面气压都订正到同一个高度上即海平面上来。具体订正法如图6-6所示,设A点为某站,其场面气压为p_h,海拔高度为h,将它的场面气压订正到海平面上,就是把A点所在平面至海平面(图中B点所在平面)这段空气柱的压力加到p_h上去。

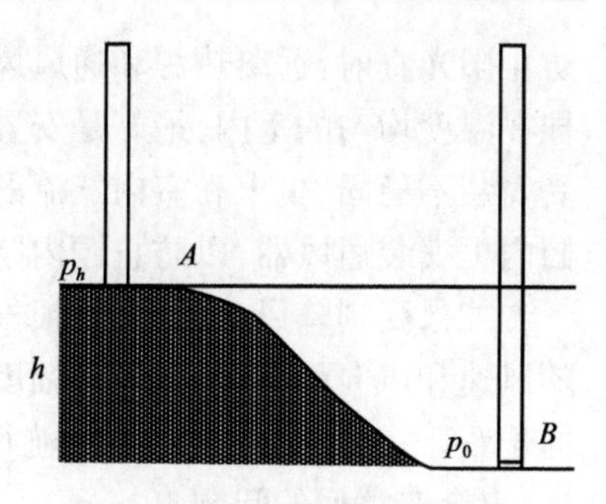

图6-6　海平面气压订正原理

根据压高公式可得

$$\lg \frac{p_0}{p_h} = \frac{h}{18400\left(1 + \frac{t_m}{273}\right)} \tag{6.17}$$

式中,p_0为海平面气压;t_m为A、B两点之间空气柱的平均温度。

令$m=\frac{h}{18400\left(1+\frac{t_m}{273}\right)}$,则$p_0=p_h\cdot 10^m$

$$C = p_0 - p_h = p_h(10^m - 1) = p_h \cdot M/1000 \tag{6.18}$$

由于10^m-1的数值很小,为制表方便,令$M=(10^m-1)\times 1000$,当t_m和p_h已知时,先用t_m和p_h求得M,然后再根据M和p_h即可得到海平面气压订正值。为了实际工作的需要,上述两个步骤皆可用查表的方法解决。但是,对于一个固定的气象台站,海拔高度h是一个固定的数值,因此可以直接用t_m和p_h制成简表查算C值。

t_m可根据下述假定得到。

(1) 从h高度下降至海平面,每下降100m,温度升高0.5℃,因此可由t_h推算出海平面处的气温t_0。

(2) 整个空气柱的平均温度t_m等于t_0和t_h的平均值。

(3) 本站的气温t_h不直接取当时的百叶箱气温读数;而是以当时的气温$t_{h,0}$和前十二小时的气温$t_{h,-12}$相加,再取平均值。

因此t_m的数值等于

$$t_m = \frac{t_{h,0} + t_{h,-12}}{2} + \frac{h}{400} \tag{6.19}$$

6.2.5　水银气压表的安装和观测方法

1. 水银气压表的安装

水银气压表的安装位置和场所的选择很重要,主要要求:温度均匀、采光良好、防止阳光直射，远离热源和通风风道，有一个坚固的垂直安装架。因此气压表应悬挂在温度均匀的室内，最好是安置在坚固而不受振动的墙壁上。为了使气压表免受安装不稳固、尘土和室内气流的影响，最好是将气压表放在有门的专用木橱内。橱内可安装通风器，以防止橱内空气温度梯度的形成。

如果受到阵风的影响，水银气压表就给不出真实的静压值。气压表的读数会随风速和风向而波动，波动的幅度和符号取决于窗门的状态以及窗门相对于风向的位置。在海上，由于船舶在航行，就会有误差。如果气压表装在有空调的房子里，也会有类似的问题。

风常常引起气压室内气压的动力变化。这类波动总会叠加在静压上，强风或阵风能产生 2～3hPa 的波动。这种波动的影响是无法修正的，因为水银液面所受到的"抽吸"作用，既取决于风向又取决于风力，并且与气压表所在的环境状况有关。所以即使是多次测量的平均值也不能代表真实的静压值。不同建筑物内的两支气压表进行比较时，应当考虑到由风的影响引起读数差异的可能性。如果使用静压头，就有可能非常明显地减少这种影响。对于水银气压表来说，其槽部除了有一个特制的可暴露于大气中的通气嘴外，应当是气密的。通气嘴的设计应能保证其中的气压是真正的静压。

为了使水银气压表读数时的照明条件一致，读数时最好采用人工照明。为此目的，可采用某些能给水银柱弯月面提供白色微亮背景的照明器，必要时，在象牙针尖部分也可以采用类似的照明和背景。若不使用照明，可以用乳白玻璃片、白色塑料片或一张白纸作为弯月面和象牙针尖的背景。在对气压表标尺和附温进行读数时，也可采用人工照明，但必须注意避免人工照明使气压表受热增温。

悬挂时必须使气压表的水银柱保持垂直。不对称的水银气压表由悬挂不垂直而引起的误差更为严重，这种气压表悬挂时，应使其长轴线保持垂直，即使气压表的外表呈现倾斜，但只要水银面对准象牙针尖，则其水银柱高度就是正确的。

2. 水银气压表的观测方法

动槽式水银气压表的观测方法按下述程序进行。

(1) 观测附属温度表。读数精确到 0.1℃，而且要读得越快越好，因为温度表的温度会由观测者的存在而上升。

(2) 调整水银槽内水银面，使之与象牙针尖恰恰相接。调整时，旋动槽底调整螺旋，使槽内水银面自下而上地上升，直到象牙针尖与水银面恰好相接(既无小涡，也无空隙)为止。

(3) 调整游尺，使其底边与水银柱凸面顶点刚刚相切。调整时注意保持视线与水银柱同高，把游标尺底边缓慢下降，使游标尺前后底边恰好与水银柱顶相切，此时水银柱顶两旁能见到三角形的露光空隙。

(4) 读数并记录。游尺下缘零线所对标尺的刻度即为整数读数,从游尺刻度线上找出一根与标尺上某一刻度相吻合的刻度线,则游尺上这根刻度线的数字就是小数读数,读数应精确至0.1mm(或0.1hPa)。

(5) 读数复验后,旋转槽底调整螺旋降低水银面,使其离开象牙针尖2~3mm,其目的是使象牙针尖不被水银磨损和脏污。

对于定槽式水银气压表,由于不必调整水银面,其观测方法较动槽式简单。在观测附温表后,注意用手指轻击表身使水银面保持正常弯月面的稳定状态,之后再调整游尺记录读数即可。

6.3 空盒气压表和空盒气压计

空盒气压表和空盒气压计都是采用金属弹性膜盒作为感应元件,利用空盒弹力与大气压力相平衡的原理来测量气压。当大气压力发生变化时,空盒随之产生形变,把这种形变进行一定程度的放大就可以用来指示气压的变化。

6.3.1 空盒的结构、测压原理和特性

1. 空盒结构和测压原理

空盒盒壁由弹性金属膜构成,较旧式的空盒在盒内或盒外装有弹簧,避免空盒被大气压力完全压缩。这种构造的特点是弹簧和盒壁之间有一定的摩擦,妨碍气压表精度的提高。新式的空盒一般不用弹簧,依靠金属膜本身的弹性力来平衡大气压力。

为了增加灵敏度,常使用空盒组。它可以由若干单独的空盒串接而成,也可以中部连通为一整体,现在制造空盒的多为后者。空盒一般是利用德银、铜片或其他合金制成。盒的表面有波纹状的压纹,是为了增加空盒被压时变形的柔韧性和测压的灵敏度。

空盒感应气压是利用空盒的弹力与大气压力相平衡的原理测量气压的。当大气压力发生变化时,空盒随之产生形变,把这种形变进行一定程度的放大就可以用来指示气压的变化。如图6-7所示,例如,当气压 p_1 作用到空盒膜片上,空盒的

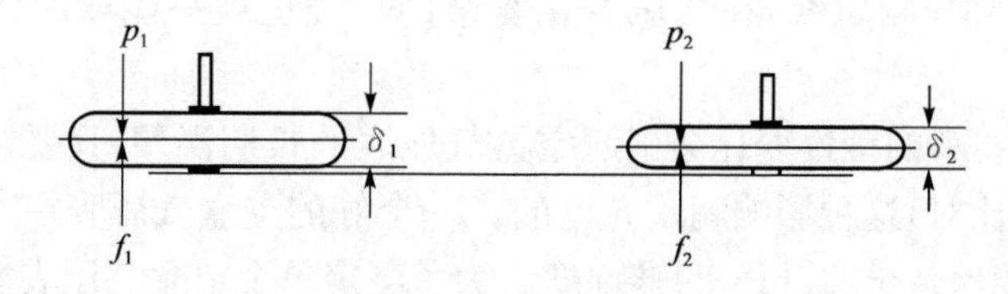

图6-7 空盒测压原理

弹性应力 f_1 与之平衡，即 $p_1=f_1$。当气压变成 p_2，弹性应力失去平衡，空盒则随之产生形变，直到 $p_2=f_2$ 时为止。假设 $p_2<p_1$，则空盒弹起，厚度从 δ_1 增加至 δ_2。

2. 空盒的特性

空盒的特性是影响空盒气压表性能的重要原因。空盒具有一般弹性元件所共有的缺点，其中最主要的两点是弹性后效和温度效应。

(1) 弹性后效。

弹性后效会导致以下两种现象。

① 当气压变化停止后空盒的形变并不停止。如图 6-8(a)所示，气压由 1000hPa 降至 100hPa，空盒位移由 O 点移至 P 点，如果气压维持在 100hPa 不变，空盒的形变并不停止，而是继续缓慢地由 P 移向 P'。

② 空盒的升压曲线和降压曲线不一致。如图 6-8(b)所示，当气压由 1000hPa 降至 100hPa 时，检定线为 oaP；然后再由 100hPa 回升到 1000hPa，检定线为 Pbo。两条检定线构成一个封闭曲线，称滞差环。

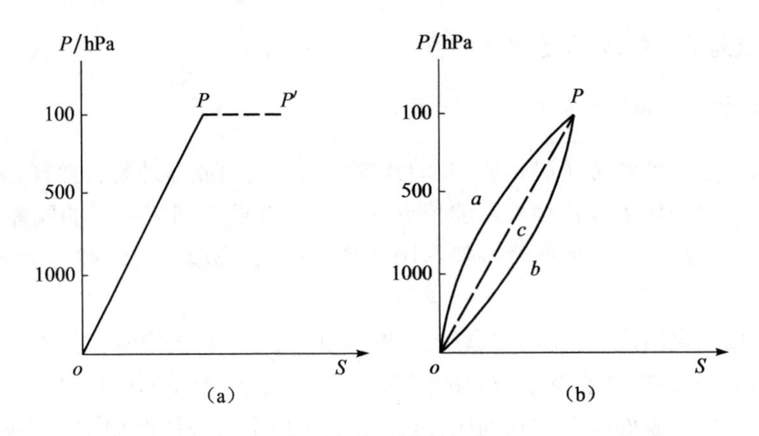

图 6-8　空盒弹性后效

在制造空盒时，使空盒元件在升压和降压的过程中反复老化 1000 次，以避免第一种弹性后效，第二种则无法克服。空盒的这种特性，使用时必须加以注意。例如，施放探空仪时，气压由地面 1000hPa 左右降至几百或几十帕，这时就应当应用它的降压检定线，在气压变化复杂的环境里就只能取两条检定线中的中线。

空盒金属材料的缓慢变化会引起空盒气压表的长期误差，只要能定期地与标准气压表进行比对，这种影响就是允许的。一个好的空盒气压表在一个月或更长时间里，应当能保持±0.2hPa 的准确度。为了测定单个空盒气压表能否保持其准确度，就必须采取定期检查的措施。

(2) 温度效应。

温度效应对测量的影响表现在以下两方面:一是空盒杨氏模量具有负温度系数,因此温度升高时空盒弹性就减弱,温度降低时弹性增大;二是空盒的材料会随温度变化而热胀冷缩。气压引起的膜盒变形与温度引起的变形混在一起,造成了测量误差,因此需要采取措施加以补偿,常用的补偿方法有双金属片补偿法和残余气体补偿法。

① 双金属片补偿法。

双金属片安装在空盒的底部。温度升高,空盒的弹性减弱,厚度减小,设顶部自由端下降了 ΔK。底部的双金属片因温度升高而变形,使空盒基底提高了 ΔS,如图 6-9 所示。

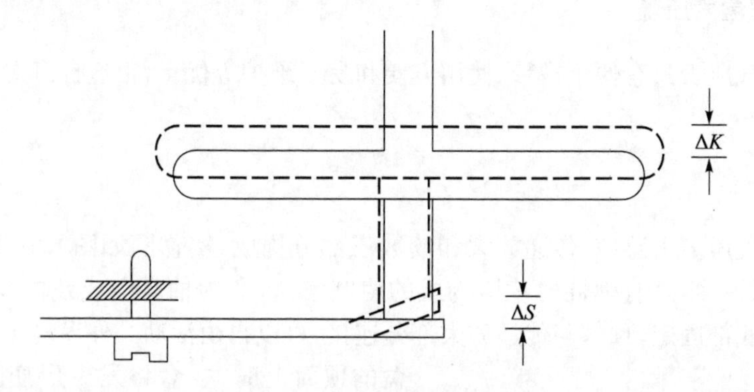

图 6-9　双金属片温度补偿原理

假设膜盒的有效面积为 A,大气压力为 p_0,空盒弹性温度系数为 β,因此温度升高 1℃,弹性应力的减小为 $\beta A p_0$(hPa/℃),它所引起空盒自由端的位移为

$$\Delta K = \frac{1}{k}\beta A p_0 \tag{6.20}$$

式中,k 为仪器灵敏度。选择合适的双金属片,使空盒基底的位移 $\Delta S=\Delta K$,因此 $\Delta S=\frac{1}{k}\beta A p_0$,此时空盒的温度误差正好得到补偿。式(6.20)中的 k、β 和 A 的数值是固定的,只在气压为 $p_0=\frac{k}{\beta A}\Delta K$ 这一个气压点上才能实现温度误差的完全补偿,其他数值下的大气压力只能部分地得到补偿,p_0 称为补偿点。

② 残余气体补偿法。

在制造空盒时,其内部不完全抽成真空,而是残留一定量的气体,当温度升高时,空盒的弹性减小会压缩,而盒内残留气体的压力却增大,使空盒向外扩张。当这两种变化相等的时候,空盒的温度效应可得到补偿。

设空盒内残余气体的压强为 p,空盒的有效面积为 A,大气压为 p_0,空盒所受

的压力为 $A(p_0-p)$，温度升高 1℃时，弹性应力的改变量为 $\beta A(p_0-p)$，盒内气体压力的改变量为 $Ap\alpha$，α 为盒内气体压强的热膨胀系数。当 $\beta A(p_0-p)+Ap\alpha=0$ 时，空盒的温度效应可得到补偿，此时补偿点的气压为

$$p_0 = p\left(1-\frac{\alpha}{\beta}\right) \tag{6.21}$$

残余气体补偿法也是只有在补偿点的时候才能得到完全补偿。当气压不等于补偿点气压时，都只能得到部分补偿。

随着微处理技术的应用，温度效应的补偿除了可以从硬件上实现，也可以从软件上实现。

6.3.2 空盒气压表

空盒气压表具有便于携带、使用方便和易于维护等优点，很适合海上和野外工作时使用。

1. 构造

空盒气压表由感应、传递放大和读数三部分构成，实物图如图 6-10 所示。其感应部分是一组具有弹性薄片所构成的扁圆空盒，盒内抽真空或残留少量空气。空盒组的底部固定，顶部与传递放大部分连接，可以自由活动。外界气压作用在空盒的顶面上时，空盒将发生形变。为了增加测量的灵敏度，常常将多个空盒串联在一起使用。传递放大部分由连接杆、中间轴、拉杆、链条、滚子等杠杆传动装置组成。读数部分由指针、刻度盘和附属温度表组成。

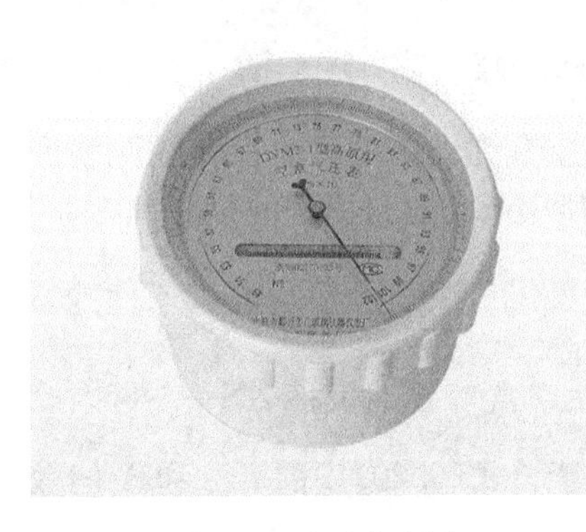

图 6-10　空盒气压表

当气压升高时，空盒组被轴向压缩变形，于是就拉紧连接杆，带动中间轴正向旋转，指针就指示出当时气压升高的变化；当气压下降时，空盒组就朝着轴向扩张变形，推动连接杆，带动中间轴反向旋转，指针就指示出当时气压降低的变化。当空盒组的弹性应力与大气压相平衡时，空盒组的形状就停止变化，指针就停止转动，指针所指示的气压值即为当时的大气压。

WMO 规定，空盒气压表应满足下述要求。

(1) 必须有温度补偿，当仪器的温度变化 30K 时，读数的变化不会超过 0.3hPa。

(2) 任何一点的标尺误差不应超过±0.3hPa，而且在正常使用条件下，至少一

年仍能保持在此允差以内。

(3) 滞后必须很小，以确保在气压变化50hPa之前的读数与气压回到原位后的读数之间的差异不超过0.3hPa。

(4) 应能耐受一般的运输风险，不致产生超过上述规定的不准确度。

2. 观测方法与读数订正

空盒气压表应水平放置，观测时先读附温，准确到0.1℃；然后轻敲盒面（克服机械摩擦），待指针静止后再读数，读数时视线应垂直于刻度盘，读取指针尖端所指示的数值，精确到0.1mm。

空盒气压表的读数只有经过刻度订正、温度订正以及补充订正后才是本站气压。

(1) 刻度订正。

空盒气压表在制造过程中，由部件不精细、装配不准确和刻度不均匀等原因引起的误差，称为刻度误差。订正气压读数的刻度误差，称为刻度订正。刻度误差可从仪器检定证中的刻度订正曲线上查取。

(2) 温度订正。

虽然空盒气压表在制造时采取了一定的温度补偿措施，但由于只能在个别气压点上实现完全补偿，所以还必须对其温度误差进行订正。温度订正值可由式(6.22)求得

$$\Delta p = \alpha t \tag{6.22}$$

式中，t 为附属温度表测量的温度值；α 为温度系数，可从仪器检定证中查出。

(3) 补充订正。

为了保证空盒气压表测量的准确性，空盒气压表一般应每隔半年与标准气压表进行比对，求出误差订正值，称为补充订正值。

空盒气压表与水银气压表相比，明显的优点是体积小，便于携带。但由于气压对应的位移量很小，通过机械方法机构提高了灵敏度，同时也放大了误差，再加上膜盒本身的不稳定及迟滞、弹性后效和温度的影响等，其稳定性和测量准确度远不如水银气压表。

6.3.3 空盒气压计

利用空盒元件可以制成自动、连续记录气压的仪器——空盒气压计，其结构如图6-11所示。它由感应部分（金属弹性膜盒组）、传递放大部分（两组杠杆）和自记部分（自记钟、笔、纸）组成。空盒元件的底部固定在双金属片的位移端，杠杆用来传递和放大空盒的机械位移，自记笔杆指针上带有墨水斗笔尖，它把气压的连续变

动记录在自记钟筒上,除了用记录笔代替指针外,空盒气压计的原理与空盒气压表相似。

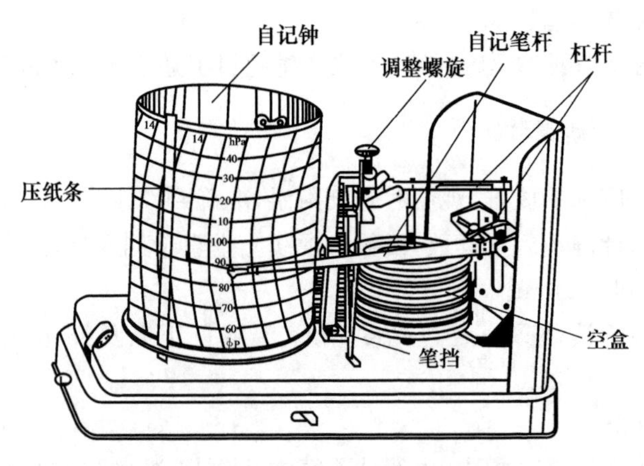

图 6-11　空盒气压计的构造

空盒气压表应安装在水银气压表的邻近,便于相互检查和标准化工作。安装的地方应当防止温度突变、震动和灰尘,不能受到阳光直射。所选的地方应干燥、清洁,空气中不应含有能使仪器腐蚀和脏臭的物质。为了使视差的影响减到最小,重要的一点是,仪器放置时要使仪器正面的高度合适,以便在正常操作情况下便于用眼睛读数。仪器的安装还应考虑到,如果需要人工照明时,应使仪器有均匀的照明。

空盒气压计应经常保持清洁。感应部分有灰尘时,应用干洁毛笔清扫,当发现记录迹线出现“间断”或“阶梯”现象时,应检查自记笔尖对自记纸的压力是否适当。检查方法:把仪器向自记笔杆的一面倾斜 30°～40°,若笔尖稍稍离开钟筒,则说明笔尖对纸的压力是适宜的;若笔尖离不开钟筒,则说明笔尖对纸的压力过大;若稍有倾斜,笔尖即离开钟筒,则说明笔尖压力过小。此时应调节笔杆根部的螺丝或改变笔杆架子的倾斜度进行调整,直到适合为止。若经上述调整仍不能纠正,则应清洗、调整各个轴承和连接部分。注意自记值同实测值的比较,系统误差超过 1.5hPa 时,应调整仪器笔位。如果自记纸上标定的坐标示值不恰当,应按本站出现的气压范围适当修改坐标示值。笔尖须及时添加墨水,但不要过满,以免墨水溢出。如果笔尖出水不顺畅或画线粗涩,应用光滑坚韧的薄纸疏通笔缝;若疏通无效应更换笔尖,新笔尖应先用酒精擦拭除油,再上墨水,更换笔尖时应注意自记笔杆(包括笔尖)的长度必须与原来的等长。周转型自记钟一周快慢超过半小时,日转型自记钟一天快慢超过 10min,应调整自记钟的快慢钟。自记钟使用到一定期限(一年左右),应清洗加油。

空盒气压计的误差来源除了空盒的误差之外,空盒气压计的笔尖与自记纸之间的摩擦也是一个重要的误差来源。气压计笔的控制可以认为是与膜盒有效截面积成正比的。对于一个制作良好的空盒气压计，其笔尖处的摩擦要大于仪器所有轴枢和轴承的总摩擦，因此使用空盒气压计要特别注意减少这个原因引起的误差。如果空盒气压计只用于测量气压的变化量，其读数一般无须修正，而且仪器笔位的精确调整也不重要；如果用于测量气压绝对值时，空盒气压计的记录必须与水银气压表测得的本站气压值进行比较订正后才能使用。

对空盒气压计的要求主要有以下几点。

(1) 对自记纸的要求：以 hPa 分度，可读到 0.1hPa，标尺比例为自记纸上 1.5cm 相当于 10hPa。

(2) 空盒气压计所用的空盒应当是一级品。

(3) 应当有温度补偿，在温度变化量为 20K 时，空盒气压计示值的变化量不超过 1hPa。

(4) 在任何一点的标尺误差，都不应超过 1.5hPa。

(5) 滞后应当足够小，以确保仪器在经受 50hPa 的气压变化前的读数和气压回到原值后的读数之间的差不超过 1hPa。

(6) 气压计上应当有一个作时间记号的装置，并且不用打开仪器外罩就可以作记号。

(7) 笔杆应支撑在笔杆座中，笔杆轴应稍稍倾斜，使笔杆由于重力作用而贴在自记纸上，应当有调整笔位的装置。

6.4　电子气压表

电子气压表是使用传感器将大气压力的变化转换成电信号的变化，再经过电子测量电路对信号进行测量和处理而获得气压值，并常以数字量输出。常用的电子电压表中的传感器有膜盒式电容气压传感器、振筒式气压传感器、压阻式气压传感器。

6.4.1　膜盒式电容气压传感器

膜盒式电容气压传感器的感应元件为真空膜盒。当大气压力产生变化时，使真空膜盒(包括金属膜盒和单晶硅膜盒)的弹性膜片产生形变而引起其电容量的改变，通过测量电容量来测量气压。

一般常用的是硅膜盒电容气压传感器(图 6-12)，其主要部件为变容式真空硅膜盒。传感器的基板是一个厚的单晶硅层，其上镀有金属导电层的玻璃片，对硅膜采用镀金方法使其具有导电性，从而使导电玻璃片与硅膜构成平行板电容器，中间形成真空而构成硅膜盒。当大气压变化时，真空膜盒的弹性膜片产生形变而引起其电容量的改变，通过测量电容量来测量气压。硅膜盒式电容传感器已广泛用于我国自动气象站，其性能稳定，具有测量范围宽、滞差极小、重复性好、无自热效应等优点。

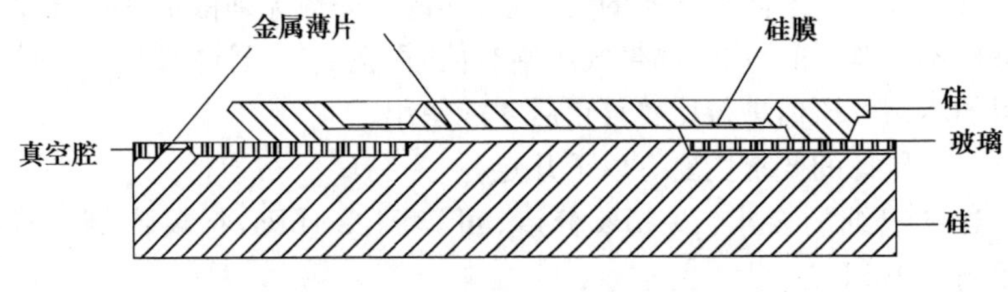

图 6-12　硅膜盒电容气压传感器结构图

膜盒式电容气压传感器安装在数据采集器内，其高度与台站水银气压表的感应部位高度一致。如果无法调整到一致，则要重新测定海拔高度。安装或更换传感器应在切断电源的情况下进行。

6.4.2　振筒式气压传感器

振筒式气压传感器是利用弹性金属圆筒在外力作用下发生振动，当筒壁两边存在压力差时，其振动频率随压力差而变化。因为筒的谐振频率主要与压力有关，所以测出频率就可以计算出气压。但这种关系还会受到温度和气体密度的影响，所以需要进行温度补偿和采用干空气。

振筒式气压传感器的构造如图 6-13 所示。它由两个一端密封的同轴圆筒组成。内筒为振动筒，是传感器的敏感部分，其壁厚约 0.08mm，弹性模数的温度系数很小，振筒的材料不仅需要具有稳定的弹性，还应有良好的导磁性，常使用镍基恒弹性封闭合金制作，外筒为保护筒。两个筒一端固定在底座上，另一端为自由端。线圈架安装在基座上，位于筒的中央。线圈架上装有两个线圈，为防止两组线圈之间的直接耦合，两组线圈相隔一定距离，并保持相互垂直。其中激振线圈用于激励振筒的振动，拾振线圈用来检测振筒的振动频率。两筒之间的空腔被抽成真空，作为零压力的基点，并对外界保持电磁场屏蔽，内筒与被测气体相通。

当大气压力为零时，激振线圈使振动筒以最低固有频率振动。当大气进入振动筒内部时，引起筒的应力和刚度变化，筒的固有频率增加。拾振线圈识检出振动筒的频率变化之后，一方面限幅放大、整形后输出频率信号，另一方面正反馈给激振线圈维持振动筒的振动。

振筒的工作方式是一个二阶强迫振荡系统，其数学表达式为

$$M\frac{\mathrm{d}^2x}{\mathrm{d}t^2}+c\frac{\mathrm{d}x}{\mathrm{d}t}+Kx=F(t) \tag{6.23}$$

式中，x 是振动引起的位移；t 为时间；M 是振筒的质量；c 为阻尼系数；K 为刚性系数（$K=\mathrm{d}\sigma/\mathrm{d}x$，$\sigma$ 为弹性材料的刚度）；$F(t)$为激振线圈给出的周期强迫力。

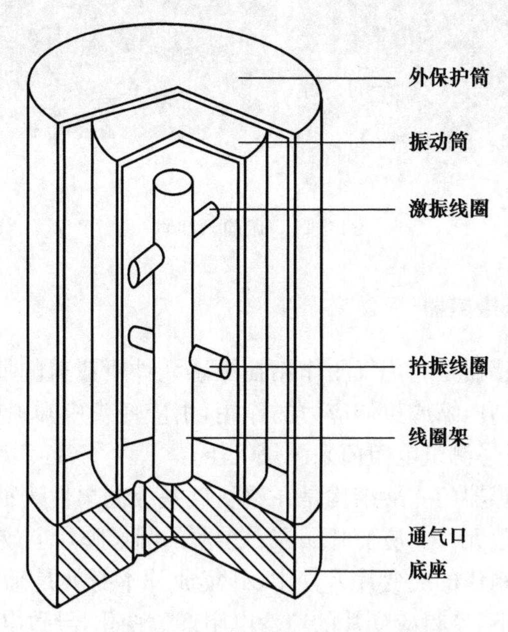

图 6-13　振筒式气压传感器结构图

弹性体被激振后都会出现多种振动波形。振筒式气压传感器一般采用轴向振型 $m=1$，径向振型 $n=4$ 的对称模式，输出波形为正弦波。由于波形对称，可经受较大的振动而不影响其性能，还能滤掉外来的干扰。在基座上装有测温传感器，测定筒内气温并进行温度修正。振筒的断面呈音叉状，由于和音叉一样，振动的能量很难传到外面去，能得到较高的品质因数 Q 值（$Q\geqslant 104$）。振筒没有支撑点的摩擦，而且只要筒壁应力在弹性限度之内，感应器就不会产生残余形变，所以重复性好。该传感器的稳定性高，滞差小，缺点是各传感器之间的互换性差。

振筒在气压为 p 时的谐振频率与气压之间的关系可表示为

$$f=f_0\sqrt{1+\beta p} \tag{6.24}$$

式中，f_0 为振筒内外压差为零时的固有振动频率，只决定于振筒的尺寸和材料特性；β 为振筒的压力系数。

传感器应避免阳光的直接照射和风的直接吹拂；定期检查通气孔，及时更换干燥剂。

利用振筒式气压传感器制成的振筒气压计如图 6-14 所示。

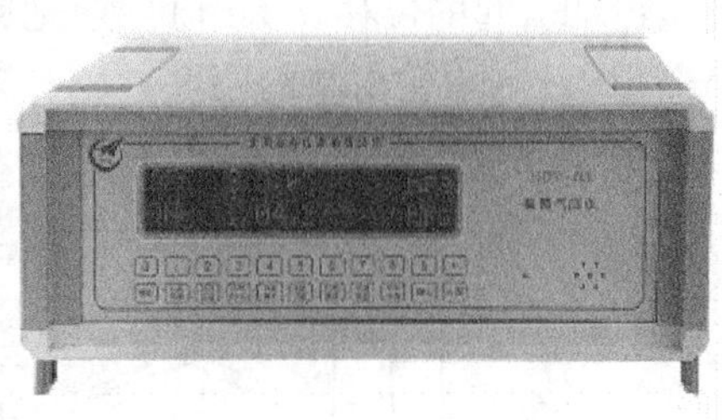

图 6-14 振筒气压计

6.4.3 压阻式气压传感器

压阻式气压传感器是利用气压作用在敏感元件所覆盖的抽成真空的小盒上，通过小盒使电阻受到压缩或拉伸应力的作用，由应变效应知道电阻值的变化与气压的变化成正比，通过测量电阻值来测量气压。

压阻式气压传感器的一般结构是在整块硅基板的柔性表面上形成 4 个电阻，可以是应变片等压阻元件。应变片贴在一个薄的圆形膜片上或者直接扩散到硅膜片上。在用扩散法制作的应变片元件中，硅集成片本身就是感应压力的膜片。在膜片弯曲应力作用下，使得应变片的应变电阻产生变化，导致电桥失衡。于是电桥输出正比于加在膜片上的净压差。

6.4.4 使用电子气压表的要求和读数

1. 使用要求

数字气压表的应用，特别是当它们用于自动气象站时，提出了一些特殊的业务要求。

(1) 在数字气压表到货后，要核对或重新调整仪器的校准参数，要定时地重复这样的操作。

(2) 保证定时校准数字气压表。

(3) 在选择具体型号的电子气压表时不仅要根据所述的技术规格，还要考虑环境条件和维护设备。

2. 电子气压表的读数

电子气压表可测量周围空间的大气压。通常，仪器的读数就是仪器所处高度的气压。然而，在船上或在海平面附近的陆地气象站，如果把本站气压与海平面气压之间的差值看成常数，仪器就可以指示海平面气压，无须进行重力校准。

电子气压表以数字形式给出准确的读数，通常以 hPa 为单位，如果需要也可以换用其他单位。仪器也可以做成数字记录，有时还能给出气压趋势。

电子气压表的准确度取决于校准准确度、温度补偿的效果。

电子气压表一般由气压表传感器、微处理单元(含显示器)以及与数据记录器或自动气象站进行通信的接口电路组成。

6.4.5　电子气压表的误差和缺陷

1. 长期稳定性

长期稳定性是电子气压表的关键误差源之一。为了保持气压表的准确度，必须定期检查电子气压表的读数并修正，以及早发现和更换有缺陷的传感器。

2. 温度

如果要保持校准值不变，必须使电子气压表的温度保持恒定不变，而且最好使其温度稳定在校准温度附近。多数电子气压表没有温度控制，因此可能有较大的误差。大多数仪器靠准确测量敏感元件的温度、然后在电路中对气压进行修正。

如果气压表的电子电路与敏感元件不在相同的温度，电子电路也会引起误差。电子气压表常常使用于极端的气候条件，特别是自动气象站。在这种条件下，气压表遇到的温度可能会超出制造者的设计和校准技术的规定。

3. 电磁干扰

如同所有灵敏的电子测量器件一样，电子气压表应该屏蔽并远离电磁场，如变压器、计算机、雷达等。电磁干扰可能使准确性降低。

4. 运行方式

如果校准时的操作方法与业务使用时的操作方法不相同，也能引起电子气压表校准结果的明显变化。一个连续工作的、经过预热的气压表的读数与每隔几秒钟以脉冲工作方式读取的数值可能是不一样的。

6.5　沸点气压表

沸点气压表是利用液体的沸点温度随气压的变化而变化的关系来测量气压的。利用这一特性测量气压，已在一些探空仪上得到应用。一个装有纯净液体的容器与待测空气相通，将溶液加热至沸点，测定它的沸点温度就可换算出大气压力。

大气压力 P 和沸点 t_b 的关系可以表达为

$$\lg P = A - \frac{B}{t_b - E} \tag{6.25}$$

式中，A、B 和 E 是待定系数，随液体而变。表 6-1 给出了蒸馏水在不同气压下的沸点数值，以及相应的气压灵敏度。由表 6-1 可以看出，沸点气压表在高气压时，灵敏度低，如果要求测压精度力 0.1hPa，测温精度必须达到 0.003℃，随气压的降低，灵敏度随之增加。

表 6-1　不同气压下的水的沸点和测压灵敏度

P/hPa	1000	850	700	500	300	100	50	20	10
t_b/℃	99.63	95.12	89.95	81.34	69.10	45.82	32.89	17.50	7.00
$\frac{dt_b}{dP}$/(℃/hPa)	0.029	0.034	0.037	0.052	0.080	0.20	0.37	0.82	1.50

沸点测压瓶的构造如图 6-15 所示。瓶左边的容器主要用于储存液体；右边为沸腾室，室内为双层玻璃套管，测量热敏电阻安置在内管中心。此容器必须具有很好的保温性能，以减少容器内外的热量交换。沸腾室外绕有加热电阻丝，是一可调的加热装置，需保证温度的稳定性。沸腾的蒸汽沿内管上升，然后进入外管沿冷凝管冷凝成液体流回左室。右室有出气口与待测气压的环境相连通。

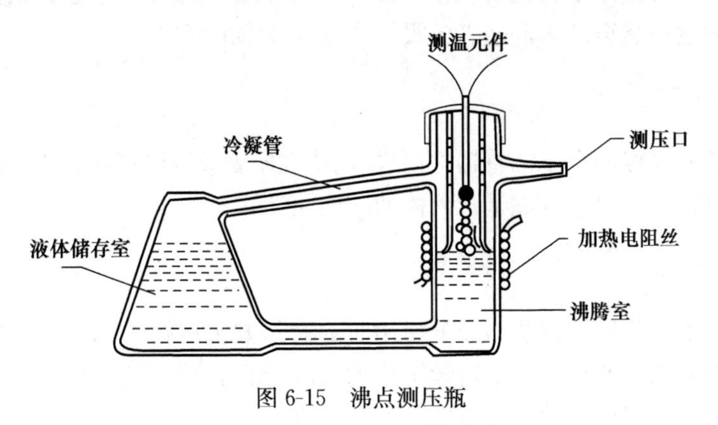

图 6-15　沸点测压瓶

6.6　气压表的基准

不同的气压表其测量精度差别很大。为了保证各气象台站气压标尺的一致性，保持气压资料的精确度，世界气象组织对气压表制定了各级管理和逐级传递制度。

按仪器的精度和功能，气压表分成下列几个等级。

A 级：一级或二级标准气压表，能独立地测定气压，保持高于±0.05hPa 的精确度。

B 级：工作标准气压表，用于日常的气压对比工作，它的仪器误差通过与 *A* 级表对比后校准。

C 级：参考标准气压表，用来向台站气压表传递校准标准以及进行比对。

S 级：安装在气象台站上的气压表。

P 级：高质量、高精度的气压表，经过多次搬运仍然能保持原有的精确度。

N 级：高质量、高精度的空盒气压表，滞差效应和温度系数可略去不计。

Q 级：质量为一级的便携式精密数字气压表，可作为移运式标准。

M 级：质量好、准确度高的便携式微气压计。

A 级气压表可作为洲、区域和国家的标准气压表，称为 A_r 级。假如在一些地区只有 *B* 级气压表作为标准气压表，称为 B_r 级。

除 *A* 级气压表可以自行确定它的仪器误差外，其余各级气压表都需要直接或间接与 *A* 级表对比，间接比对借助于 *C* 级表来完成。例如，先将 *C* 级表与 *A* 级表或 *B* 级表对比，再将该表移运至气象台站与 *S* 级作对比校准，最后再返回原地，与 *A* 级表或 *B* 级表复核。

参考文献

李伟，贺晓雷，齐久成，等. 2010. 气象仪器及测试技术. 北京：气象出版社.

邱金桓，陈洪滨. 2005. 大气物理与大气探测学. 北京：气象出版社.

孙学金，王晓蕾，李浩，等. 2009. 大气探测学. 北京：气象出版社.

王振会，黄兴友，马舒庆. 2011. 大气探测学. 北京：气象出版社.

杨茂水，李树贵. 2002. 自动气象站气压、温度和风传感器工作原理. 山东气象，22(2)：48-49.

张霭琛. 2000. 现代气象观测. 北京：北京大学出版社.

张文煜，袁九毅. 2007. 大气探测原理与方法. 北京：气象出版社.

赵柏林，张霭琛. 1987. 大气探测原理. 北京：气象出版社.

习　题

1. 简述动槽式、定槽式水银气压表的观测原理。

2. 水银气压表为什么要进行读数订正？试说明各项订正的物理意义。

3. 简述空盒气压表的测量原理。空盒气压表有哪些主要误差？

4. 简述沸点气压表的主要原理。

5. 已知在北纬 40°，海拔高度为 120m 的气象站动槽式水银气压表的气压读数为 985.2hPa，器差为 0.5hPa，$t_h=25℃$，$r=0.6℃/100$，求本站气压、海平面气压以及本站气压与海平面气压压差。

第 7 章　风 的 测 量

风是空气流动时产生的一种自然现象。它是许多不同时空尺度的三维运动的叠加，有小尺度的随机脉动，有大尺度的规则气流如大气环流。气象上常将空气在水平方向的流动称为风，垂直方法的空气运动则称为上升或下沉气流。通常风用风向和风速表示。

7.1　概　　述

7.1.1　定义

空气的运动产生气流，可分解成垂直和水平两个分量。垂直分量称为空气的垂直运动(如对流运动)。风就是空气的水平运动，它是一个矢量，风的运动既有速度又有方向，因此风的观测包括风向和风速两项。

为了使得观测的结果具有可比较性，WMO 规定所有气象站应观测离地 10m 高度处的风向风速，并且观测时应四周开阔。只有消除了地面摩擦形成的乱流影响并排除了短期脉动的瞬时变化，才得到气象上具有比较意义的地面风。

风的测量值应包括瞬时值和平均值两部分。所谓"平均值"是指在一定时段内的平均；而所谓"瞬时值"也可认为在一个相当短的取样时段内的平均，或称为"光滑值"。光滑时段的长短取决于与仪器有关的性能指标以及实际需要。

风向是指风的来向，最多风向是指在规定时间段内出现频数最多的风向。

风速是指空气质点在单位时间内所移动的水平距离，最大风速是指在某个时段内出现的最大 10min 平均风速值，极大风速是指某个时段内出现的最大瞬时风速值，以快速脉动为特征的风则称为阵风。

风是所有气象要素中随时间变化最剧烈的一个要素，例如，在几秒钟内可以观测到从零到十几米/秒的风速。在观测中为了取得具有一定代表性的风向、风速资料，风的观测一般取某一时间内的平均风速和最多风向。实验表明：取 10min 时间段内的平均值即可达到一定代表性的要求。在大多数风的阵性涨落不大的情况下，取 1～2min 时间段内的平均值，也可达到一定代表性的要求。气象台站观测中，一般取 2min 的平均风速和最多风向，自记仪器取 10min 的平均风速和最多风向。

除了风的平均值以外，在很多科学应用领域都必须对风的阵性进行估计。风的阵性在航空、航海、大气污染和放射性微尘的扩散等方面都有广泛的应用。另外由于风的阵性常常伴随着其他气象要素的变化，标志着某种天气过程的发生或演变，所以关于风的阵性的研究很受重视。阵风的定义为“在规定的时间间隔内，风速对其平均值的持续时间不大于 2min 的正或负的偏离”。

WMO 在《气象仪器和观测方法指南》中建议采用以下三个阵风参量。

(1) 标准偏差：用来表征风的脉动大小。

(2) 阵风峰值：在规定的时间间隔内观测到的最大风速。

(3) 阵风持续时间：是对所观测的阵风峰值持续时间的一种量度，这个持续时间决定于测量系统的响应。

7.1.2 单位

风速的常用单位是米/秒(m/s)，除此之外还有千米/小时(km/h)、海里/小时又称“节(kn)”。

$$1\mathrm{m/s} = 3.6\mathrm{km/h}, 1\mathrm{km/h} = 0.277\mathrm{m/s}, 1\mathrm{kn} = 0.514\mathrm{m/s}$$

风向以 10°作为一个单位，用电码 01、02、…、36 来表示，以正北为基准，顺时针方向旋转。当风向仪器精度较低时，一般用 16 个方位表示，用英文缩写符号记录，如图 7-1 所示。

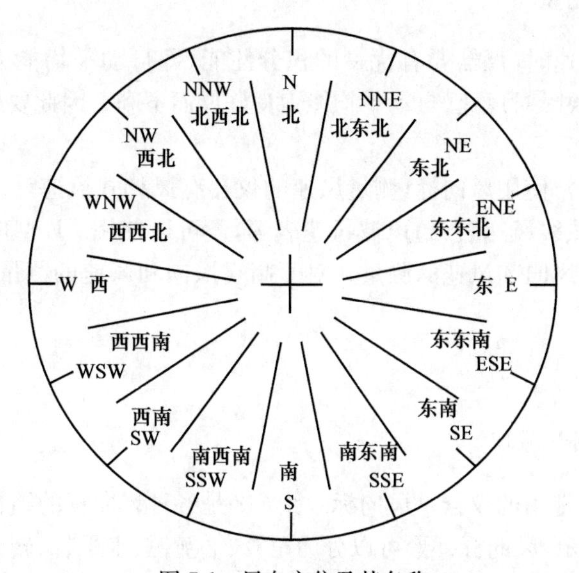

图 7-1 风向方位及其名称

通常所说的风级，是根据蒲福风级表对地面物体的作用情况来确定的。表 7-1 所示的就是蒲福风级及其与地面空旷地 10m 高风速的换算表。

表 7-1　风级的划分标准

级别	名称	风速			地面物特征
		mile/h	m/s	km/h	
0	静风	＜1	0～0.2	＜1	静止，烟之上
1	软风	1～3	0.3～1.5	1～5	烟能表示风向，但风标不转动
2	轻风	4～6	1.6～3.3	6～11	人面部感觉有风，树叶沙沙作响，风标转动
3	微分	7～10	3.4～5.4	12～19	树叶和嫩叶动摇不息，轻薄的旗帜能展开
4	和风	11～16	5.5～7.9	20～28	能吹起灰尘和碎纸，小树枝摆动
5	劲风	17～21	8.0～10.7	29～38	多叶小树摇摆，内陆水面有小波
6	强风	22～27	10.8～13.8	39～49	大树枝摇动，电线有哨音，举伞困难
7	疾风	28～33	13.9～17.1	50～61	全树摇动，迎风行走不便
8	大风	34～40	17.2～20.7	62～74	可折毁树枝，人向前走感觉有阻力
9	烈风	41～47	20.8～24.4	75～88	轻型建筑物（烟筒和屋顶）发生损坏
10	风暴	48～55	24.5～28.4	89～102	陆地少见，树木连根拔起，多数建筑物损坏
11	强风暴	56～63	28.5～32.6	103～117	陆地上极少遇到，发生大范围的险情
12	飓风	≥64	≥32.7	≥118	

注：1mile＝1.609344km

7.1.3　风向的测量

测定平均风速时，仪器要有优良的积分性能（即自动平均能力）；而测定阵风时，仪器应能反映瞬时风速，自动平均能力良好反而不利。因此要根据观测的要求选择仪器。

测量风向通常使用风向标，测量风速的仪器有风杯式风速计、风车风速计、螺旋桨式风速计、热线风速表、超声波风速表等，还可以使用 EL 型电接风向风速计等仪器同时进行风向和风速的测量。对于高空风向和风速的测量，常使用风廓线雷达。

7.1.4　风向标

1. 结构与测量原理

测量风向最常用的仪器是风向标。图 7-2 是各种风向标的结构示意图。

如图 7-3 所示，风向标外形可以分为尾翼、平衡锤、水平杆、转动轴四部分。尾翼是感受风力的部件，在风力的作用下产生旋转力矩，使指向杆—尾翼轴线不断调整它的取向，与风向保持一致。平衡锤装在水平杆上，使整个风向标对支点（旋转主轴）保持重力矩平衡。转动轴是风向标的转动中心，通过它带动一些传感元件，使风向标指示的度数传送到室内的指示仪表上。

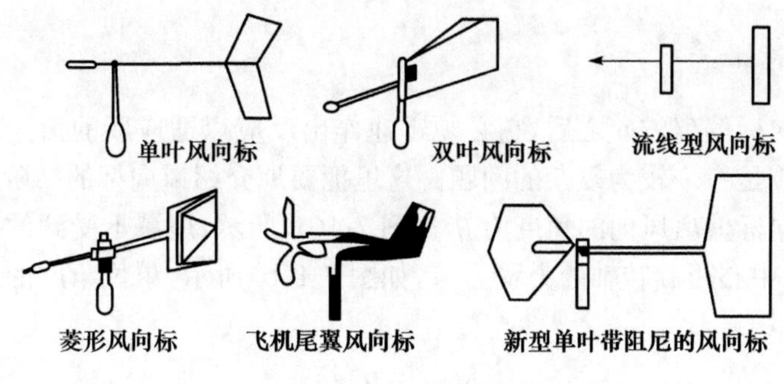

图 7-2　各种风向标

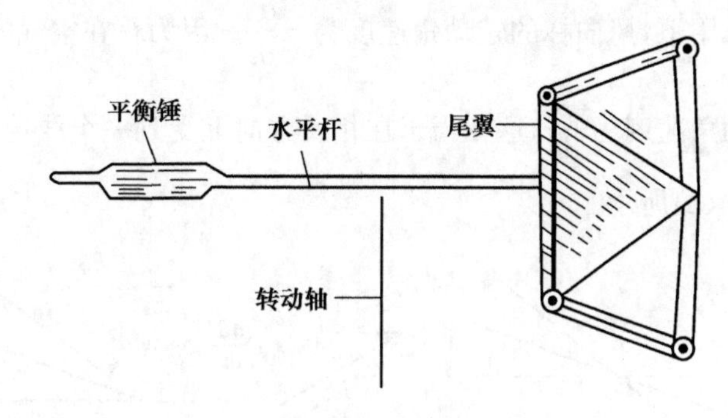

图 7-3　风向标

当风的来向与风向标成某一交角时,风对风向标产生压力,这个力可以分解成平行和垂直于风向标的两个风力。由于风向标头部受风面积比较小,尾翼受风面积比较大,因而感受的风压不相等,垂直于尾翼的风压产生风压力矩,使风向标绕垂直轴旋转,直至风向标头部正好对风的来向时,由于翼板两边受力平衡,风向标就稳定在某一方位。

由于观测目的不同,对风向标有不同的要求。台站所需要的是平均风向(通常用最多风向表示),而用于研究风向微脉动的风标,则要求能精确地反映风向的迅速改变。在风向标的结构和造型上主要考虑两点。

(1) 在小风速或风向改变不大的情况下,能很快地反映出风向变化,即要求风向标具有灵敏度。

(2) 当风向改变时,由风向标本身惯性作用引起的摆动要小,即要求风向标具有稳定性。

为了使风向标灵敏,可以在重量一定的前提下,加大尾翼的面积,加大其压力中心到垂直轴的距离(力臂),减小轴部摩擦等。为了使风向标稳定,则需要适当减小风向标的重量,减小转动半径和增大受风面积,也可以改进风标的形状。可见这两个要求有时是互相矛盾的,需要设计成哪种形式,要根据测量任务来决定。

2. 响应特性

一个风向标偏离方向之后，它必须迅速作出反应以适应新的情况。考察风向标的动态响应是一个较为复杂的问题。这里扼要地介绍风向标的二阶响应特性。

假设风向标偏离风向的角度为 β，如图 7-4(a)所示，尾翼上受到的有效风力为 F_v，风力作用中心距旋转轴的力臂为 r_v，如图 7-4(b)所示，单位角度的风向偏差所产生的扭力矩

$$N = r_v F_v / \beta \tag{7.1}$$

在风力的作用下，风向标的转动角速度为 $-\dfrac{d\beta}{dt}$。因为存在空气的阻尼作用，风向标的实际转动角速度为 $\dfrac{d\beta_v}{dt}$，这相当于在相反方向上受到一个线速度 $\omega = -r_v \dfrac{d\beta}{dt}$ 的影响，如图 7-4(c)所示。

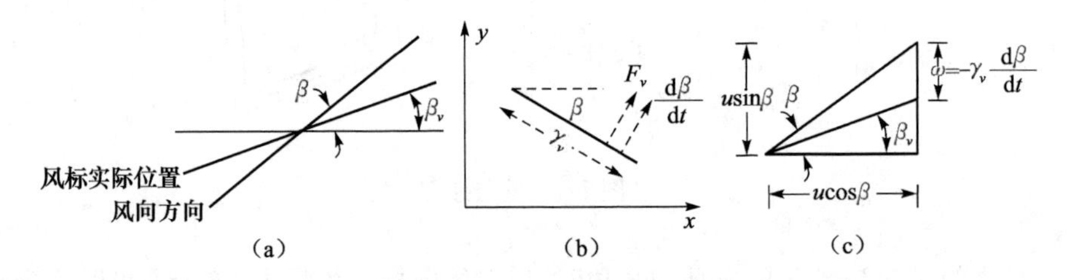

图 7-4　作用于风向标尾翼的力的分析

若风速为 u，则

$$\beta_v = \arctan\left(\frac{u\sin\beta - \omega}{u\cos\beta}\right) = \arctan\left(\frac{u\sin\beta + r_v \dfrac{d\beta}{dt}}{u\cos\beta}\right) \tag{7.2}$$

当 β 较小时(在一般情况下较易满足)，$\beta_v \approx \beta + \dfrac{r_v \dfrac{d\beta}{dt}}{u}$，风向标的运动方程(含响应的速度项和加速度项)为

$$-J\frac{d^2\beta}{dt^2} = -N\beta_v = N\beta + d\frac{d\beta}{dt} \tag{7.3}$$

式中，$d = \dfrac{Nr_v}{u}$ 为风向阻尼；$\dfrac{d^2\beta}{dt^2}$ 为风标转动的角加速度；J 为转动惯量。若视单位角度扭力矩 N 和风标阻尼 d 为常数，则式(7.3)的解为

$$\beta = \beta_0 \exp\left(-\frac{d}{2J}t - 2\pi i\frac{t}{t_d}\right) \tag{7.4}$$

式中，β_0 为 $t=0$ 时风向标的偏离角。风向标的阻尼谐振周期为

$$t_d = \frac{2\pi}{\sqrt{\frac{N}{J} - \left(\frac{D}{2J}\right)^2}} \tag{7.5}$$

式(7.4)是一个典型的衰减周期振荡，如图 7-5 所示。

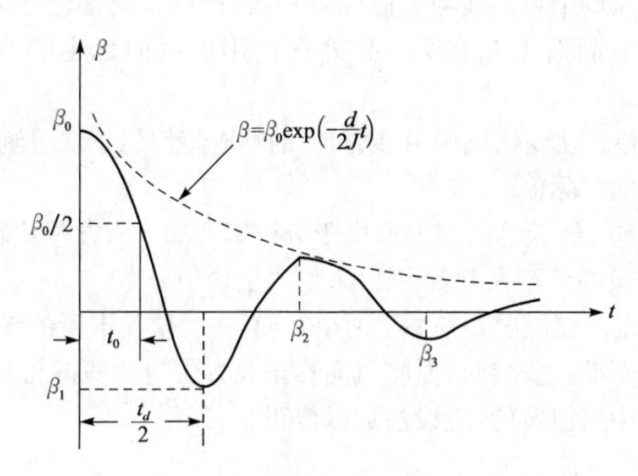

图 7-5　风标的阻尼振荡曲线

从式(7.4)和式(7.5)可以推导出几个有关风向标动态特性的重要参数。

(1) 无阻尼固有谐振周期。当风向标的阻尼为零(即 $d=0$)时，无阻尼固有谐振周期为

$$t_0 = \frac{2\pi}{\sqrt{\frac{N_1}{J}}} \tag{7.6}$$

(2) 临界阻尼。当式(7.5)右边分母中的值为零时，$t_d \to \infty$，则式(7.4)右边括号中的第二项消失，风向标呈现出一个单纯的衰减运动，此时风标的阻尼称为临界阻尼 d_0，$d=d_0$

$$d_0 = 2\sqrt{NJ} \tag{7.7}$$

(3) 阻尼比。定义风标阻尼与临界阻尼的比值为阻尼比 η

$$\eta = \frac{d}{d_0} = \frac{r_v N}{u d_0} \tag{7.8}$$

$\eta<1$ 为欠阻尼情况；$\eta>1$ 为过阻尼情况；$\eta=1$ 为临界阻尼情况。

3. 测量误差

风向标的测量误差主要有以下几方面。

(1) 启动误差。风速在风向标的启动风速以下时,由于转动部件的静摩擦作用,风向标不能转动,这时它的指向是随机的,风向测量误差不可确定。对气象观测而言,在风向标的启动风速以下,即使风向有指示,也应统一记录成静风"C"。

(2) 动态偏角。实际测量时,风向标往往不能达到动力平衡的要求,造成风向标即使在稳定的风场中也不能与风向取得一致,产生动态偏角。动态偏角的大小与风向标的设计或制造工艺有关。另外在使用中风向标也会产生一定的机械变形。

(3) 惯性误差。在变化风场中,风向标的响应特性属于二阶测量系统,其指向可能落后于风向的实际值。

(4) 转换误差。转换器的误差取决于分辨率。如十六方位块转换器的分辨率为 22.5°,实际测量的分辨误差就在±22.5°内呈均匀分布。

(5) 零位误差。零位误差来源于两个方面:一是仪器本身的零位调整不准确;二是安装时定向不准。安装时,要将风向标正北方位与地理正北方位对准;定向造成的误差在测量中是恒定的,应设法加以修正。

7.1.5 风向信号的传送和指示

传送和指示风向标所在方位的方法很多,有机械式、电接式传送、电位计式传送和光电转换几种类型。机械式比较简单,风向标转轴直接带动风向指针在方位刻度盘指示出方位值。

1. 电接式

电接式风向风速计的风向转换和指示装置即采用电接式,其由风向标、风向方位块、导电环、接触簧片等组成,有内外两环。外环为导电环,用电缆与电源负极相连。内环上有八个互相绝缘的方位块。风向指示器上有一个八灯盘,分别对应东、南、西、北、东南、东北、西北、西南八个方位,用来观测瞬时风向,其线路如图 7-6 所示。风向标上的八个方位块通过电缆分别与指示器内八个小灯泡相连接,中间各串接着一个起隔离作用的半导体二极管。当扳键开关扳向上方时,电源正极通过扳键开关与各个小灯泡的公共端接通。

风向电接簧片由风标带动,滑动片上有三个电接点,一个与导电环接触,另外两个与方位块接触,有时两个接点只能接触到一个方位块,有时可同时接触到两个方位块,这样只要打开指示器的电源开关,根据风向标所在位置,有一个或相邻两个小灯泡经过感应器的方位块接通负极,从而显示出方向。当两个灯泡被点亮时,就指示出两方位的中间方位。这样,八个方位块实现了十六个方位的分辨力。当扳键开关处于中间或下方位置时,电源正极被断开,电路不通,灯泡不亮。

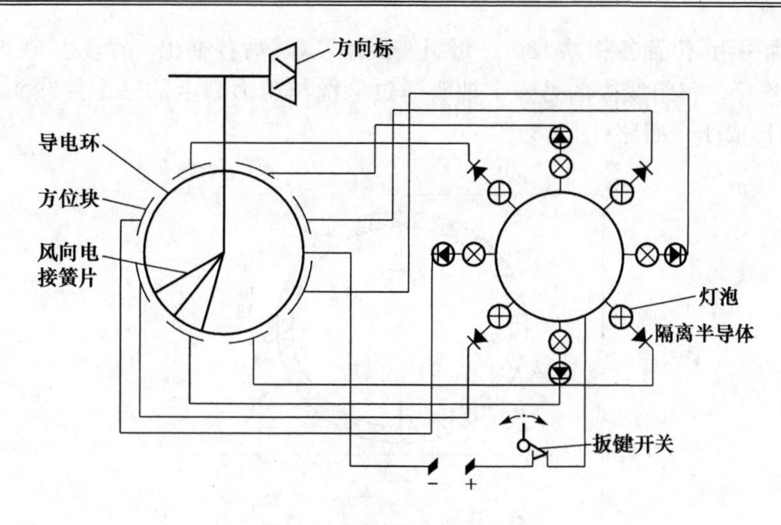

图 7-6　瞬时风向指示电路

2. 电位计式

电位计作为信号发生装置，如图 7-7 所示。这是一个特殊形式的电位计，为一封闭的环形绕线电阻。每隔 120°有一个插头，每个插头之间的电阻值相同并且是固定的。在风向发送器上有两个活动接触器，每个接触器上都有两个相同的滑动接触簧片，其中一个在内导线环或外导线环上滑动，另一个在电位计上滑动。风标带动接触器上两个接触簧片在环形电阻上滑动。当风向固定在某一方位时，接触簧片在环形电阻上的位置确定，使环形电阻上三个插头有不同的电位。

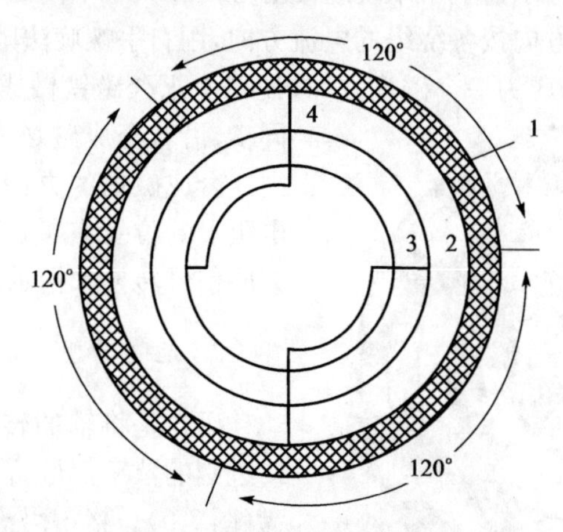

图 7-7　电位计式风向发送器

1 为环形线绕电阻；2 为外导线环；3 为内导线环；4 为活动接触器

风向指示器主要由线圈组、磁铁、方位度盘和指针组成。线圈组有六个线圈，每两个为一组，位置各相差 180°。每组线圈串联，然后各抽出一个头接在仪器，组成 Y 型连接。每组线圈的另一个抽头通过电缆与阻力圈上的三个接线头一一对应相接，形成闭合回路(图 7-8)。

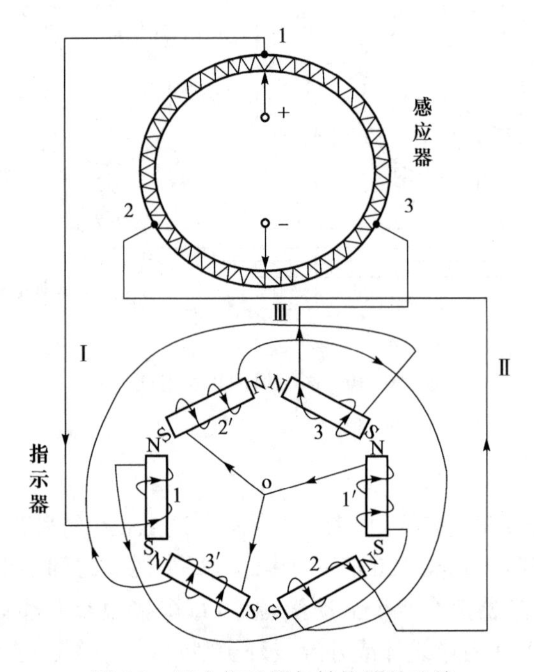

图 7-8　风向指示器与转换器的连接

当电路通路时，指示器上三个绕组便有方向和大小不同的电流通过，铁心被磁化形成磁场，磁场的方向按各绕组的电流方向，用右手螺旋法则确定。三个绕组形成的三个磁场方向合成为一个磁场方向，使得由永久磁铁做成的转子与风向变化同步，沿着合成磁场方向旋转，指示出风向。合成磁场的方向与接触簧片在环形电阻上的位置有关。这是电位计式进行方向信号转换和指示的原理。

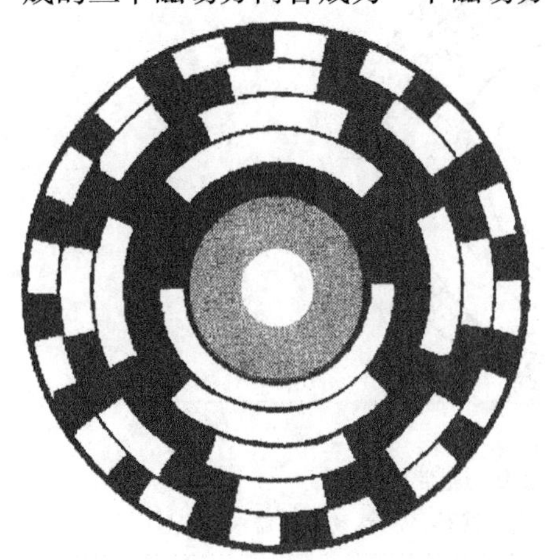

图 7-9　格雷码盘

3. 光电码盘

码盘是将轴的转角的度数变成一个二进制的数字信号，普遍使用的是格雷码盘(图 7-9)。格雷码盘由等分的同心圆组成，由内到外分别作 0、2^0、2^1、2^2、2^3、2^4、2^5、2^6、2^7、…等份，相邻两份做透光和不透光处理(图中涂黑的表示不透明，未涂黑的表示透明),通过位于码盘两侧同一半径上的光电耦合器件对输出相应的格雷码。当光通过码盘的透明部分时,光电耦合器件接收到的信号为“1”;当光通过码盘的不透明部分时,接收到的信号为“0”。通过光电转换电路,把光信号转换成电信号,输入到指示记录装置。风标转动时,带动各类码盘转动,就形成 n 位格雷码信号。每一个码表示一个风向,风向分辨力为 $360°/2^n$。

格雷码最大的优点是每进一位只有其中的一位数发生 0 与 1 之间的变化,因为即使发生误读也只能产生一位码的误差,这对保证测量风向的精度是大有好处的。格雷码盘固定在风向标的轴上,当码盘随着风向标转动时,通过光电转换线路,把光电信号转换为电信号,输入到指示、记录系统,实现格雷码与风向标角度的转换。

7.2　风速的测量

7.2.1　旋转式风速计

旋转式风速计主要有风杯型、风车型和螺旋桨型。

1. 风杯风速计

目前普遍采用的测定风速的仪器是风杯式风速计,它的感应部分是由三个或四个圆锥形或半球形的空杯组成。空心杯壳固定在互成 120°的三叉星形支架上或互成 90°的十字形支架上,杯的凹面顺着一个方向排列,整个横臂架则固定在一根垂直的旋转轴上,如图 7-10 所示。

以三杯为例阐述风杯风速计的测风原理。当风从左方吹来时,风杯 1 与风向平行,风对风杯 1 的压力在垂直于风杯轴方向上的分力近似为零。风杯 2 与风杯 3 同风向成 60°角相交,对风杯 2 而言,其凹面迎着风,承受的风压最大。风杯 3 的凸面迎风,风的绕流作用使其所受风压比风杯 2 小,由于风杯 2 和风杯 3 在垂直于风杯轴方向上的压力差,风杯开始顺时针方向旋转,风速越大,起始的压力差越大,产生的加速度越大,风杯转动就越快。当风杯开始转动后,由于风杯 2 顺着风的方向转动,受风的压力相对减小,而风杯 3 迎着风以同样的速度转动,所受风压相对增大,风压差不断减小,经过一段时间

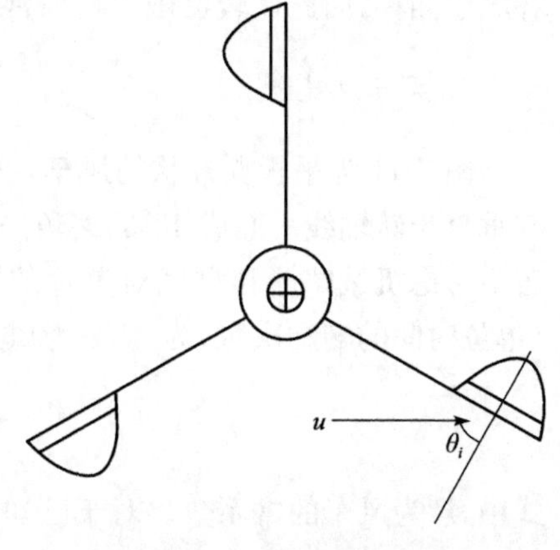

图 7-10　风杯组件的截面图

后(风速不变时),作用在三个风杯上的风压差为零,空气阻尼力矩与风压力矩平衡时,风杯就匀速转动。风杯的旋转速度与风速之间保持一定的关系,它们之间的关系为

$$V = K\omega R = 2\pi RKN \tag{7.9}$$

式中,V 为风速;K 为风杯系数;R 为横臂长即杯架的转动半径;ω 为风杯转动的角速度;N 为单位时间内风杯的转数,可以通过机械传动方法来测定。风杯系数 K 的数值与风杯的结构、机械特性、惯性以及传动装置有关,在实际工作中是由实验确定的。对于各种杯形风速计,K 值为 2.2～3.0。已知 K、N 后,由公式就可以确定风速 V。

式(7.9)中没有考虑摩擦力矩的影响。实际上由于风杯转轴有摩擦,风速转换器也存在一定的阻力,当作用于风杯上的风压扭力矩大于阻力矩时,风杯才能启动,开始启动的风速称为启动风速。阻力矩的影响是随着风速增大而减小的,即阻力矩在风速小时造成的相对误差较大。

当风速增加时转杯能迅速增加转速,以适应气流速度,但风速减小时,由于惯性影响,转速却不能立即下降。因此,旋转风速表在阵风里指示的风速一般是偏高的,称为过高效应。一般的风杯风速表由此过高效应产生的平均误差约为 10%。过高效应还会受到其他两种因素的影响:一种是垂直气流的影响,会导致水平风速测量值偏高;另一种是风向脉动的影响,风杯风速计测量的风速模量,与测量风速矢量的风速计对比,其值将明显偏高。

实验认为三杯优于四杯,一方面三杯的旋转力矩在整个回旋过程中分布比较均匀,转动比较稳定;另一方面,同样的材料和结构,单位质量所得到的旋转力矩三杯大于四杯,因此比较灵敏。目前常用的风杯风速计均是采用三杯。

2. 风车风速计

图 7-11 为平板翼片状的风车,共有 8 个翼片固定在水平转轴上。每个翼片均与垂直于转轴线平面成 45°的夹角。取风车转轴与风向平行,翼片绕水平轴旋转。若不考虑机械摩擦和空气对翼片的阻力,设翼片的迎风角为 θ,翼片的转动速度(单位时间的转动次数)为 N,v 为风速,则有

$$v = \frac{N}{B\tan\theta} \tag{7.10}$$

式中,B 为风车的常系数。对于已知的风车,B 和 θ 不变,故由 N 即可测得风速。

3. 螺旋桨式风速计

螺旋桨式风速计如图 7-12 所示,叶片有 3 片、4 片等几种。其工作原理与风车

风速计相似，对准气流的叶片系统受到风压的作用，产生一定的扭力矩使叶片系统转动。

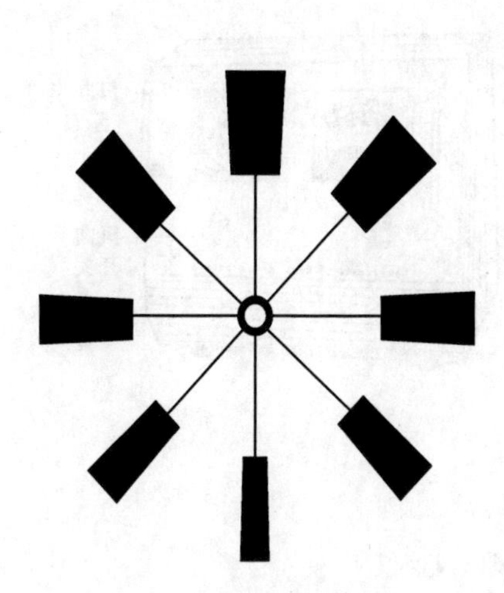

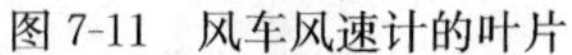

图 7-11　风车风速计的叶片

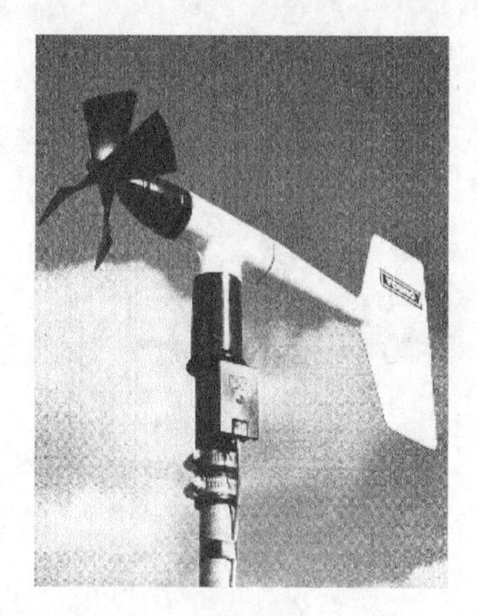

图 7-12　螺旋桨式风速计

在以下假设的情况下，螺旋桨式风速感应器的转速与外界风速成正比。这样通过测定螺旋桨的旋转次数，就可以计算出风速。

(1) 叶片是一个扁平薄板，当气流的方向与薄板平行时，叶片上不受力的作用。

(2) 不考虑机械摩擦和空气对叶片的阻力。

(3) 叶片系统旋转时，没有携带旋转气流。

(4) 叶片系统正前方的气流速度等于远处的风速。

风向标部分制成与飞机机身相似的外形，保持良好的流线型。螺旋桨式风速计的检定线的线性关系较好，特别是在持续强风情况下线性度高，故强风计往往采用这种型式。

4. 旋转式风速计风速信号的转换方式

由旋转式风速计测量的风速信号有以下几种转换方法。

(1) 电机式。风杯的转动直接带动一个小型发电机的多极磁钢转动，发电机的输出电压与风杯的转速成正比，整流后通过直流电流表进行显示。图 7-13 是电接式风向风速仪风速转换电机内部的结构。这是一个小型交流发电机，转子是一个八极磁钢，安装在风杯轴的下端，并随风杯转动而转动。定子是由上下两个圆形带齿的导磁环片和一组绕在胶木圈上的线圈组成。当风杯带动八极磁钢不断转动时，使定子线圈内的磁通按正弦规律不断变化。根据法拉第电磁感应定律，定子线圈上将产生交流感应电动势，其有效值与风杯转速成正比。通过整流滤波，直接在电流表上显示风速值。

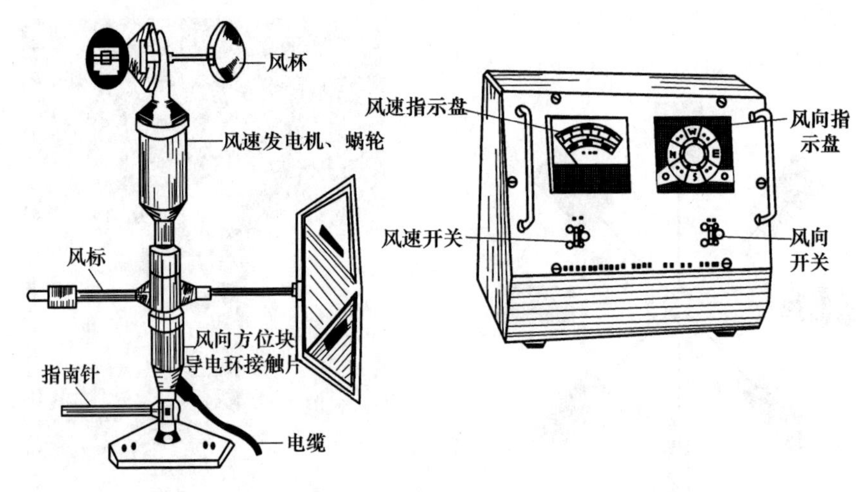

图 7-13　电接式风向风速仪

(2) 光(磁)电式。风杯旋转轴上装有一圆盘，盘上有等距的孔。孔的上方置一红外发光管，正下方有一光电接收管。风杯带动圆盘旋转时，由于孔的不连续性，形成光脉冲信号，经光电接收管接收放大后转换成电脉冲信号输出。每一个脉冲信号表示一定的风的行程。单位时间内的脉冲信号越多，风杯就转动得越快。通过对脉冲信号的计数，即可测量出风杯的转动速度。如果圆盘为磁性圆盘，通过霍尔元件进行转换，也可以产生正比于风速的脉冲信号，即构成了磁电式转换方式。

(3) 磁感应式。在风杯的转轴上安装磁铁，在两极磁铁的下方安装一个非磁性物质制成的金属圆盘，圆盘与磁铁不接触。圆盘中心轴上装有游丝和指针。风杯转动，带动磁铁转动，磁铁磁场的变化在金属圆盘上产生电涡流，涡流又产生磁场，与磁铁磁场相互作用推动金属盘转动，并带动指针转动，但在游丝的力矩作用下，只能偏转一定的角度。磁铁转动越快，则指针偏转的角度也越大，其转动的角度与风速成正比。

(4) 机械式。通过蜗杆带动蜗轮转动，即通过机械传动方式读出风速的大小。

(5) 电接式。通过齿轮传动，加上适当的电路使计数器工作，记录风速。

7.2.2　热线风速表

热线风速表是利用一根被加热的金属丝置于空气中，散热速率与周围空气的流速有关的特性来测量风速。

被加热的金属丝，它所产生的热量为

$$Q_1 = 0.24I^2R_t \tag{7.11}$$

式中，I 为流过热线的电流；R_t 为热线电阻。与此同时，在速度为 v 的气流中，一根垂直于气流的金属丝，它散失到空气中的热量为

$$Q_2 = (A + B\sqrt{v})(t - \theta) \tag{7.12}$$

式中，系数 A 代表分子的散热作用；$B\sqrt{v}$代表气流的作用。对于某一热线风速表，A、B 均为常系数，$t-\theta$ 为热线与气温的温差。当 v 足够大时，则可忽略分子散热。当热量交换达到平衡时，$Q_1=Q_2$，则有

$$0.24I^2R_t = (A + B\sqrt{v})(t - \theta) \tag{7.13}$$

从式(7.13)可知，若固定加热电流 I，即可确定 v 与 $t-\theta$ 的关系；若固定热线与空气的温差 $t-\theta$，则可确定出 v 与 I 的关系。前者称为恒流式，后者为恒温式。

热线风速表也可分为旁热式和直热式两种。热线仅作为风速的感应元件，温差用其他测温元件测量，称为旁热式热线风速表。旁热式的热线一般为锰铜丝，其电阻值随温度变化近于零，它的表面另置有测温元件。

若热线在测量风速的同时可以直接测定热线本身的温度，则称为直热式热线风速表。直线式的热线多为铂丝，其电阻值随温度升高而增大。

热线除普通的单线式外，还可以是组合的双线式或三线式，用以测量各个方向的速度分量。从热线输出的电信号，经放大、补偿和数字化后输入计算机，可提高测量精度，自动完成数据处理过程，增加测量功能，如同时完成分速度、合速度、瞬时值和时均值等参数的测量。

热线风速表探头体积小，对流场干扰小，响应快，时间常数可小至 0.01s。但其灵敏度随风速的增大而明显减小，非线性误差增大，对于大于 10m/s 以上的风速测量，准确度较低。因此，热线风速表仅适用于小风速的测量，特别是对测量 0.01～1m/s 的微风最为有利。

影响热线风速表测量准确度的因素主要有以下几点。

(1) 环境温度测量不精确，将导致风速表测量结果的变化。

(2) 热线方向与气流方向不垂直。热线交换系数会随热线与风向夹角的变化而变化。

(3) 空气密度的改变造成的误差。由于对流热交换系数与空气密度有关，实际的空气密度与仪器标定时的空气密度存在偏差，因而会导致测量结果的不准确。

7.2.3　超声波风速仪

超声波风速仪是利用超声波在空气中的传播速度与风速之间的函数关系测量风速的。超声波在实际大气中的传播速度为超声波在静止大气中的传播速度与大

气中的气流速度之和。因此，在一定距离内，超声波顺风传播与逆风传播所需要的时间有一差别，测得这个时间差，即可确定气流的速度。

静止空气中的超声波传播速度为

$$c = \sqrt{\frac{\gamma p}{\rho}} = 20.067\sqrt{T_{SV}} \tag{7.14}$$

式中，γ 为质量热容比($\gamma = c_p/c_v$)；T_{SV} 为有声绝对温度，与气温绝对温度 T 的关系为

$$T_{SV} = T\left(1 + 0.32\frac{e}{p}\right) \tag{7.15}$$

气温 20℃时，干空气中的声音传播速度是 343.5m/s。

假设气流速度 V 的三个分量为 V_x、V_y、V_z，超声波的某一相位面从坐标原点到达(x,y,z)所需要的时间为 t 时：

$$(x - V_x t)^2 + (y - V_y t)^2 + (z - V_z t)^2 = c^2 t^2 \tag{7.16}$$

设 y 与 z 为零，等相位从(0,0,0)到达点$(d,0,0)$和点$(-d,0,0)$的时间分别为 t_1 和 t_2，则

$$t_1 = \frac{d(\sqrt{c^2 - V_n^2} - V_d)}{c^2 - |V|^2} \tag{7.17}$$

$$t_2 = \frac{d(\sqrt{c^2 - V_n^2} + V_d)}{c^2 - |V|^2} \tag{7.18}$$

$$V_d = V_x, \quad V_n^2 = V_y^2 + V_z^2 \tag{7.19}$$

则

$$t_1 - t_2 = \frac{1}{A}\frac{2dV_d}{c^2}, \quad t_1 + t_2 = \frac{1}{B}\frac{2d}{c} \tag{7.20}$$

式中，$A = 1 - \frac{|V|^2}{c^2}$；$B = \frac{1 - \frac{|V|^2}{c^2}}{\sqrt{1 - \frac{V_n^2}{c^2}}}$。

一般风速下，$c \gg |V|$，且 $c \gg V_d$，订正因子 A 和 B 很接近于 1，由式(7.20)可得

$$V_d \approx \frac{c^2}{2d}(t_1 - t_2) = \frac{c^2}{2d}\Delta t \tag{7.21}$$

可见，风速与时间差成正比，测得时间差，就得到了风速。

如果把两个超声波发射元件 G_1 和 G_2、两个接收元件 R_1 和 R_2 安置成如图 7-14 所示。R_1 接收 G_1 发射的声波，R_2 接收 G_2 发射的声波，同时测出时间 t_1 和 t_2，通过适当的电子线路得到 $t_1 + t_2$ 和 $t_1 - t_2$ 的数值，通过公式就可计算出风速 V 在 x

方向的分量。同理,沿 y 轴和 z 轴各装两对发射与接收装置,测定风速 V 在 y 和 z 方向的分量。

超声波风速仪的最大优点是没有活动部件,不存在机械磨损和惯性滞后等问题。但由于实际测量时风向随机变化,必须采用矢量合成的方法。图 7-15 是目前较为常用的超声波风速仪,由成正交的两组发射器和接收器组成。超声的发射器和接收器是相同的压电晶体,可以交替发射和接收,每组都可以得到两个相反方向的信号,进而计算出不同方向上声传播的时间差,然后再计算两个成正交的风速分量,以合成风向风速。

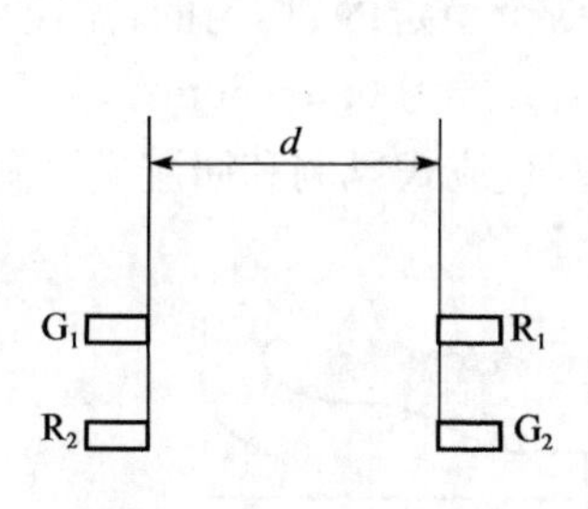

图 7-14 超声波元件

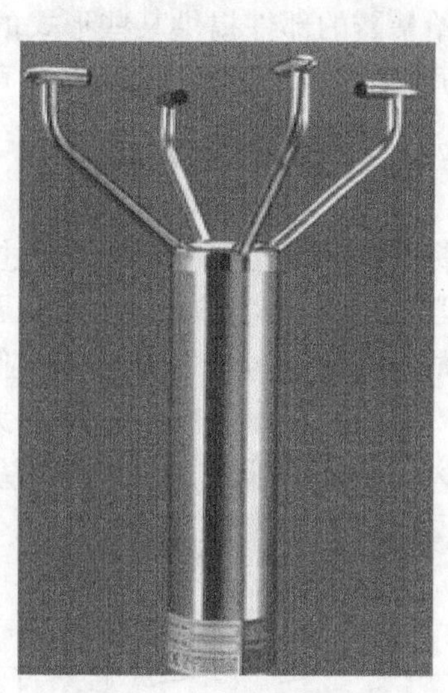

图 7-15 超声风速仪

超声测风的测量范围可以从厘米每秒量级到 30m/s 左右。一般认为在 20～30m/s 范围内由于传感器本身在风场中产生的乱流增加,测量误差较大,所以最好用在 20m/s 以下。

由于绕流的作用,迎风那一面的探头,在其背后会产生一定的尾流区域,这种现象将导致声波传播路径偏长,而使计算风速值偏低,这种效应称为"阴影效应"。阴影效应的大小取决于探头的外形以及风矢量与探头轴线(接收头与发射头中心的连线)之间的夹角,当夹角为 90°时,阴影效应为零。

7.3 测风仪器的安装与检定

7.3.1 安装

由于风比其他要素更容易受到地形的影响,所以,对测风仪器的安装,要求尽可能减小地形地物的影响,以提高记录的准确性和代表性。

根据风速随高度的变化情况以及为了观测和维护的方便,同时不受地形地物的影响,测风仪器的安装高度最好为 10～12m。测风仪器安装的地点要求尽量开阔空旷,远离障碍物,使之不受气流涡流的影响,因为建筑物、凹地、山谷等地形作用会使气流产生涡流、辐散等,使数据缺少代表性。测风仪器必须垂直安装,安装杆不能太粗,否则会改变气流的自然状况,仪器应尽量安装在杆的中间。如果需要安装在杆的中间,则应使用一定长度的横臂,以使风速仪器远离杆柱。

此外,必须采取特别的措施,使测风仪器上不会有冻雨和积冰。在某些地区,可能需要给暴露的部件提供某些形式的人工加热,例如,用恒温控制的红外辐射器,已经为个别类型的测风仪器设计了可防冻雨和积冰的防护罩。

7.3.2 校准与维护

风向标和各种风速表一般都是通过风洞进行全面有效的校准。风洞是一种进行流体力学、航空模型实验以及环境问题实验的大型设备。在这种管道系统里,动力风扇造成空气流动,并在它的实验空间造成一个稳定的、均匀的、流速可以调整的流场。专门进行风速计检定的风洞,风速范围大致为 0.5～60m/s。

按照风洞的结构,低速风洞有两种基本类型:直流式风洞和回流式风洞,图 7-16 是其示意图。

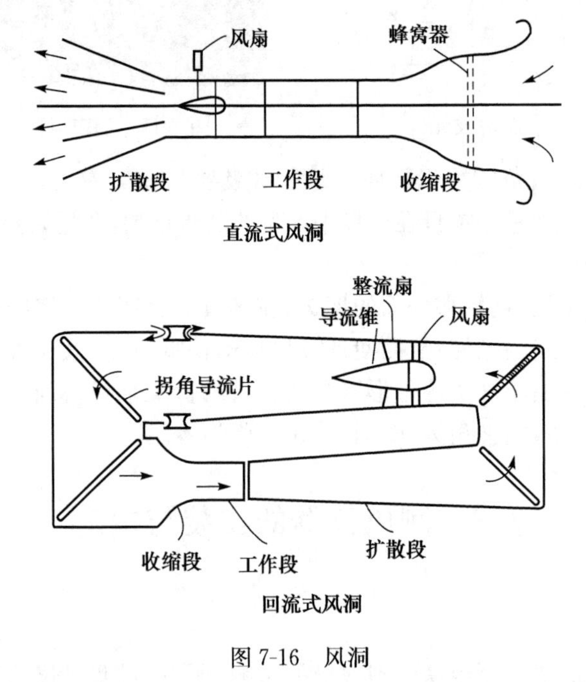

图 7-16 风洞

整个风洞的核心是工作段,其他各段的功能都是为了保障它的气流品质。

工作段:又称实验段,仪器就架设在这里,它是一个从上游到下游横截面积保持不变的管道,风速计安装在工作段之后,堵塞的面积不能超过5%,因此工作段的横截面积不能太小。截面形状有圆、椭圆、矩形和八角形。

收缩段:上游截面积较大,往下游逐渐收缩到与工作段的截面积相同。它的上游接第四拐角、蜂窝器和阻尼网,下游与工作段衔接。收缩段的外形如图7-17所示,它的曲线形状可按式(7.22)计算

$$r=\frac{r_2}{\sqrt{1-\left(1-\frac{r_2}{r_1}\right)^2\frac{\left(1-\frac{3x_2}{a^2}\right)^2}{\left(1+\frac{x^2}{a^2}\right)^3}}} \tag{7.22}$$

式中,r_1 和 r_2 分别为收缩段进、出口处的截面面积;r 为 x 处的截面半径;L 为收缩段长;$a=\sqrt{3}L$。

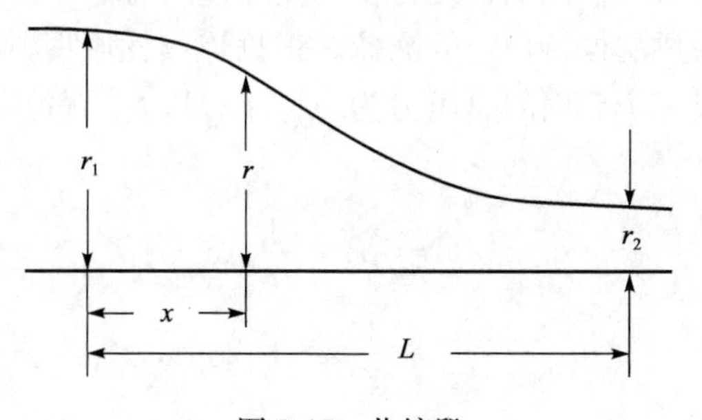

图7-17 收缩段

收缩段的作用有三个:①加速气流;②降低工作段气流的湍流度,设 σ_1 和 σ_2 分别为收缩段进、出口的湍流度,则 $\sigma_1=s\sigma_2$,s 为收缩比,即进口与出口面积的比值,一般风洞的收缩比为4～10;③在工作速度不变的情况下,收缩比大的风洞可节约动力源的能量。

扩散段:气流在风洞管道中流动时,由于摩擦引起的能量损失与风速的三次方成正比,所以气流经过工作段之后,需要逐渐加大管道直径,降低流速。扩散段是一个截面积逐渐扩大的梯形椎管道。扩散角 α 一般为4°～5°,扩散比(扩散段进、出口面积比)应为2～3。扩散段的扩散比和扩散角太大时,可采用复合管道。

回流段:只有在回流式风洞中才有,它包括了第二扩散段以及四个90°拐角,拐角内装有导流片,保证气流拐弯时流动均匀,具有运动场跑道的功能。

风扇段:是整个风洞的动力系统,包括风扇、导流锥以及整流扇,如图7-18

所示。

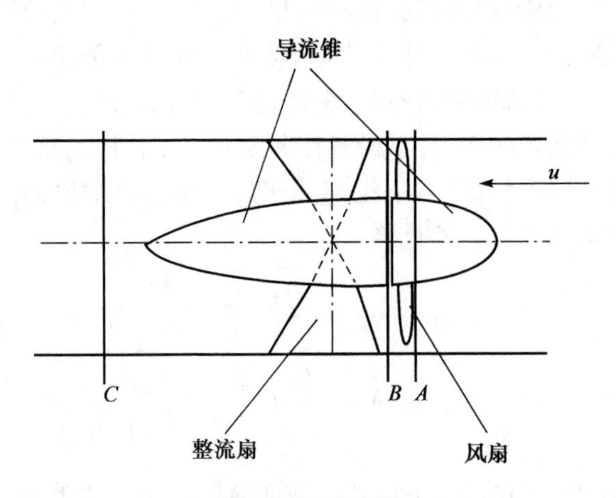

图 7-18　风扇段

风扇系统的作用是，借助电机动力在气流经过风扇扇叶后，补充气流在回流过程中消耗的能量，使风洞保持稳定的流速。根据连续性原理，在 A、B 和 C 三个截面处流速不变，假设三个截面的总压力为 p_{OA}、p_{OB} 和 p_{OC}，静压力为 p_A、p_B 和 p_C，因而

$$p_{OA} = p_A + \frac{1}{2}\rho u^2 \tag{7.23}$$

$$p_{OB} = p_B + \frac{1}{2}\rho u^2 + \frac{1}{2}\rho(\omega r)^2 \tag{7.24}$$

$$p_{OC} = p_C + \frac{1}{2}\rho u^2 \tag{7.25}$$

$$p_{OC} - p_{OA} = p_C - p_A = \text{回路的总能量损失} \tag{7.26}$$

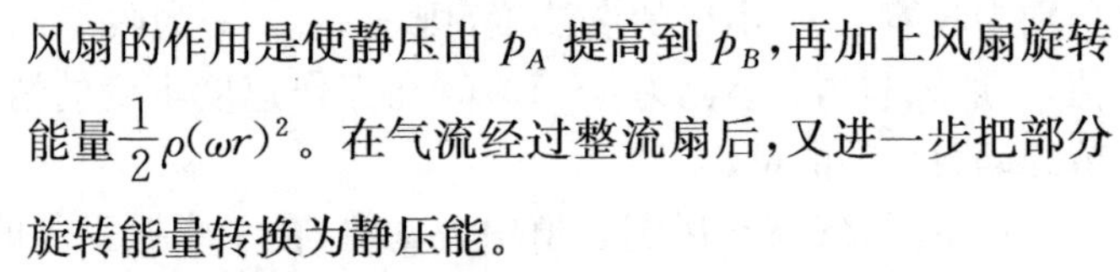

风扇的作用是使静压由 p_A 提高到 p_B，再加上风扇旋转能量$\frac{1}{2}\rho(\omega r)^2$。在气流经过整流扇后，又进一步把部分旋转能量转换为静压能。

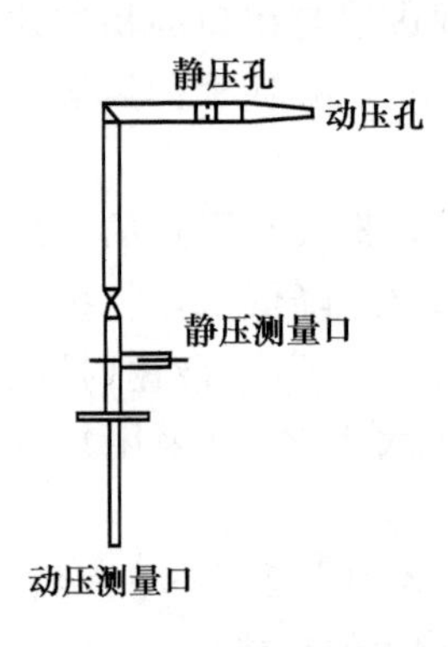

图 7-19　皮托管感应头部

导流锥的作用是改善风扇叶片根部的气流品质，使气流光滑地通过风扇段。

风洞中需要用到皮托管作为测风标准。其感应头部的构造如图 7-19 所示，由双层套管组成，内管称动压管，开口称动压口；外管称静压管，开口处的管壁上有一圈测压孔，称为静压孔。

动压口正对风的来向，管内测到的总压力 p_1 为静压力 p_s 与气流动压力$\frac{\rho u^2}{2}$之和，即

$$p_1 = p_s + \frac{\rho u^2}{2} \tag{7.27}$$

如果静压孔处的气流平行于横管，管内测到的总压力 p_2 等于静压力 p_s，否则要加上气流动压力修正$\frac{c_1 \rho u^2}{2}$

$$p_2 = p_s - \frac{c_1 \rho u^2}{2} \tag{7.28}$$

式中，c_1 为常数。动压管和静压管的出口接微压计，直接测出 p_1 和 p_2 的差值

$$\Delta p = p_1 - p_2 = \frac{1 + c_1}{2} \rho u^2 = \frac{b}{2} \rho u^2 \tag{7.29}$$

b 称为皮托管系数，一般的皮托管 $b \leqslant 1.005$。标准的皮托管外形尺寸：皮托管外径为 D，横管长等于 D 的 14 倍，静压孔位于距顶端 6～8 倍的 D 处。

在野外，风速表易受磨损，需要定时进行检查。传感器特性的变化会导致风数据质量变坏，其原因可能是自然损坏、轴承磨损或者传输过程变坏（例如，发电机的电刷磨损会造成风杯风速表或螺旋桨风速表的输出减小）等。

检查模拟迹线可以发现故障，如不正确的零位指示、摩擦引起的跳跃迹线、噪声（只能在低风速时证实）、低灵敏度（在低风速时）、记录的风变量减小或不正常等。

对仪器还应检查其自然损坏，可用拿着风杯或螺旋桨的办法来检查风速表系统的零位，可用抓住风向标停在预定位置或逐点定位的方法检查风向标的定位。测量系统电记录部分的电工和电子部件也应该定时检查，风速和风向系统的零位和量程也都应当进行检查。

7.4 风廓线雷达

风廓线雷达（wind profiler radar）又称为风廓线仪，它利用大气湍流对电磁波的散射作用，对大气风场等物理量进行测量。风廓线雷达探测技术发展于 20 世纪 60 年代后期，它具有全天候无人值守连续运行、探测资料种类多、分辨率高等探测优势。

7.4.1 风廓线雷达的分类

根据天线制式的不同，风廓线雷达可分为两大类：一类是采用相控阵天线的风

廓线雷达;另一类是采用抛物面天线的风廓线雷达。相控阵风廓线雷达体制适用于各种高度的探测,成为目前普遍采用的技术体制。因为风廓线雷达在进行气流速度测量的同时,还要对气流进行空间定位,所以需要发射脉冲电磁波并具有多普勒测速功能,因此可将风廓线雷达归类于脉冲多普勒雷达。风廓线雷达的探测对象主要是晴空大气,所以风廓线雷达也成为晴空雷达。

根据探测高度的不同,可将风廓线雷达分为边界层风廓线雷达、对流层风廓线雷达及中间层-平流层-对流层风廓线雷达(MST)。边界层风廓线雷达的探测高度一般在 3km 左右,对流层风廓线雷达的探测高度一般在 12～16km,其中探测高度在 8km 以下称为低对流层风廓线雷达,MST 雷达的探测高度可达到中间层。

根据雷达工作频率的不同,可将风廓线雷达分为甚高频(VHF)、超高频(UHF)和 L 波段三类。一般情况下,边界层风廓线雷达选用 L 波段,对流层风廓线雷达选用 UHF(P 波段),探测高度在平流层以上的风廓线雷达大致选用 VHF。

7.4.2 风廓线雷达探测原理

风廓线雷达主要以晴空大气作为探测对象,利用大气湍流对电磁波的散射作用进行大气风场等要素的探测。风廓线雷达发射的电磁波在大气传播过程中,因为大气湍流造成的折射率分布不均匀而产生散射,其中后向散射能量被风廓线雷达所接收。一方面,根据多普勒效应确定气流沿雷达波束方向的速度分量;另一方面,根据回波信号往返时间确定回波位置。由此看来,风廓线雷达是无线电测距和多普勒测速的结合。

1. 大气湍流散射

随着探测高度的不同,风廓线雷达的回波机制有所不同。在 100km 的高度范围内,风廓线雷达回波信号的产生机制主要有三种,分别是湍流散射、镜面反射和热散射。晴空大气对电磁波的散射主要是湍流散射,其主要在对流层,是因为大气湍流运动造成折射率不均匀分布而产生的散射。

根据湍流大气对电磁波的散射理论,湍流大气对雷达波的反射率为

$$\eta = 0.39 C_n^2 \lambda^{-\frac{1}{3}} \tag{7.30}$$

式中,λ 为雷达发射的电磁波波长;C_n^2 为大气折射率的结构常数。

当散射介质充满雷达脉冲体时,介质反射率与接收到的回波功率之间的关系可用下式描述。

$$P_r = 7.3\times10^{-4}C_n^2\lambda^{\frac{5}{3}}\times\frac{P_tGhL^2}{R^2} \tag{7.31}$$

式中，P_r 为接收功率；P_t 为发射功率；G 为天线增益；h 为雷达的取样长度，$h=\frac{\tau c}{2}$，τ 为雷达发射脉冲宽度；L 为雷达天馈系统损耗；R 为雷达回波所在距离。

能够形成晴空回波散射机制的一个必要条件是探测区域的湍流尺度等于 1/2 的电磁波波长。由于大气的湍流尺度随高度增加，不同探测高度的风廓线雷达要采用不同的电磁波波长。风廓线雷达通常使用电磁波频率如表 7-2 所示。

表 7-2　风廓线雷达所用发射频率与探测高度的关系

测量范围	平流层	对流层	低对流层	边界层
工作频率/MHz	50	400	400	1000
发射峰值功率/kW	500	40	2	1
工作高度范围/km	3～30	1～16	0.6～8	0.1～3

2. 天线工作方式

为了获取风廓线雷达上空三维风速信息，至少需要三个不共面的波束。因此，一些风廓线雷达，特别是抛物面天线风廓线雷达为了简化设备，一般采用三个固定指向波束。三个波束的指向一般为一个垂直指向、两个倾斜指向。倾斜波束一般分别指向正北和正东方向、倾斜波束的天顶夹角一般在 15°左右。

为了提高探测精度，相控阵风廓线雷达一般采用五个固定指向波束。如图 7-20 所示，五个波束为一个垂直波束和四个在方位上均匀分布的倾斜波束，分别指向天顶、东、南、西、北方向，倾斜波束的天顶夹角同样为 15°左右。天顶角既不能太大，也不能太小。

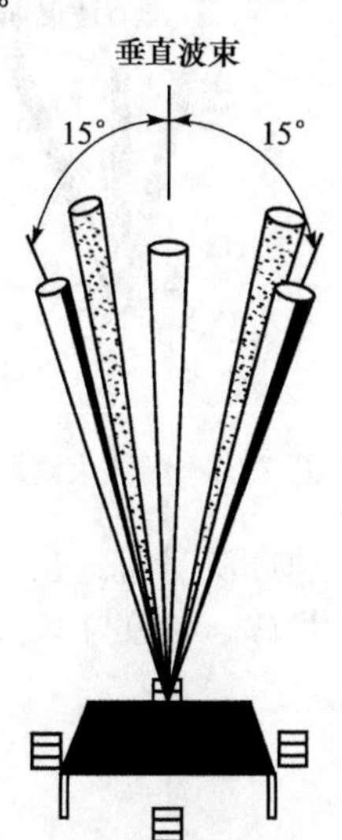

图 7-20　雷达波束指向示意图

风廓线雷达在探测时，在某一时刻只有一个波束工作，雷达仅沿该波束方向发射脉冲进行探测。完成一个波束方向的探测之后，将波束切换到下一个波束方向进行探测，直到完成所有波束方向的探测，便完成了一个探测周期，随即开始下一个周期的探测。这种探测方法可以称为单波束工作方式。

相控阵风廓线雷达既可采用单波束工作方式，也可以采用多波束工作方式，即可以近乎同时完成多个波束方向的发射或接收工作。出于降低系统复杂程度进而降低成本的考虑，只有很少的相控阵风廓线雷达采用多波束工作方式。

当风廓线雷达沿某一个波束方向探测时，首先根据信号返回的时间进行距离库的划分，由此确定回波的位置；再通过频谱分析提取每个距离库上的平均回波功率、径向速度、速度谱宽以及信噪比等气象信息。完成一个探测周期后，便获得了沿不同波束方向、不同距离库上的基础数据。

3. 风廓线雷达的测风原理

散射目标和湍流随环境平均气流运动都造成返回电磁波信号的多普勒频移。多普勒频移和径向速度之间的关系为

$$f_d = \pm \frac{2V_r}{\lambda} \tag{7.32}$$

式中，f_d 为多普勒频移；V_r 是风廓线雷达探测的径向速度；λ 为雷达波长。通过多射向的径向速度测量，在一定的条件下可估测出回波信号所在高度上的水平风向、风速。一般是在均匀风场的假设条件下，根据处在同一高度上的 3 个或 5 个径向速度值计算得到水平风。这样，自下而上，逐层计算不同高度上的水平风，就得到了一条水平风垂直廓线。垂直风速可以由垂直波束直接探测得到，也可以由倾斜波束探测的径向风计算得到。

在观测周期内，假设某给定高度上水平风场保持均匀，则可由该高度上的径向速度导出该高度上的水平风。在垂直坐标系中，将风速分解为 u、v、w 三个分量，规定垂直风向上为正。规定以雷达为坐标原点，径向速度远离雷达方向为正，朝北雷达为负。指向东的波束方向为 x 轴正方向，指向北的波束方向为 y 轴正方向，如图 7-21 所示。

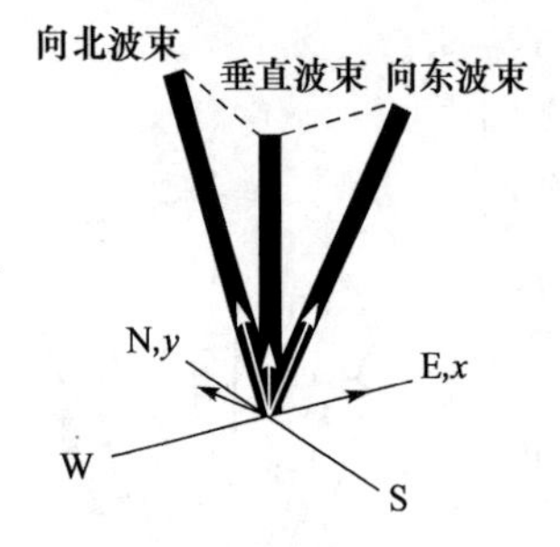

图 7-21　三波束测风示意图

(1) 三波束。

一个波束指向天顶，用于测量垂直速度，两个在方位上间隔 90°的倾斜波束，分别指向正北和正东，倾斜波束的天顶角是状态量，以 φ 表示。用 V_{rz}、V_{rx}、V_{ry} 分别表示天顶、正东和正北三个波束方向的径向速度测量值。在均匀风场的假设条件下，以下方程给出该高度上风矢量的三个分量(u、v、w)与 V_{rz}、V_{rx}、V_{ry} 的关系：

$$\begin{cases} V_{rx} = u\sin\varphi + w\cos\varphi \\ V_{ry} = v\sin\varphi + w\cos\varphi \\ V_{rz} = w \end{cases} \tag{7.33}$$

由此，解出该高度上风矢量三个分量：

$$\begin{cases} u = \dfrac{V_{rx} - V_{rz}\cos\varphi}{\sin\varphi} \\ v = \dfrac{V_{ry} - V_{rz}\cos\varphi}{\sin\varphi} \\ w = V_{rz} \end{cases} \tag{7.34}$$

(2) 五波束。

采用五波束时，同样一个波束指向天顶，用于测量垂直速度；四个倾斜波束在方位上均匀分布，天顶角是状态量，均为 φ，如西波束 V_{rw} 和东波束 V_{re}，北波束 V_{rn} 和南波束 V_{rs}。计算水平风时，先将两个相对方向的倾斜波束的径向速度进行平均：

$$\begin{cases} V_{rx} = \dfrac{V_{re} + V_{rw}}{2} \\ V_{ry} = \dfrac{V_{rn} + V_{rs}}{2} \end{cases} \tag{7.35}$$

再按三波束风廓线雷达水平风合成方法的计算方法计算。垂直速度可以由垂直波束直接测量，也可以由倾斜波束测量的径向速度计算：

$$w = \frac{V_{re} + V_{rw} + V_{rn} + V_{rs}}{4\cos\varphi} \tag{7.36}$$

对于五波束风廓线雷达，当个别波束的测量数据误差很大或缺陷时，如果能满足三波束的计算要求，可以舍弃个别波束的测量数据，按三波束进行计算。

参考文献

李伟，贺晓雷，齐久成. 2010. 气象仪器及测试技术. 北京：气象出版社.

邱金桓，陈洪滨. 2005. 大气物理与大气探测学. 北京：气象出版社.

世界气象组织. 2005. 气象仪器和观测方法指南(第六版). 世界气象组织(WMO)中国气象局监测网络司译. 北京：气象出版社.

张霭琛. 2000. 现代气象观测. 北京：北京大学出版社.

张文煜，袁九毅. 2007. 大气探测原理与方法. 北京：气象出版社.

赵柏林，张霭琛. 1987. 大气探测原理. 北京：气象出版社.

习 题

1. 简述风杯式风速计的测风原理。
2. 为什么常见的风杯式风速器均采用三杯圆锥形?
3. 风向传感器传送和指示风向的方法有哪些?
4. 风速传感器传送和指示风速的方法有哪些?
5. 简述超声风速表的测风原理。

第 8 章　日照及辐射测量

在有代表性的地域，进行大范围、长期和准确的太阳辐射与地球辐射观测，并将这样的地基检测网络同卫星的辐射观测结合起来，从而构成一个完整的系统：即地面测量为卫星提供地表订正，而空间观测完成全球范围的测量，并提供变率方面的信息。这既有助于确定全球气候及其变化的能量吸收和传输机制，也有助于更加有效和合理地了解太阳、地球表面和大气间的辐射过程、能量转换规律以及各辐射量的时空分布，研究大气成分如悬浮微粒、水汽、臭氧等的分布和变化，满足农业、建筑、工业等对太阳能技术和辐射资料的要求。

8.1　日照的测量

8.1.1　术语与定义

1. 日照时数

日照时数(sunshine duration，SD)为太阳在某地实际照射的时数。在一给定时间段，日照时数定义为太阳直接辐照度达到或超过 $120W/m^2$ 的各段时间的总和，以 h 为单位，取一位小数。日照时数也称实照时数。日照时数主要应用于表征当地气候、描述过去天气状况等。

2. 可照时数

在无任何遮蔽条件下，太阳中心从某地东方地平线出现到进入西方地平线为止，其光线照射到地面所经历的时间。可照时数由公式计算，也可从天文年历或气象常用表查出。

3. 日照百分率

日照百分率＝(日照时数/可照时数)×100％，取整数。

8.1.2　测量方法

测定日照时数的仪器称为日照计。观测日照的常用仪器有暗筒式日照计、聚焦式日照计、太阳直射辐射表和双金属片日照传感器等。通常测量日照时数的方法如表 8-1 所示。

表 8-1　测量日照时数的方法

(a) 烧痕法	原理	由聚焦直接太阳辐射(吸收太阳能的热效应),产生烧焦记录纸的阈值效应,由烧痕长度得出日照时间
	仪器类型	聚焦式日照计(康培尔-斯托克日照计)
(b) 直接辐射测量法	原理	此方法检测直接太阳辐照度通过 120W/m² 阈值(根据建议 10(CIMO-VIII))的转换。由相应的向上和向下的转换触发时间计数器,可读出日照时数
	仪器类型	配有电子或计算机化的阈值鉴别器和计时设备的直接辐射表
(c) 总辐射测量法	原理	由测量太阳总辐射和散射辐射,得出直接太阳辐照度,其他内容如(b)所述
	仪器类型	配有两台相同总辐射表、一个遮光装置以及电子或计算机化的阈值鉴别器和计时设备的直接辐射表系统
(d) 对比法	原理	在某些传感器之间进行辐射对比鉴别,这些传感器以不同的位置对着太阳,从而得到传感器输出信号的特定差值,此差值与 WMO 建议的阈值(通过与标准 SD 值比较来确定)相当。其他内容如(c)所述
	仪器类型	特别设计的具备多传感器的探测器(大部分配置光电管),并配有电子鉴别器和计时器
(e) 扫描法	原理	用连续扫描小范围天空的传感器接收的辐照度,与 WMO 建议的辐照度阈值(通过与标准 SD 值比较来确定)进行鉴别
	仪器类型	单传感器接收装置,配有特制的扫描装置(例如,旋转光阑或反射镜)和电子鉴别器及计时器

8.1.3　暗筒式日照计

1. 构造原理

仪器的构造如图 8-1 所示,主体为一金属圆筒,筒的一端密闭,一端有盖,筒的上部有一块隔光板,筒身上在隔光板两侧边缘的同一垂直面上,各有一个圆锥形进光孔,两孔前后位置错开,与圆心的夹角为 120°。筒内有一弹性压纸夹,用以固定日照纸,圆筒下部有固定螺丝,松开后,圆筒可绕支架旋转,支架下部有纬度刻度盘与指示纬度的刻度线,仪器底座上有三个等距离的孔,用以固定仪器。日照计应安置在开阔的、终年从日出到日没都能受到太阳光照射的地方。安置时底座要水平,仪器底座上有一水准器,用以调整仪器的水平。底面上要精确测定南北子午线,并划出标记,再把仪器安装在台座上,

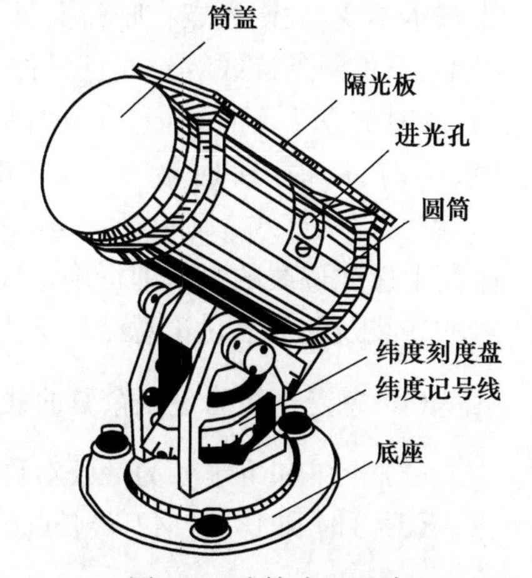

图 8-1　暗筒式日照计

筒口对准正北(在北半球),牢固地将日照计底座加以固定。然后,转动筒身,使支架上的纬度记号线对准纬度盘上当地纬度值,这样筒轴与地轴平行。

2. 测量原理

暗筒式日照计是利用太阳光透过仪器上的小孔射入筒内,在涂有感光药剂的日照纸上留下感光迹线,来计算日照时数的。

下面来介绍一下感光迹线的形状和长短。

如图 8-2 所示,通过孔 A 作一个垂直于圆筒的平面 $ATBA$。阳光 L 通过孔 A 投射到筒内 M 点,筒内光线 AM 在圆筒平面上的投影为 AT,AT 与暗筒直径 AB 的夹角为 α,AM 与圆筒平面 $ATBA$ 的夹角为 θ,于是有

在直角三角形 ATM 中

$$MT = AT\tan\theta \tag{8.1}$$

在直角三角形 ATB 中

$$AT = AB\cos\alpha = 2R\cos\alpha \tag{8.2}$$

因此得

$$MT = 2R\cos\alpha\tan\theta \tag{8.3}$$

式中,R 为暗筒半径;θ 为太阳的赤纬,一年中仅在南北赤纬 23.5°范围内变化,因此可以认为在一天中基本上不变。故一天中 MT 的长短仅随 α 角的变化而变化。

那么 α 角在一天当中是如何变化的? 其变化情况如图 8-3 所示,晴朗无云的日子,任何时刻太阳光线都会通过进光小孔进入暗筒。由于隔光板的作用,使上、下午的感光迹线以真太阳时 12 时为分界。即上午感光迹线恰好在 12 时消失,下午感光迹线则从 12 时开始记录。因时角每小时变化 15°,太阳倾角(赤纬)在一天中基本不变,太阳光点在暗筒上每一小时移动的圆周角也为 15°,故感光迹线应该是上、下午两条迹线等长而且对称,即上、下午时间线对应,如 9 时与 15 时,10 时与 14 时的 MT 等长,并且在 8 时和 16 时,$\alpha=0°$,7 时、9 时、15 时、17 时,$\alpha=15°$,6 时、10 时、14 时、18 时,$\alpha=30°$,11 时、13 时,$\alpha=45°$,12 时,$\alpha=60°$。各时的 α 已知后,就可以从算式 $MT=2R\cos\alpha\tan\theta$ 中计算出各小时 MT 的长短,于是入射光点在暗筒上感光迹线的形状即可确定,故上式称为每天的日照迹线方程,对该方程所描绘的迹线及前面的讨论总结如下。

(1) 感光迹线为一条余弦曲线的一段$\left(0\sim\frac{\pi}{3}\right)$。

(2) 上午和下午各为一条对称曲线。

(3) 8 时和 16 时 MT 最长($\cos 0°=1$)。

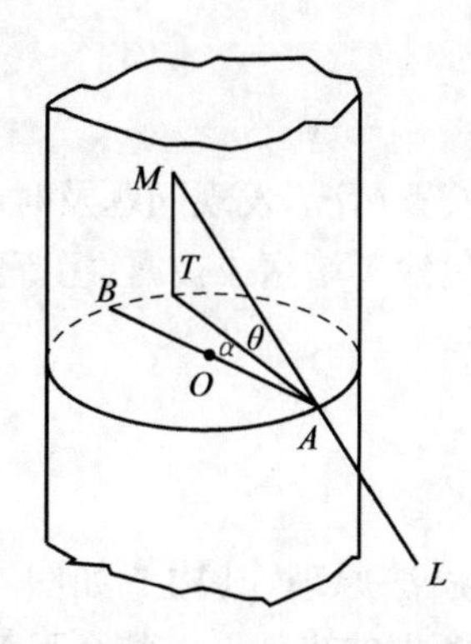

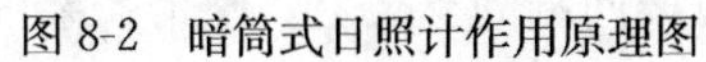
图 8-2　暗筒式日照计作用原理图

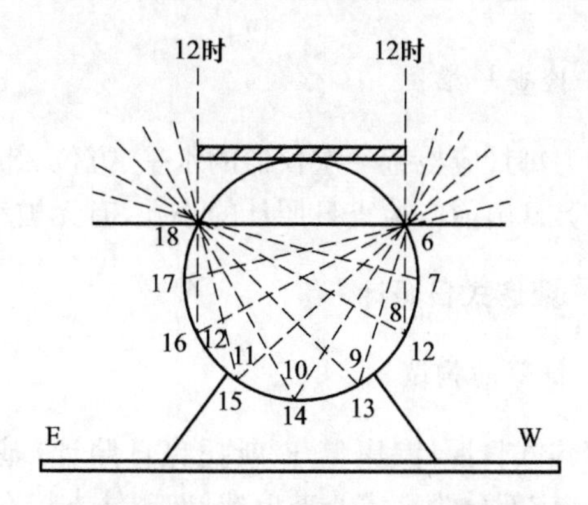

图 8-3　时角与时间的变化关系图

(4) 当春、秋分阳光直射赤道时($\theta=0, MT=0$)，则感光迹线为通过筒身横切面的一条直线。

(5) 夏半年(春分至秋分)，阳光直射北半球，感光迹线位于洞孔的切平面以南，呈凹形，即偏于水平线下方且较长。

(6) 冬半年(秋分至春分)，阳光直射南半球，感光迹线位于洞孔的切平面以北，呈凸形，即偏于水平线之上且较短。

3. 日照计的使用与涂药方法

日照纸的涂药质量，直接关系到日照记录的准确性。因此，对药品贮藏及配制、日照纸的涂刷都应特别注意。

4. 换纸与记录整理

每天在日落后换纸，即使是全日阴雨，无日照记录，也应照常换下，以备日后查考。上纸时，注意使纸上 10 时线对准筒口的白线，14 时线对准筒底的白线；纸上两圆孔对准两个进光孔，压纸夹交叉处向上，将纸压紧，盖好筒盖。如采用无压纸条的日照计，换纸时将自记纸折成 W 形，插入筒底再将自记纸展平，盖好筒盖。

换下的日照纸，应依感光迹线的长短，在其下描画铅笔线。按铅笔线计算各时的日照时数，以十分法记录，准确到一位小数，如某时 60min 都有日照，则记 1.0，6～7 时为 0.3，7～8 时为 1.0，8～9 时为 0.8 等。将各时的日照时数相加，则为全天的日照时数。然后，将日照纸放入足量的清水中浸漂 3～5min 拿出(全天无日照的纸，也应浸漂)；待阴干后，再复验感光迹线与铅笔线是否一致。使铅笔线与感光迹线等长，按铅笔线计算各时日照时数，相加得全日的日照时数。如果全天无日照，记 0.0。

5. 检查与维护

(1) 每月应检查一次仪器的水平、方位、纬度的安置情况,发现问题及时纠正。

(2) 日出前应检查日照计的小孔,有无被小虫、尘沙等堵塞或被露、霜等蒙住。

8.1.4 聚焦式日照计

1. 仪器的构造

聚焦式日照计(康培尔-斯托克日照计)基于烧痕法原理,其构造如图 8-4 所示,其感应部分为一实心玻璃球,玻璃球支持在弧架两端的支架上。整个弧架可以转动,以对准纬度。(高纬地区所用之极地型玻璃球日照计还可以使弧架左右转动,以分别接受上、下午的日照,以适应极地夏季日照时间很长的需要。)与玻璃球同心的金属槽,则是用以安放日照纸的,其半径恰好等于玻璃球的焦距。

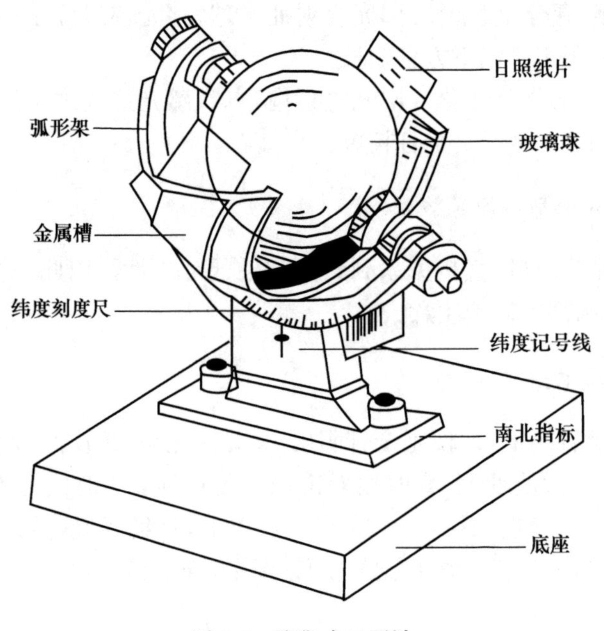

图 8-4　聚焦式日照计

由于一年中太阳位置的变动,日照计焦痕的位置也将上下变动。因此日照纸分为三种形式分别安放在金属槽中上、中、下三槽内,放纸时,12 时的时间线应与槽内中线对齐。

下槽安放夏季日照纸(长弧形),凸边向上,4 月 16 日～8 月 31 日适用。

中槽安放春秋季日照纸(直线形),3 月 1 日～4 月 15 日;9 月 1 日～10 月 15 日适用。

上槽安放冬季日照纸(短弧形),凹边向上,10月16日～次年2月底适用。

2. 原理

聚焦式日照计是利用太阳光经玻璃球聚焦后烧灼日照纸而留下的焦痕来记录日照时数的。

3. 使用

聚焦式日照计安置的地方、要求与暗筒式相同。如仪器安置正确,在晴朗无云的日子,焦痕应该与日照纸中间的横线完全平行,两端呈尖形,距12时线一样长,否则应检查仪器的安装情况。

聚焦式日照计同样在每天日落后换纸。换纸时应使上午线位于西边,12时线对准金属槽中央的白线,并用穿针将纸固定。

记录处理:根据换下的日照纸上的焦痕(不论烧灼程度如何,只要看得出是焦痕即可),计算逐时和全日的日照时数。

4. 误差来源

聚焦式日照计的误差来源主要是日照纸的温度和湿度特性及过烧效应。

5. 仪器维护

平时应注意保持玻璃球的清洁,如有灰尘可用麂皮或软布擦去,不能用粗布或麻布擦拭,以免磨损玻璃球。如果玻璃球上蒙有霜或雾凇等冻结物,应在日出前用软布蘸酒精擦除。遇有降水时,应加罩保护,降水停止后即将罩取下。

8.1.5　日照传感器

1. 直接辐射表观测日照时数

世界气象组织把太阳直接辐照度$S \geqslant 120\mathrm{W/m^2}$定为日照阈值。直接辐射表每日自动跟踪太阳输出的信号,自动测量系统把$S \geqslant 120\mathrm{W/m^2}$的时间累加起来,作为每小时的日照时数与每天日照时数,这些数据从采集器中得到。

直接辐射表观测日照时数误差的主要来源有倾斜效应、对温度的依赖性、非线性、零点漂移、直接辐射表的等级。

利用直接辐射表观测日照时数与仪器的跟踪装置是否准确关系极大。用全自动跟踪装置的直接辐射表观测的日照时数最准,可以作为日照检定标准。普通跟踪装置的直接辐射表跟踪准确度较差,必须加强维护检查,每天上、下午至少要对光点一次,才能保证观测记录的准确性。

2. 用总辐射与散射辐射计算日照时数

直接辐射表比别的辐射表多一个跟踪装置，因此，出故障的机会较多。若直接辐射表跟踪出现故障，要及时换备份仪器；当遇到两个直接辐射表都不能正常工作的特殊情况时，只能通过观测到的总辐射 E_g 和散射辐射 E_d 以及当时的太阳高度角 H_A，计算出水平面直接辐射 S_L、垂直面直接辐射 S：

$$S_L = E_g - E_d \tag{8.4}$$

$$S = S_L/\sin H_A \tag{8.5}$$

再根据计算出的直接辐射 $S \geqslant 120\text{W/m}^2$ 的时间，累加计算日照时数。这种方法只是临时性措施，不能长期使用。

3. 双金属片日照传感器

双金属片日照传感器由置于聚丙烯圆罩下，相互均匀隔开的六对双金属黑化元件构成。当照射在仪器上的直接辐射大于某预设阈值（$\geqslant 120\text{W/m}^2$）时（每台仪器的间隙和阈值设置都在仪器下部规格标示牌上注明），被照射的那对双金属片外部黑色元件受热高于内侧背光处元件，形成接触闭合。接触闭合的瞬间和持续的时间被采集器记录下来，就是有日照的记录。

当直接辐射小于预定阈值（或光线变暗），落在白色基板上的散射光反射到内部元件下侧，从而对内部温度进行补偿，这时触点断开，记录无日照。

这种仪器通过聚丙烯罩顶部的风道螺纹管端底部的网孔来通风散热。风道的外形使得在下雪时仍然能正常通风。

仪器安装的地方条件、安装要求与暗筒式日照计相同。

使用时要注意保持聚丙烯圆罩的清洁。检查仪器底部网屏和间隙中是否有堵塞物以及聚丙烯罩和通风道是否损坏。检查元件的黑色涂层是否褪色或剥落，线路是否断开或者连接处腐蚀。

仪器的校准有两种方法：一种纯技术调整，调整外部调节螺丝间隙，用隙片（厂家出厂时配备）可以轻轻地被元件对夹紧，形成间隙设定，对元件调节要在暗处进行，并保持温度在 15℃左右；另一种对阈值精确调整，利用太阳光源或室内参考光源的标准进行调整。

8.2 辐射的测量

8.2.1 概述

辐射是以电磁波形式传递能量的一种方式，到达地球表面以及地球表面发射的各种辐射通量，是整个地球和地球表面任何一个地方或大气中热量收支最重要的变量。辐射测量用于以下目的。

(1) 研究地球-大气系统中的能量转换及其随时间和空间的变化。

(2) 分析大气成分中如气溶胶、水汽、臭氧等的特性和分布。

(3) 研究入射、出射和净辐射的分布和变化。

(4) 满足生物学、医学、农业、建筑业和工业对辐射的需要。

(5) 卫星辐射测量和算法的检验。

按照辐射来源可把辐射量分为两类，即太阳辐射和地球辐射。

太阳辐射是太阳发射的能量，入射到地球大气层顶上的太阳辐射，称为地球外太阳辐射，其 97%局限在 0.29～3.0μm 光谱范围内，称为短波辐射。地球外太阳辐射的一部分穿过大气到达地球表面，而另一部分则被大气中的气体分子、气溶胶质点、云滴和云中冰晶所散射和吸收。

地球辐射是由地球表面以及大气的气体、气溶胶和云所发射的长波电磁能量，在大气中它也被部分地吸收。300K 温度下，地球辐射功率的 99.99%波长大于 3000nm，99%波长大于 5000nm。温度越低，光谱越移向较长的波长。

因为太阳辐射和地球辐射的光谱分布重叠很少，所以在测量和计算中经常把它们分别处理。气象学把这两种辐射的总和称为全辐射。

光是人眼可见的辐射。可见辐射的光谱范围，是按标准观测者对光谱光效能定义的。下限为 360～400nm，上限为 760～830nm(ICI，1987)。因此，可见辐射的 99%处于 400～730nm。波长短于 400nm 的辐射称为紫外辐射，而长于 800nm 的称为红外辐射。有时，紫外辐射的范围又分为三个亚区(IEC，1987)。

UV-A：315～400nm。

UV-B：280～315nm。

UV-C：100～280nm。

8.2.2　基本概念与单位

辐射体的温度不同，辐射波长也不同，辐射体温度越高，波长越短。

1. 辐射测量单位

(1) 辐照度 E：在单位时间内，投射到单位面积上的辐射能，即观测到的瞬时值。辐照度单位为瓦 · 米$^{-2}$(W · m^{-2})，取整数。

(2) 曝辐量 H：指一段时间(如一天)辐照度的总量或称累积量。单位为兆焦耳 · 米$^{-2}$(MJ · m^{-2})，取两位小数，1MJ＝106J＝106W · s。

2. 气象辐射量

(1) 太阳短波辐射。

① 垂直于太阳入射光的直射辐射 S:包括来自太阳面的直接辐射和太阳周围一个非常狭窄的环形天空辐射(环日辐射),可用直接辐射表测量。

② 水平面太阳直接辐射 S_L:S_L 与 S 的关系为

$$S_L = S \cdot \sin H_A = S \cdot \cos Z \tag{8.6}$$

式中,H_A 为太阳高度角;Z 为天顶距($Z=90°-H_A$)。

③ 散射辐射 $E_d\downarrow$:散射辐射是指太阳辐射经过大气散射或云的反射,从天空 2π 立体角以短波形式向下,到达地面的那部分辐射,可用总辐射表,遮住太阳直接辐射的方法测量。

④ 总辐射 $E_g\downarrow$:总辐射是指水平面上,天空 2π 立体角内所接收到的太阳直接辐射和散射辐射之和,可用总辐射表测量。

$$E_g\downarrow = S_L + E_d\downarrow \tag{8.7}$$

白天太阳被云遮蔽时,$E_g\downarrow=E_d\downarrow$,夜间 $E_g\downarrow=0$。

⑤ 短波反射辐射 $E_r\downarrow$:总辐射到达地面后被下垫面(作用层)向上反射的那部分短波辐射,可用总辐射表感应面朝下测量。

下垫面的反射本领以它的反射率 E_k 表示

$$E_k = \frac{E_r\uparrow}{E_g\downarrow} \tag{8.8}$$

(2) 太阳常数 S_0:在日地平均距离处,地球大气外界垂直于太阳光束方向上接收到的太阳辐照度,称为太阳常数,用 S_0 表示。1981 年世界气象组织推荐了太阳常数的最佳值是 $S_0=1367\pm7\text{W}\cdot\text{m}^{-2}$。

(3) 地球长波辐射。

① 大气长波辐射 $E_L\downarrow$:大气以长波形式向下发射的那部分辐射或称大气逆辐射。

② 地面长波辐射 $E_L\uparrow$:地球表面以长波形式向上发射的辐射(包括地面长波反射辐射),它与地面温度有密切联系。

(4) 全辐射:短波辐射与长波辐射之和称为全辐射,波长范围为 0.29～100μm。

(5) 净全辐射 E^*(辐射平衡):太阳与大气向下发射的全辐射和地面向上发射的全辐射之差,也称为净辐射或辐射差额,其表示式为

净全波辐射

$$E^* = E_g\downarrow + E_L\downarrow - E_r\uparrow - E_L\uparrow \tag{8.9}$$

净短波辐射

$$E_g^* = E_g \downarrow - E_r \uparrow \tag{8.10}$$

净长波辐射

$$E_l{}^* \downarrow = E_L \downarrow - E_L \uparrow \tag{8.11}$$

以上各种辐射如图 8-5 所示。

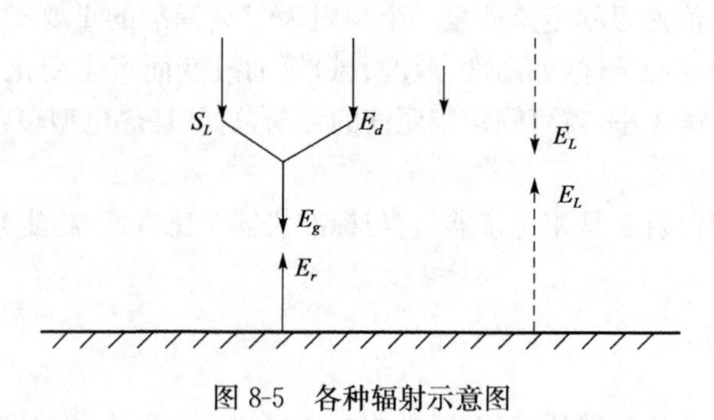

图 8-5　各种辐射示意图

8.2.3　辐射传感器

我国辐射观测站的观测项目有总辐射、散射辐射、直接辐射、反射辐射和净全辐射等。使用的辐射传感器一般都为热电型，传感器由感应面与热电堆组成(图 8-6)。感应面是薄金属片，涂上吸收率高、光谱响应好的无光黑漆，紧贴在感应面下部是热电堆，它与感应面应保持绝缘，热电堆工作端位于感应面下端，参考端(冷端)位于隐蔽处。为了增大仪器的灵敏度，热电堆由康铜丝绕在骨架上，其中一半镀铜，形成几十对串联的热电偶。

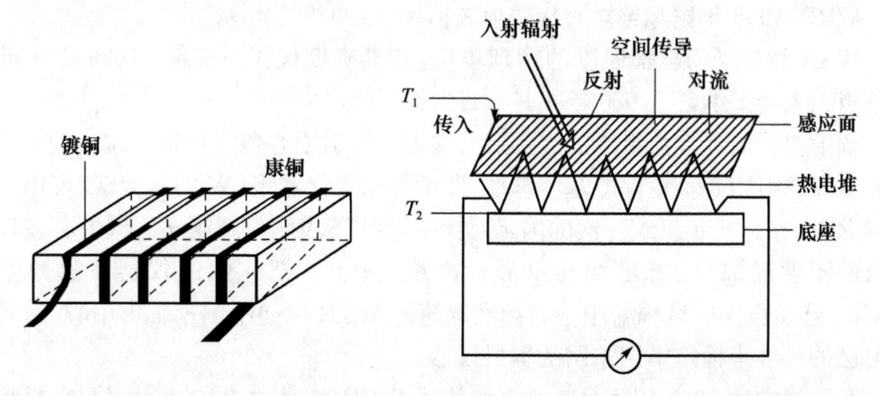

图 8-6　绕线型热电堆示意图及热电型辐射表测量原理示意图

当辐射表对准辐射源(如太阳)，感应面黑体吸收辐射能而增热时，使下部的热电堆两端形成温度差，热电堆产生电动势。辐照度 E 越强，热电堆两端的温差就越大，输出的电动势 V 也就越大，它们之间的关系基本是线性的：

$$V = KE \tag{8.12}$$

式中，$K=V/E$，K 称仪器的灵敏度，单位为 $\mu V \cdot W^{-1} \cdot m^2$，取两位小数。辐射仪器灵敏度定义为仪器达到稳态后，输出量与输入量之比，也就是单位辐照度产生的电压微伏数。K 值是否稳定是衡量一个辐射表等级标准的重要指标。此外，灵敏度还随辐照度和环境条件（如温度、湿度、风）等的改变而产生变化。若已知 K、测量辐射表输出电压大小，就可确定辐照度的强弱，这就是热电型辐射传感器的基本原理。

通常热电型辐射表是相对仪器，它与标准仪器对比观测（检定）后，才能求出仪器的灵敏度 K。

8.2.4 辐射基准

由于不同类型传感器的可靠性、准确度和精密度有很大的差别，对于单个的传感器来讲，准确度和精密度在实际使用中或使用前应由有经验的实验人员加以确定。传感器的标定曾用过多种辐射基准或标尺，如 1905 年的埃斯屈朗标尺，1913 年的史密森标尺，1956 年的国际绝对直接辐射表标尺（IPS）。近年来，绝对辐射测量技术的发展大大改进了辐射测量的准确度。用 10 种不同类型的 15 台绝对直接辐射表多次比较的结果，确定了世界辐射测量基准（WRR）。通过使用以下系数，可以把旧标尺转换成世界辐射测量基准。

WRR/1905 年埃斯屈朗标尺＝1.026。

WRR/1913 年史密森标尺＝0.977。

WRR/1956 年国际绝对直接辐射表标尺＝1.022。

WRR 被接受为全辐照度的物理单位，其准确度优于 0.3%。1979 年由世界气象组织大会采纳，于 1980 年 7 月 1 日启用。

辐射仪器的校准由世界的、区域的、国家的辐射中心负责进行。位于瑞士达沃斯的世界辐射中心负责保存基本基准，即世界标准仪器组（WSG），WSG 可用于建立 WRR。在每 5 年组织一次的国际对比中，区域辐射中心（亚洲区域中心在日本东京和印度浦那）的标准要与世界标准组对比，并把它们的仪器系数调整到 WRR。然后再用区域辐射中心的标准定期把 WRR 传递给国家辐射中心，后者再用自己的标准来检定本国站网的辐射仪器。

我国规定从 1981 年 1 月 1 日开始使用 WRR，在此之前的辐射观测资料转换成 WRR，必须乘以系数 1.022。我国辐射测量标准器由国家气象计量站负责保存和维持，并按 WRR 进行传递，每两年对辐射站网的仪器进行一次检定。

8.2.5 直接辐射的测定

测定直接辐射使用的是直接辐射表，或称直接日射强度表。它又分为绝对日射表和相对日射表。绝对日射表可以直接得到以 W/m^2 为单位的日射强度值，而相对日射表则需要通过换算系数将所测得电参量换算成日射强度值，一般要通过与绝对日射表进行比较、检定，才能给出具体数值。

日射表测定的应该是直接来自日盘的短波辐射，但是进行日射观测时，仪器可测定的除直接来自日盘的短波辐射以外，还有一部分来自太阳周围半径 2.5°天空范围内的散射，称为环日辐射，太阳的张角约为 0.5°，如果用一个圆筒将大于 0.5°张角的散射辐射挡住，这时仪器的露光孔就很难对准太阳，观测起来也很不方便。为此，把太阳直接辐射定义为太阳日盘的直接辐射与太阳周围（半径不大于 2.5°）的天空散射辐射（即环日辐射）之和。测量时，将直接日射辐射表接收表面安置在垂直于太阳的方向，通过视窗测量从太阳和环日天空发出的辐射。直接辐射表支架的结构必须能做到迅速而平稳地调整方位角和高度角，通常有一个瞄准装置，当接收表面垂直于太阳直射光束时，瞄准装置中有一小光点落在目标靶中心。当进行连续不断的测量时应当使用自动跟踪太阳装置。

1. 绝对日射强度表

埃斯川姆（Angstrom）补偿式绝对日射表的原理如图 8-7 所示。感应器是两块并排放置的相同的长 18mm，宽 2mm，厚 0.02mm 的镀铂锰铜片 B 和 C，薄片固定在硬橡胶底座上。锰铜片朝向太阳的一面均匀覆盖着一层 0.01mm 厚的烛烟或无光泽黑漆，在锰铜片的背面焊有连接电偶的接点，用来测定两块锰铜片的温差。

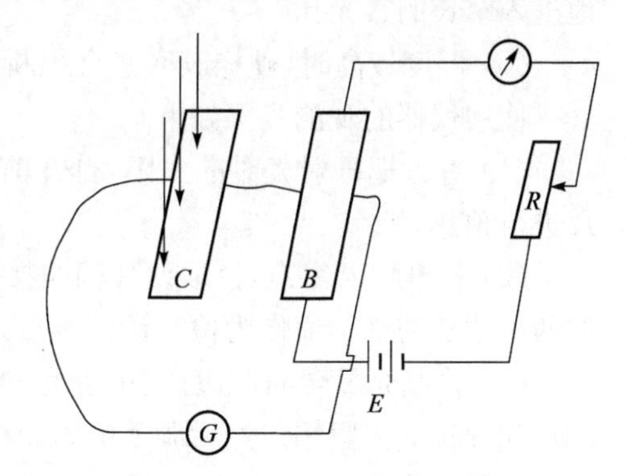

图 8-7　绝对日射表测量原理

当锰铜片接受太阳辐射时，单位时间内它所吸收的热量为

$$Q = IS\sigma \tag{8.13}$$

式中，I 是感应器的日射强度；S 为锰铜片面积；σ 是薄片黑色表面的吸收系数。

实际操作时，只将其中一块锰铜片暴露在太阳辐射下，另一块用遮光屏遮蔽起来，并同时接通被遮蔽锰铜片的加热补偿电路。调整变阻器 R 改变通过被遮蔽片的电流 i，最终使左、右两块锰铜片的温度相等，即热电偶的输出为零。这时热电偶电路中的电流表指针保持为零。此时被遮蔽锰铜片由于电流加热单位时间内得

到的热量为

$$Q' = 0.24i^2R \tag{8.14}$$

由于两块锰铜片的散热条件相同，在两者温度相同的情况下

$$Q = Q' \tag{8.15}$$

即

$$IS\sigma = 0.24i^2R \tag{8.16}$$

所以辐射强度

$$I = \frac{0.24i^2R}{S\sigma} = Ki^2 \tag{8.17}$$

式中，K 为仪器常数。其中所包含的物理因子 R、S、σ，皆可在实验室内确定，且不随温度变化，所以它是一种绝对仪器，是一种二级标准仪器。

使用埃斯川姆日射表应注意下列几点。

(1) 日射表的防风作用不良，不能在大风时使用。

(2) 受太阳辐射的那块锰铜片热量由外向内传递，被电流加热的一片则是由内向外传递热量，两者温度梯度的方向相反，引起的误差约为 0.5%。

(3) 黑色表面由于潮湿会出现蚀孔，将改变仪器常数，应在保管时加以防范。

(4) 仪器的露光孔为矩形，视角纵向为 10°～16°，横向近似约 4°，光阑坡度角纵向为 0.7°～1.0°，横向为 1.2°～1.6°。当太阳高度低于 20°时，地面反射将部分地进入窄长的露光孔。

(5) 温度较高时，硬橡胶底座会拉断锰铜片。

使用仪器的观测步骤如下。

(1) 首先把日射表对准太阳，打开前盖，使遮光屏居于中间位置，对两片感应片进行预热。

(2) 校准仪器零点，读取两片同时接受太阳辐射和同时遮蔽时检流计的读数，取两种读数的平均值作为检流计的零点。

(3) 将遮光屏转向右边，左边透光，此时右边的锰铜片正好接通热电流，左边的锰铜片接受太阳辐射然后调整电阻使检流计处于零点，读下加热电流的数值(也就是补偿电流)。

(4) 为了避免两块锰铜片不对称的影响，必须将遮光屏转换到另一边。即使右边透光，左边遮蔽，重复前面的步骤，读取补偿电流。

(5) 最后将遮光屏转回右边，使左边透光，重复前面的步骤，读取补偿电流。

(6) 用前面读取的三次补偿电流值的平均值，作为辐射强度的平均值。

一般情况下，绝对日射表只用来标定相对日射表，因此除非天气条件合适，晴朗无风以及能见状况良好，否则是不轻易用的。

2. 相对日射强度表

沙维诺夫-扬尼雪夫斯基相对日射表由感应部分、进光筒和底座三部分组成。

感应部分是一块熏黑的薄银片，片的背后贴有热电偶堆，排列成环形锯齿状，由锰铜康铜片串联而成，热接点固定在银盘背面，冷接点贴附在铜环的口边上，以维持与仪器处在相同的热状态。热电偶的两端用导线引出筒外，接到电流表上，感应部分外遮有镀铬的防护罩，进光筒长 116mm，直径 20mm。张角为 10°，内有六层光阑。进光筒前沿有一个小孔，对准太阳时，光点恰好落在后面屏蔽的黑点上。

整个进光筒固定在底座上，其上装有定位器。它一方面可调整进光筒轴与地平面的交角，对准当地的纬度，另一方面还可调整进光筒对准太阳。

观测时先把导线与电流计接通，对准太阳光读出仪器遮蔽时的电流计读数 N_0；再打开遮光筒的盖子，使太阳辐射投射到感应面上，读出电流计读数 N，则太阳直接辐射强度为

$$I = K[(N + \Delta N) - (N_0 + \Delta N_0)] \tag{8.18}$$

式中，ΔN 和 ΔN_0 分别为电流计在 N 和 N_0 刻度上的订正值。

相对日射表的仪器常数 K 是通过与绝对日射表平行对比得到的。

3. 气象站用直接辐射表

直接辐射表由进光筒、感应件、跟踪架(赤道架)及附件组成(图 8-8)。

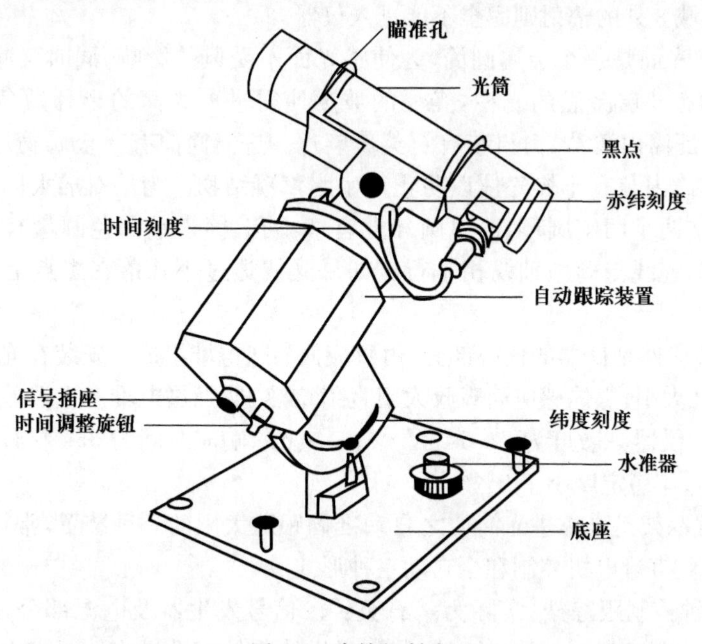

图 8-8　直接辐射表

(1) 进光筒的孔径角。直接辐射表孔径大小由半开敞角 α 和斜角 β 来定义(图 8-9)：

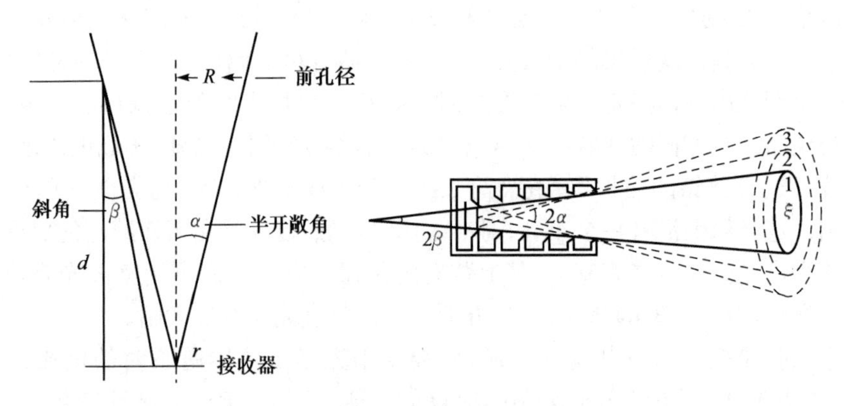

图 8-9　进光筒示意图

$$\alpha = \arctan(R/d) \tag{8.19}$$

$$\beta = \arctan[(R-r)/d] \tag{8.20}$$

式中，R 为进光前孔半径；r 为接收器半径；d 为前孔到接收器的距离。

β 角内的天空区域 1 的辐射能照射到全部感应面上；来自区域 2 和区域 3 的辐射，只能照射到部分感应面上，它们交界处圆周上的辐射正好只能照射感应面积的一半；区域 3 外的辐射则完全不能进入仪器。

(2) 进光筒是一个金属圆筒，为使感光面不受风的影响，同时又减少管壁的反射，筒内有几层涂黑的光栏，光栏的坡度使得进入光筒的半开敞角为 2.5°～5.5°，为保证筒内清洁，筒口装有石英玻璃片。进光筒前有一金属箍用来安放各种滤光片，筒内装有干燥气体以防止产生水汽凝结物。为了对准太阳，进光筒两端分别固定两个固定圆环，筒口圆环上有一小孔，筒末端白色圆盘有一黑点，小孔和黑点的连线与筒中轴线相平行。如果光线透过小孔落在黑点上，说明进光筒已对准太阳。

(3) 感应件是仪器的核心部分，由感应面与热电堆组成。安装在光筒的后部。当光筒对准太阳，黑体感应面吸收太阳直射增热，使得热电堆产生温差电动势，由导线输出。仪器灵敏度为 7～14μV · W^{-1} · m^2，响应时间为 35s 左右(响应稳态度 99%时)，年稳定度小于 2%。

(4) 跟踪架是支撑进光筒使之自动准确跟踪太阳的一种装置，常用的跟踪架有时钟控制、直流电机控制和全自动三种形式。

① 时钟控制跟踪架：实际为一石英钟。信号发生器及电源部分一般安在室内，用导线与跟踪架上的钟机连接，钟机操纵输出轴带动进光筒跟踪太阳，跟踪精

度为±1°/日(相当4min/日)。

这种跟踪架由于每天不停地转动,使得进光筒上两根输出线容易缠绕,发现缠线后,应在不观测时(日落后),松开进光筒的固定螺旋,向相反方向转动,直至导线完全放松为止,再拧紧固定螺旋。

② 直流电机控制跟踪架:单片计算机和电源部分用导线与跟踪架上的直流电机相连接,单片机控制电机驱动进光筒跟踪太阳,每日准确转动一圈,跟踪精度为±1°/日。

以上两种跟踪架也称赤道架。

③ 全自动跟踪架:它由机械主体、控制箱与电缆线等构成。机械主体安在室外,由准光筒、固定直射表用的架子、电机、转动轴、底座等组成。该仪器以单片计算机为控制核心,采用传感器定位和太阳运行轨迹定位两种自行切换的跟踪方式,弥补了赤道架跟踪的缺点,具有全自动、全天候、跟踪精度高(±0.25°)、不绕线等特点,是辐射仪器的主要跟踪装置。

跟踪的原理是利用单片计算机的软件(每天日出至日落每一时刻的太阳高度角与方位角参数)控制电机转动,驱动准光筒跟踪太阳。此外,准光筒内均匀安装有四个光敏传感器,当准光筒跟踪太阳稍有偏差时,筒内的四个传感器接收到阳光信号就不相同,从而驱动准光筒自动瞄准太阳。使得装在架子上的直接辐射表进光筒准确对准太阳。这种装置可带动多台直接辐射表,以及散射辐射表上的遮光板跟踪太阳。

机械主体安在牢固的台架上,调好水平、方位后将底座固定。用时角、赤纬、传感器三根电缆将机械主体与室内的控制箱连接。调整控制箱内参数:时间(年、月、日、时、分、秒)和经纬度与本站的实际时间、经纬度相一致。调整后,一般不再需要人工干预。接通电源后,由计算机控制可以自动搜索太阳位置,并自动选择合理跟踪方式,对太阳进行全自动跟踪。日落6min后装置自动返回初始位置。下一日出前6min仪器将自动运行到适当位置,开始新的跟踪过程。

(5) 附件:包括仪器底座(刻有南北方位线)、水准器与调整螺旋、进光筒帽盖与外罩等。

4. 太阳直接辐射的分光谱测量

太阳直接辐射的分光谱测量主要用来确定气溶胶的光学厚度和大气浑浊度,在农业、生物、医疗卫生方面有着广泛的用途。

气溶胶光学厚度或大气浑浊度表示总的消光,即对于等于单位光学大气质量的大气柱来说,就是半径范围为0.1～10μm气溶胶的散射和吸收作用。但是,并非只有颗粒物质才是影响因子,大气中的其他成分,如空气分子(瑞利散射体)、臭氧、水汽、二氧化碳等,对于光束的总消光也有贡献。大多数光学厚度测量是为了能较好地了解大气中的气溶胶含量，而其他成分如水汽等的光学厚度测量，只能通过选择适当的波段进行测量才可以得到。

分光谱测量一般进行宽波段直接辐射测量和太阳光度测量(其中使用窄带滤光片)两种类型。

(1) 宽波段直接辐射测量：宽波段直接辐射测量是在直接辐射表的露光孔的开口处加上宽波段的玻璃滤光片，用来选择所关注的光谱带。常用滤光片的特性数据如表 8-2 所示。

表 8-2 滤光片的特性指标

肖特(Schott)型号	标准的 50%截止波长/nm		平均透过率(3mm 厚)	短波截止的温度系数/(nm/K)
	短波	长波		
OG530	526±2	2900	0.92	0.12
RG630	630±2	2900	0.92	0.17
RG700	702±2	2900	0.92	0.18

滤光片的截止波长有一定的温度系数，而各块滤光片的透过率又有所差别，因此对具体每一块滤光片所测的数据都需要进行订正。理想滤光片是指在截止波长内滤光片的透过率为 1，在截止波长外透过率则为 0 的滤光片。订正时的因子称为滤光片因子，定义为理想滤光片的太阳辐射通量密度与实际滤光片测量的太阳辐射通量密度的比值，如下所示：

$$\rho = \frac{\int_{\lambda_2}^{\lambda_1} S_0(\lambda)\tau_A(\lambda)\mathrm{d}\lambda}{\int_0^{\infty} \tau_f(\lambda)S_0(\lambda)\tau_A(\lambda)\mathrm{d}\lambda} \tag{8.21}$$

式中，$S_0(\lambda)$为大气上界太阳辐射通量密度随波长的分布；$\tau_A(\lambda)$为波长在 λ 处太阳辐射在大气中的透过率；$\tau_f(\lambda)$为波长在 λ 处滤光片的透过率；λ_2 和 λ_1 分别为表 8.2中滤光片的短波和长波的截止波长。

滤光片因子可以通过与标准滤光片的对比得到。但是，由于难以精确确定太阳辐射在大气上界的光谱分布、大气透过率与气象条件的关系以及各块滤光片透过率的谱分布相互不一致等原因，不太可能精确地确定滤光片因子，从而影响了太阳直接辐射分波段测量的精度。

从宽带数据计算气溶胶光学厚度是比较复杂的。

(2) 太阳光度计：太阳光度计由一窄带干涉滤光片和一个用硅光二极管制作的光电检测器组成。仪器的全视场角是 2.5°，倾斜角为 1°。

用太阳光度计数据计算气溶胶光学厚度，必须知道本站气压、温度和测量时间。计算式如下：

$$\delta_a(\lambda) = \frac{In\left[\frac{J_0(\lambda)}{J(\lambda)R^2}\right] - \frac{P}{P_0}\delta_R(\lambda)m_R - \delta_{O_3}(\lambda)m_{O_3}}{m_a} \tag{8.22}$$

式中，$J(\lambda)$是仪器读数(V)；$J_0(\lambda)$是对应于 $S_0(\lambda)$假设的读数；R 是日-地距离；P 是大气压；P_0 是标准大气压。该式右端分子部分的第二项、第三项分别为瑞利、臭氧对消光的贡献。

对所有太阳光度计的波长，必须考虑瑞利消光；在波长小于 340nm 以及在整个查普斯(Chapuis)带中必须考虑臭氧的光学厚度；在波长小于 650nm 时，必须考虑二氧化氮的光学厚度，并可忽略水汽的吸收。

CE318 自动跟踪太阳光度计是由法国 CIMEL 公司研制生产的野外观测太阳和天空辐射的测量仪器，具有易携带安装、自动瞄准、太阳能供电、可自动传输数据等特点。主要用于测量太阳和天空在可见光和近红外的不同波段、不同方向、不同时间的辐射亮度。

光度计由物镜、滤光片、光电接收器和显示器组成。其原理简单来说就是光线由物镜进入，滤光片只让一定波长的光通过，这些光经过光电接收器转换为电信号输出到达显示器。

当光度计架设在空间(x,y,z)点，指向天空(θ,φ)方向(θ 天顶角，φ 方位角)，经过定标的光度计显示的读数就是在(x,y,z)点、时刻 t、由(θ,φ)方向射来的、通过 $\mathrm{d}A$ 面积和立体角 $\mathrm{d}\Omega$、在波长 $\mathrm{d}\lambda$ 范围内的辐射功率 $\mathrm{d}\Phi$。得到辐射亮度 L

$$L = L(x,y,z,\theta,\varphi,\lambda,t) = \frac{\mathrm{d}\Phi}{\mathrm{d}A \cdot \mathrm{d}\Omega \cdot \mathrm{d}\lambda} \tag{8.23}$$

光度计 CE318 的光学探头带有两个物镜：两支物镜头部孔径相同，为光学窗口提供相同的 1.2°视场角。天空辐射物镜的底部孔径是太阳直接辐射底部孔径的 10 倍，为两支物镜提供不同的入射量，用于天空辐射测量的入射孔带有聚光透镜。滤光片轮装有八片窄波段滤光片。光电接收器选用硅探测器，其自动瞄准步进马达系统具有方位和高度角两个，由时间方程来控制对太阳的初步跟踪，再用光学头上的四象限探测器系统作精密跟踪，精度可达 0.1°。控制系统集成在一控制箱内，包括控制盒、电池块和太阳能电池板。控制盒内装有 2 个微处理器，分别用于数据获取和步进马达系统的控制。电池块由 2 节 6V 电池串联构成系统供电主体。太阳能电池板提供日常电池块充电能源。此外控制箱附设的湿度传感器可以在有降水时使光度计达到停机状态，以保护仪器的光学系统。

CE318 不仅能自动跟踪太阳作太阳直接辐射测量，而且可以进行太阳高度角天空扫描、太阳平面扫描和极化通道天空扫描。

在可见近红外区设有八个观测通道，滤光片中心波长分别为 440nm、670nm、870nm、936nm 和 1020nm，半波宽度为 10nm，见表 8-3。其中 936nm 波段位于强水汽吸收带，其余的波段都位于大气窗区，870p1、870p2、870p3 是中心波长位于 870nm 的三个偏振波段，其他波段 1020nm、870nm、670nm 和 440nm 用来进行气溶胶光学厚度的测量。对于不同的波段，气溶胶的消光特性有很大的不同，大气气溶胶光学厚度随波长的变化很明显，并且大气气溶胶物理化学特征的不同也会引起气溶胶光学厚度在不同波长上的变化。

表 8-3　CE318 波段配置列表

CE318 波段配置	1	2	3	4	5	6	7	8
中心波长/nm	1020	870p1	670	440	870p2	870	936	870p3

5. 大气浑浊度指标 T_G 观测与计算

全波段浑浊度指标 T_G 是指总的浑浊度系数（总的光学厚度）δ 与理想浑浊度系数（干洁大气光学厚度）δ_{mol}之比：

$$T_G = \frac{\delta}{\delta_{mol}} \tag{8.24}$$

根据全波段太阳辐射在大气中的衰减定律：

$$S = S_0 e^{-\delta m P_h / P_s} \tag{8.25}$$

式中，S 是地面上观测到垂直于太阳的直接辐射；S_0 为太阳常数；P_h 为本站气压；P_s＝1013.25hPa 标准气压；m 为相对大气质量（考虑地球形状与折射情况）。

$$m = \frac{1}{\sin H_A + 0.15(H_A + 3.3885)^{1.253}} \tag{8.26}$$

式中，H_A 为太阳高度角。

$$T_G = \frac{1}{-P_h/P_s m \delta_{mol} \log e} \log \frac{S}{S_0} \tag{8.27}$$

式中，δ_{mol}为本站气压 P_h 与相对大气质量 m 的函数。

当 $m \cdot P_h/P_s \leqslant 3.3$ 时

$$\delta_{mol} = 0.1005 - (mP_h/P_s - 0.5) \times 0.0074 \tag{8.28}$$

当 $m \cdot P_h/P_s > 3.3$ 时

$$\delta_{mol} = 0.0798 - (mP_h/P_s - 3.3) \times 0.0047 \tag{8.29}$$

浑浊度指标 T_G 的大小，取决于地面上观测到的太阳直射辐射 S、本站气压 P_h 与太阳高度角 H_A，其中 S 是最主要的。因此观测到无云时的太阳直接辐射越大，则 T_G 越小，表示大气越透明；反之，观测到 S 越小，则 T_G 越大，表示大气越浑浊。

进行太阳直接辐射观测的气象站(一级辐射站),在每日地平时 9 时、12 时、15 时(±30min 内),若太阳面无云,要进行大气浑浊度 T_G 的观测。观测时对计算机进行人工干预,输入有关数据,计算机则会计算并打印出观测时的 T_G 值。

8.2.6　总辐射和散射辐射的测定

总辐射是辐射观测最基本的项目,通常使用总辐射表来测定太阳和天空投射到水平面上的总辐射和散射辐射。

1. 扬尼雪夫斯基辐射表

总辐射表的感应部分是热电堆,按其冷接点的情况,可分为黑白型和全黑型。黑白型的冷接点位于白色涂料之下,全黑型的冷接点藏在仪器体内。

扬尼雪夫斯基辐射表就是一种黑白型的总辐射表。其构造组成:玻璃半圆罩可以借助于底脚的调整使感应面保持水平,整个仪器的感应面是由黑、白片组成相间的方格,并保持黑片与白片的面积相等。挡板是在观测散射辐射时,用来遮挡太阳直接辐射的,放下挡板的支架时,感应面所接受的则是总辐射。

这种总辐射表的感应原理是利用黑片和白片吸收率有较大的差别,测定黑片与白片之间的温差,再换算成辐射强度。热电偶的热接点处于黑片的下方,冷接点处于白片的下方,整个感应面密封在一个半球形玻璃罩中,为了保持罩内空气的干净,玻璃管内存放有干燥剂。

在稳定情况下,黑片与白片吸收的辐射能分别等于它本身消耗于长波辐射、热对流以及热传导所损失的热量。

黑片:

$$(S'+D)\sigma_1 = 4\sigma T^3\sigma_1'(T_1-T)+h_1(T_1-T)+\lambda_1(T_1-T) \tag{8.30}$$

白片:

$$(S'+D)\sigma_2 = 4\sigma T^3\sigma_2'(T_2-T)+h_2(T_2-T)+\lambda_2(T_2-T) \tag{8.31}$$

式中,$S'=S\cos\theta_0$;σ_1、σ_2 和 σ_1'、σ_2'分别为黑片和白片对短波和长波辐射的吸收率;h_1 和 h_2 分别为黑片、白片的对流热交换系数;λ_1 和 λ_2 分别为黑片、白片的热传导系数;T_1 和 T_2 分别为黑片、白片的温度;T 为空气温度;σ 为斯特藩-玻尔兹曼常数。若对黑片、白片的涂料作适当选择,使它们的长波辐射能力完全一致,即 $\sigma_1'=\sigma_2'=\sigma'$,再假定 σ_1、σ_2 不随辐射的波长而改变,并设 $h_1=h_2=h$,$\lambda_1=\lambda_2=\lambda$,则合并前面两式可得

$$S'+D=\left(\frac{4\sigma T^3}{\sigma_1-\sigma_2}\sigma'+\frac{h+\lambda}{\sigma_1-\sigma_2}\right)(T_1-T_2)=KN \tag{8.32}$$

式中,N 为电流表的读数;K 为仪器常数。

在测量散射辐射时，用遮光板遮住太阳的直接辐射，此时感应器感应的就是天空散射辐射。遮光板是一块直径与玻璃罩相等的圆形板，两面均涂成黑色，其板长为板面直径的 5.7 倍，从而使感应面中心与遮光板构成的圆锥角为 10°。

理想的总辐射表如果太阳辐射强度不变，太阳天顶距（或高度角）不变，转动仪器一圈（即方位从 0°→360°），仪器的读数应该是不变的；如果太阳辐射强度不变，太阳天顶距逐渐改变，仪器的读数应该与天顶距的余弦成正比。前者称为方位响应，后者称为余弦响应，通常根据天顶距等于 80°时，方位响应与余弦响应偏差的大小，作为衡量总辐射表性能好坏的重要指标之一。

2. 气象站用总辐射表

总辐射表由感应件、玻璃罩和附件组成（图 8-10）。

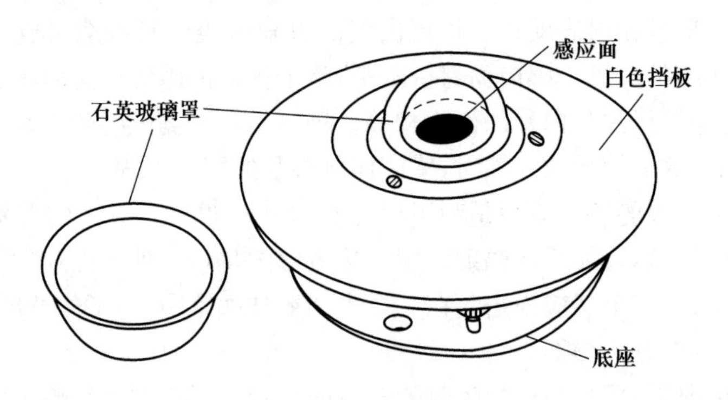

图 8-10　总辐射表

感应件由感应面与热电堆组成，涂黑感应面通常为圆形，也有方形。热电堆由康铜、康铜镀铜构成。另一种感应面由黑白相间的金属片构成，利用黑白片吸收率的不同，测定其下端热电堆温差电动势，然后转换成辐照度。仪器的灵敏度为 7～14μV · W^{-1} · m^2。响应时间≤60s（响应稳态值 99%时）。余弦响应指标规定如下：太阳高度角为 10°、30°时，余弦响应误差分别≤10%、≤5%。

玻璃罩为半球形双层石英玻璃构成。它既能防风，又能透过波长 0.3～3.0μm 范围的短波辐射，其透过率为常数且接近 0.9。双层罩的作用是为了防止外层罩的红外辐射影响，以减少测量误差。

附件包括机体、干燥器、白色挡板、底座、水准器和接线柱等。此外还有保护玻璃罩的金属盖（又称保护罩）。干燥器内装干燥剂（硅胶）与玻璃罩相通，保持罩内空气干燥。白色挡板挡住太阳辐射对机体下部的加热，又防止仪器水平面以下的辐射对感应面的影响。

底座上设有安装仪器用的固定螺孔及调整感应面水平的三个调节螺旋。

3. 散射辐射与反射辐射的观测

总辐射中把来自太阳直射部分遮蔽后测得的为散射辐射或称天空辐射(图 8-11)。总辐射表感应面朝下所接收的为反射辐射(图 8-12)。散射辐射和反射辐射都是短波辐射。这两种辐射均用总辐射表配上有关部件来进行测量。

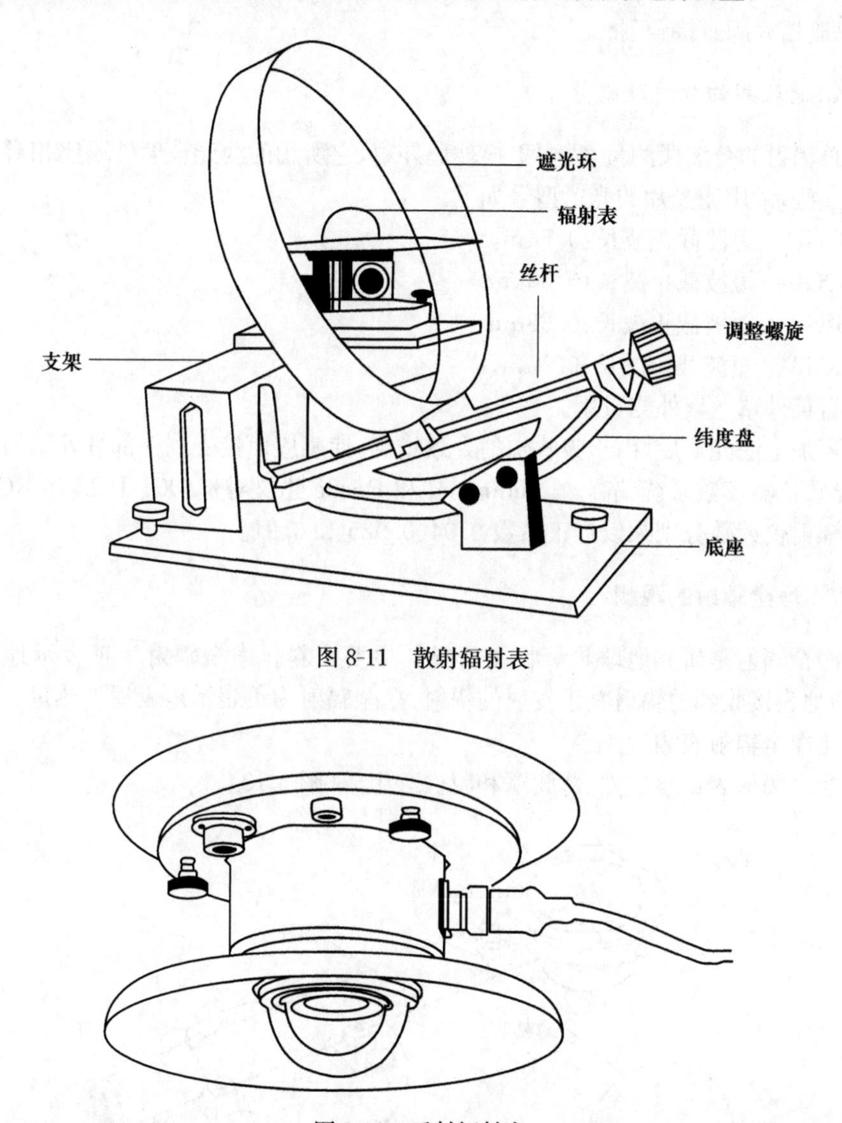

图 8-11　散射辐射表

图 8-12　反射辐射表

散射辐射表由总辐射表和遮光环两部分组成。遮光环的作用是保证从日出到日落能连续遮住太阳直接辐射。它由遮光环圈、标尺、丝杆调整螺旋、支架、底盘等组成。

我国采用遮光环圈的宽度为 65mm，直径为 400mm。固定在标尺的丝杆调整螺旋上，标尺上刻有纬度与赤纬刻度。标尺与支架固定在底盘上，底盘上有三个水平调整螺旋，总辐射表安装在支架平台上。

此外，还有用电机带动的自动跟踪太阳的遮光球（板）和手动的遮光板两种装置，以遮挡太阳直接辐射。

4. 总辐射的分波段测量

总辐射的分波段测量，需要更换玻璃外罩，它所用的滤光玻璃外罩比相对日射表多一些，常用滤光片的光罩型号如下。

GGl4　短波截止波长：0.5μm。

OGl　短波截止波长：0.53μm。

RG2　短波截止波长：0.63μm。

RG8　短波截止波长：0.7μm。

石英外罩　紫外测量用。

当加上滤光罩后，由于吸收辐射导致增温，使感应面接受到一部分外罩的热辐射，导致仪器读数系统偏高。Drummond 和 Roche 建议对带 OGl、RG2 和 RG8 外罩的辐射仪读数分别乘以订正系数 0.94、0.925 和 0.91。

8.2.7　净全辐射的观测

净全辐射是研究地球热量收支状况的主要资料。净全辐射为正表示地表增热，即地表接收到的辐射大于发射的辐射，净全辐射为负表示地表损失热量。净全辐射用净全辐射表测量。

净全辐射表由感应件、薄膜罩和附件等组成（图 8-13）。

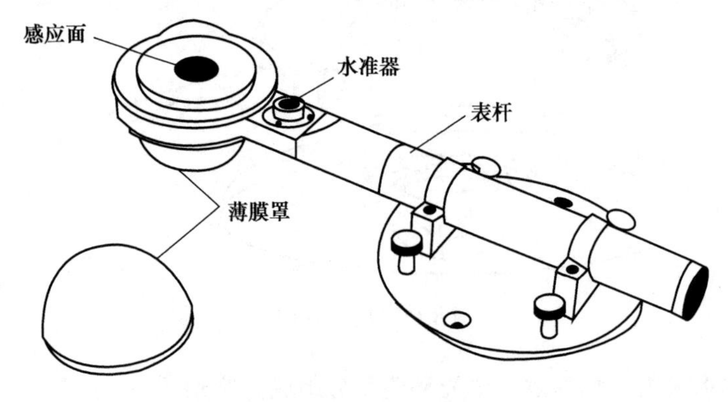

图 8-13　净全辐射表

净全辐射表感应件也是由涂黑感应面与热电堆组成。但与总辐射表不同，它有上下两个感应面，两面都能吸收波长为 0.3～100μm 的全波辐射。热电堆两端与上下两个感应面相贴。由于上下感应面吸收的辐照度不同，使得热电堆两端产生温差，其输出的电动势大小与涂黑感应面接收的辐照度差值成正比。净全辐射表有长波与全波两个灵敏度，其要求范围均在 7～14μV · W^{-1} · m^2。长波与全波灵敏度允许误差≤15%。响应时间≤60s。白天采用全波灵敏度，夜间采用长波灵敏度。

为防止风的影响和保护感应面，净全辐射表上下感应面装有既能透过短波（0.3～3μm），又能透过长波辐射（3～100μm）的半球形聚乙烯薄膜罩，薄膜罩边沿上放置橡皮密封圈，然后用压圈旋紧，使得薄膜罩牢牢固定住。

附件有表杆、干燥器、底板、上下水准器与调节螺旋、接线柱和橡皮球等，干燥器（内装硅胶）装在表杆内与感应件相通，用橡皮球打气，通过干燥器使上下薄膜罩充成半球形，提供干燥气体，排除罩内潮气。此外还有上下两个金属盖和固定压圈用的金属环等。

8.2.8　长波辐射的观测

长波辐射用长波辐射表测量。

长波辐射表的构造、外观与总辐射表基本相同，由感应件（黑体感应面与热电堆）、玻璃罩和附件等组成（图 8-14）。

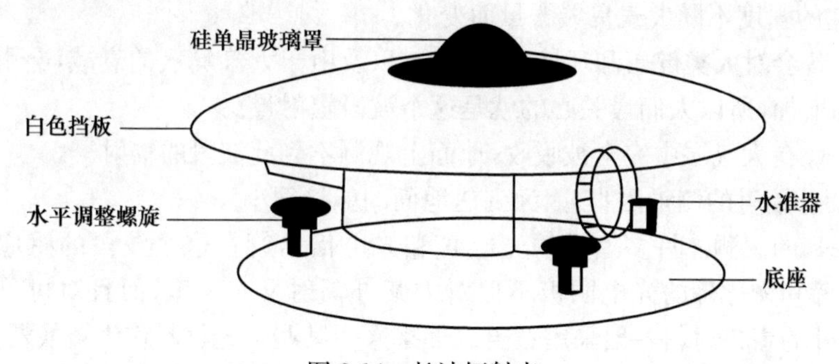

图 8-14　长波辐射表

不同的是玻璃罩内镀上硅单晶，保证了 3μm 以下的短波辐射不能到达感应面。仪器观测到的值，包括感应面接收到的长波辐射 $E_{L\cdot\mathrm{in}}$，以及感应面本身向外发射的长波辐射 $E_{L\cdot\mathrm{out}}$。

$$E_{\mathrm{men}} = E_{L\cdot\mathrm{in}} - E_{L\cdot\mathrm{out}} \tag{8.33}$$

式中，E_{men} 由热电堆输出算得

$$E_{\mathrm{men}} = mV/K \tag{8.34}$$

式中,K 为长波表灵敏度。

$$E_{L\cdot out} = \sigma T_b^4 \tag{8.35}$$

式中,$\sigma=5.6697\times10^{-8}\,W\cdot m^{-2}\cdot K^{-4}$;$T_b$ 为仪器腔体温度。因此感应面接收到的长波辐射:

$$E_{L\cdot in} = mV/K + 5.6697\times10^{-8}\cdot T_b^4 \tag{8.36}$$

T_b 由安装在腔体内的热敏电阻测量。此外,为减少仪器灵敏度的温度系数,热电堆线路中并有一组热敏电阻,使测量更加准确。

白天太阳辐射较强,硅罩的温度 T_a 明显高于腔体温度 T_b。使得感应面将从硅罩得到附加的热辐射,形成仪器数据系统偏高。新型长波辐射表增加一个热敏电阻,测量硅罩温度 T_a,用来修正上述误差。有的还采用散射辐射表方式,用自动跟踪遮光板,挡住太阳直接辐射。

8.2.9 紫外辐射的观测

紫外辐射分三个亚区。

UV-A:0.315～0.400μm。

UV-B:0.280～0.315μm。

UV-C:0.100～0.280μm。

其中 UV-A 波段,刚好处在可见光光谱外,对人类(生物)无明显影响。在地球表面它的强度不随大气臭氧含量而变化。

UV-B 会对人类健康和环境产生影响,以及由于大气臭氧的衰减,会引起地面 UV-B 的增加,所以人们最关心的就是这个波段辐射量。

UV-C 在大气层中完全被吸收,地面上观测不到此波段的辐射。

对紫外辐射的测量困难,因为到达地面的能量很小。

UV-B 的观测。许多型号的光电管和光电倍增管在这个波段的感应都很灵敏,铯化碲和铷化碲的光电阴极不但对中紫外辐射反应灵敏,而且对可见光是盲区,中紫外的窗口材料一般采用石英。如果采用某些荧光材料作为转换器件,使荧光物体受紫外辐射后的发光波长为 0.443μm,许多光电管在这个波长有强的感应能力。

UV-A 的观测。在这个波段里有相当数量的紫外辐射能够到达地面。这个波段观测比较方便,光电器件对这个波段有很高的感应灵敏度,而且不需要利用高真空技术。

8.2.10 辐射自动观测仪

辐射自动观测仪由辐射表(传感器)与采集器组成。辐射表安装在专用的架子上，仪器排列如图 8-15 所示。

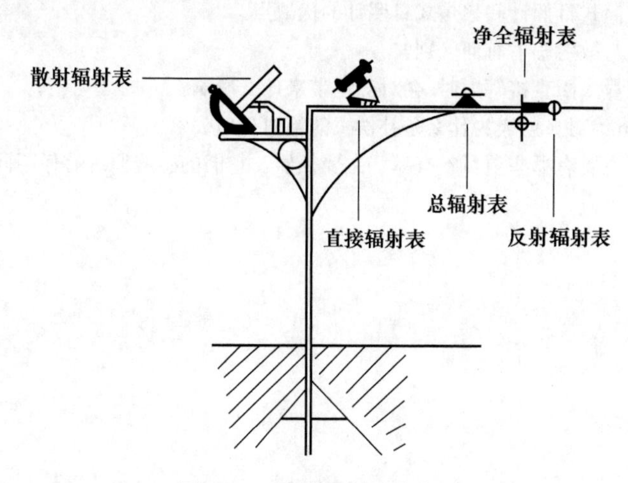

图 8-15　辐射表安置分布图

采集器要求每分钟输出 1 次采样值(实际为 1min 均匀采 6 次加以平均)，仪器的型式较多。

辐射表电信号输入采集器的功能：自动采集各辐射表电压 mV 值；计算各辐射量的辐照度 E，时曝辐量 H，日曝辐量 D；并挑取诸极大值及出现时间；存储 3 天以上数据。

计算机与采集器连接，它的功能：输入时间、仪器灵敏度、气象站各种参数等；形成各种文件，如日、月报表与 R 文件等；进行人工干预，如 T_G 观测、辐射表加盖、去盖和输入作用层状况编码等。

参考文献

世界气象组织. 2008. 气象仪器和观测方法指南(第七版).

王炳忠，莫月琴，杨云. 2008. 现代气象辐射测量技术. 北京：气象出版社.

王庚辰. 2000. 气象和大气环境要素观测与分析. 北京：中国标准出版社.

张文煜，袁久毅. 2007. 大气探测原理与方法. 北京：气象出版社.

中国气象局. 2003. 地面气象观测规范. 北京：气象出版社.

中国气象局. 1996. 气象辐射观测方法. 北京：气象出版社.

习　　题

1. 什么是日照时数?
2. 暗筒式日照计的感光迹线受哪些因素的影响? 有何特点?
3. 试述暗筒式日照计的作用原理。

4. 试述聚焦式日照计的作用原理。
5. 试比较暗筒式日照计和聚焦式日照计的优缺点。
6. 直接辐射与散射辐射有何区别?
7. 用仪器测量太阳直接辐射时,会对测量带来什么影响?
8. Angstrom 绝对日射表为什么是补偿式的绝对日射表?
9. 辐射观测主要有哪些项目？有哪些主要仪器？它们的感应原理有何不同?

第9章 天气现象观测

前面介绍了大气温度、湿度、气压和风等的测量，本章介绍有关天气现象的观测及有关仪器。天气现象是指发生在大气中、地面上的一些物理现象，包括降水、凝结、视程障碍、雷电和其他现象等，这些现象都是在一定的天气条件下产生的，其中的一些天气现象对人们的生产、生活和交通运输具有重要影响，有些还会形成严重的自然灾害。对气象部门，天气现象必须按要求进行观测和记录，对某些天气现象所造成的灾害，还应及时进行调查记载。

多年来，随着科学技术的发展，大多数天气现象都可以通过仪器进行观测，本章主要介绍降水、蒸发、能见度及云的观测与仪器测量原理和实现。

9.1 降水测量

水是人类生存的基本条件，也是社会生产必不可少的物质资源，人类的生产、生活都离不开水，各种动物、植物等生命也都离不开水，虽然地球表面约2/3被海洋所覆盖，但海洋中的水大多是咸水，一般无法直接使用。地球上只有约3%的水是淡水，它们主要是地表水(河水、湖水)、地下水、各种降水、雪山、冰山等。水从海洋、江河、湖泊和陆地等蒸发，以及从植物表面的蒸腾，形成气体上升到空气中，变成细小的水滴或冰晶后成为云，最后成为降水又落到地球表面形成降水。

降水(precipitation)是指从云中降落或从空气中沉降到达地面(地球表面)的固态或液态的水汽凝结物，包括雨(rain)、雪(snow)、雹(hail)、露(dew)、霜(rime)、雾凇(hoar frost)等。降水可分为固态降水和液态降水，它们最典型的代表分别是雨和雪，雨和雪是最主要的降水形式。

降水是淡水的主要来源，是地球上水循环的一个重要环节，也是自然界十分强烈的过程。降水一方面给我们带来了生产、生活必要的淡水，另一方面还会形成灾害，使人类的生命财产受到损失，因此及时、准确地测量降水是十分重要的。

据记载我国在宋朝已有用器具进行雨量测量的记录，在1424年前后已有全国统一的雨量器，这些雨量器被分发到全国各地的州府，在公元1442年改为铜制的统一雨量器，并由各地向国家上报雨情。

9.1.1 降水量的表示方法

降水测量包括降水量和降水强度，降水量是指在一段时间内，从空中降落到地面的降水总量。液态降水用降水所覆盖的地球表面的深度来表示，降雪用覆盖在水平面上雪的深度来表示，也可以用溶化后的水的深度来表示。

根据世界气象观测方法指南的规定，降水量以 mm 为单位(或 kg/m^2)，取一位小数。日降水量应至少读到 0.2mm，最好读到 0.1mm。周或月降水量应精确到 1mm，日降水量的测量应定时进行。

降水强度是指单位时间内的降水量，通常测定每 5min、10min 和 1h 内的降水量。

降水根据强度大小可分为 4 类，小雨(0.1～2.5mm/h)、中雨(2.6～8.0mm/h)、大雨(8.1～15.9mm/h)和暴雨(＞16mm/h)。

日降水量一般为 0～100mm，但也能到数千毫米。我国有记录的最大降水量出现在台湾，1967 年 10 月 17 日，日降雨量达到 1672mm，世界最大降雨量出现在印度洋岛屿上，日降雨量达 3240mm。我国大陆有记录的日最大降水量出现在 1967 年，达到 1062mm。我国将降雨从小雨到特大暴雨分为 11 个等级，日降水量从 0.1mm 到大于 250mm 以上。

测量降水的仪器主要有雨量器、虹吸式雨量计、翻斗式雨量计、双阀容栅式雨量计，此外还有光学雨量计、带有虹吸结构的翻斗式雨量计等。最早使用的是雨量器，是一种人工测量和读数的最简单雨量测量仪器，只能记录某一时段内的总降水量，而无法得知降雨随时间的变化情况。虹吸式雨量计也是一种较早使用的雨量计，它可以测量降雨总量、降雨起讫时间以及降雨随时间的分布，从而可以换算成降雨强度。1953 年，国内开始生产传统的虹吸式雨量计，在 20 世纪 80 年代以前，我国气象台站主要以虹吸式雨量计为主。

翻斗式雨量计和双阀容栅式雨量计，是可以实现自动测量和遥测的雨量测量仪器，可以输出电信号，从而达到自动测量、数据记录与运算，大大方便了雨量的测量、传输和记录。我国自 20 世纪 80 年代后，开始批量生产和使用翻斗式雨量计，并部分取代虹吸式雨量计，逐渐成为应用最广泛的雨量测量仪器。

此外随着遥感技术的发展，目前也可以利用天气雷达和气象卫星估计降水量和降水强度，但目前还仅是一种辅助方法。

9.1.2 雨量器

雨量器是观测降水量的仪器，可用于测量液态降水，也可用于测量固态降水，它将自然降水收集到雨量筒内，然后通过测量体积或称重换算成降水量。雨量器由雨量筒与量杯组成，如图 9-1 所示。雨量筒用来承接降水物，它包括承水器、储水瓶和外筒。

不同国家承水器的形状和大小有些差别，我国雨量器国家标准规定，承水器内径为 200mm，误差不超过 0.6mm。承水器口呈内直外斜刀刃结构，刃口锐角为

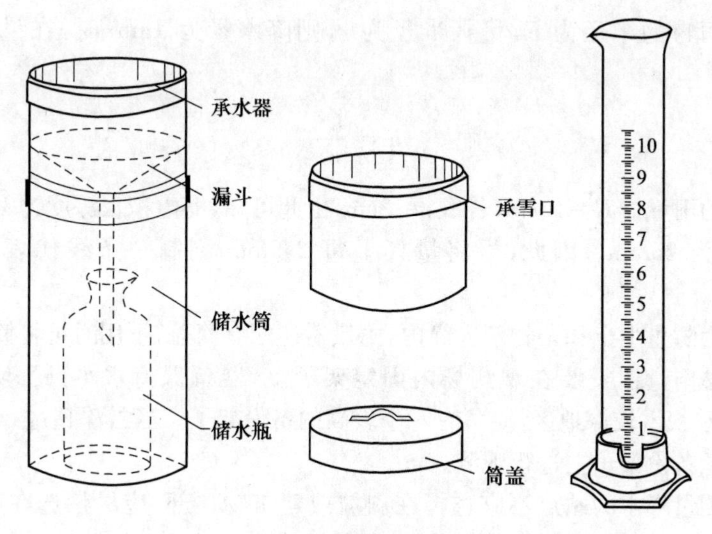

图 9-1　雨量器和量杯

40°～45°，保证外部雨水不会溅入筒内，进入承水器口的降雨也不应溅出，其形状应符合如图 9-2 所示。承水器口材料应坚实，内壁光滑，不得有砂眼、毛刺、碰伤、镀层脱皮、渗漏等缺陷。

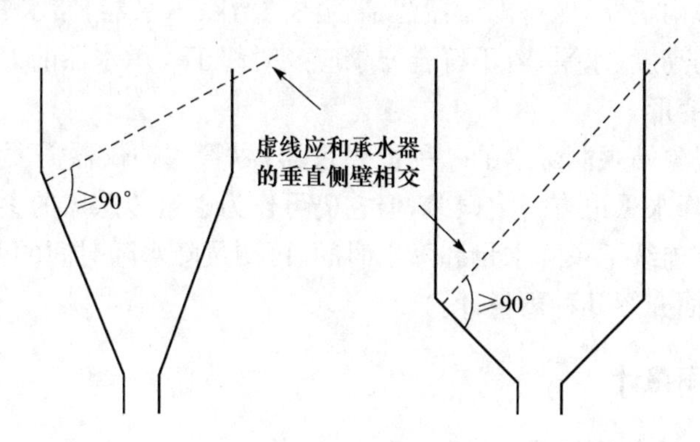

图 9-2　合适的承水器

承水器有两种，一种是带漏斗的承雨器，另一种是不带漏斗的承雪器。承雨器内的漏斗是活动的，漏斗起到引水作用，也可以防止雨量器中收集的降水发生蒸发。

外筒内放储水瓶，以收集降水，储水瓶是一个有一定容量并方便倒水的玻璃瓶。

量杯为一特制的有刻度的专用量杯，其口径和刻度与雨量筒口径成一定比例关系，量杯有 100 分度，每 1 分度相当雨量器测得的降水量为 0.1mm。若用其他量杯则需要经过换算后得到实际的雨量。

若承雨口的半径为 R，量杯半径为 r，则降水量为 1mm 时，在量杯上应为 $h$mm，即

$$h = \frac{R^2}{r^2} \tag{9.1}$$

我国使用的雨量器 $R=10$cm，若取 $r=2$cm，由此可知，筒内积水深度为 1mm 时，量杯内水深为 25mm。因此，可将量杯上每 2.5mm 刻制一条线代表降水量为 0.1mm。

此外为防止尘土和杂物落入筒内，雨量器还配有筒盖，不用时可将筒盖盖上。

气象站雨量器安装在观测场内固定架子上，器口保持水平，距地面高度为 70cm。冬季积雪较深地区，应备有一个较高的备份架子。当雪深超过 30cm 时，应把仪器移至备份架子上进行观测。

单纯测量降水的站点不宜选择在斜坡或建筑物顶部，应尽量选在避风地方。不要太靠近障碍物，最好将雨量仪器安在低矮灌木丛间的空旷地方。

雨量器应当安装牢固，以便能够经受住强风的袭击，并能保持承水口水平。

雨量器用于冬季降雪测量时，取出储水瓶和漏斗，或换为承雪口，直接用外筒承接降水。

应经常巡视雨量器，保持雨量器清洁。注意清除承水器、储水瓶内的杂物；定期检查雨量器的高度、水平，若不符合要求应及时纠正。承水器的刀刃口要保持正圆，避免碰撞后变形。

雨量器是气象站观测降水的一种重要仪器，尽管这种仪器需要人工经常检查和操作，测量的降水量也有一定误差，但它仍可作为雨量传感器的参考标准。

雨量计能够连续记录降水量和降水时间，可测量降水随时间的变化，并由此计算降水强度，下面介绍几种雨量计。

9.1.3 虹吸式雨量计

1. 虹吸式雨量计的结构

雨量器需要人工进行操作和测量，并保证储水瓶中的水不溢出。虹吸式雨量计(siphon rainfall recorder)利用虹吸原理，当水位达到一定量时会自动排出，同时可以自动记录雨量随时间的变化。虹吸式雨量计是较早出现的雨量仪器，能够记录液态降水量和降水强度，可以自动完成记录。

虹吸式雨量计的结构如图 9-3 所示，主要由承水器、浮子室、自记钟和虹吸管等组成。

虹吸式雨量计的原理是由承水器和漏斗将降水引入浮子室，浮子室实际上是一个储水筒，筒内装有一个浮子，浮子上固定有直杆并与自记笔相连，浮子室上装

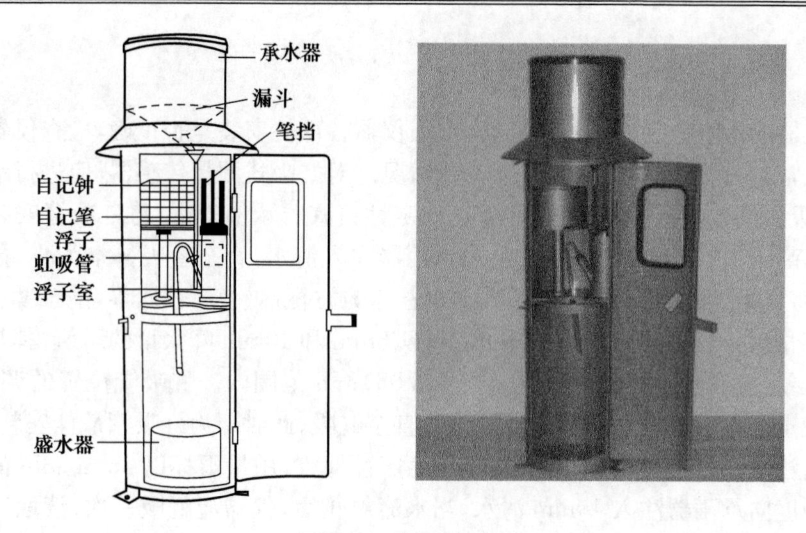

图 9-3　虹吸式雨量计

有一个虹吸管，虹吸管的作用是当水位在储水筒中达到一定深度时，根据虹吸原理，能够自动排出储水筒，虹吸管是一个弯管，如图 9-3 所示，当水位高于管的上端弯曲部位时，水开始从管中自动流出，至筒中的水排完为止才会停下来。

虹吸式雨量计对雨量的测量和记录是通过与浮子相连的一个自记笔，将浮子室中水位的变化描绘在记录纸上。当水位变化时，记录笔会随着水位的高低变化画出一个曲线。记录纸固定在一个称为钟筒的圆筒上，钟筒会随着时间变化而慢慢匀速转动，其转动周期是固定的，不同的雨量计钟筒的转动周期是不同的，目前一些雨量计钟筒的转动周期是 26h。

降水使浮子上升，带动自记笔在钟筒自记纸上划出记录曲线。当自记笔尖升到自记纸刻度的上端(一般为 10mm)，浮子室内的水恰好上升到虹吸管顶端。虹吸管开始迅速排水，使自记笔尖回到刻度“0”线，又重新开始记录。自记曲线的坡度可以表示降水强度。由于虹吸过程中落入雨量计的降水也随之一起排出，所以要求虹吸排水时间尽量短，以减少测量误差。

目前使用的虹吸式雨量计，记录纸分度范围为 0.1～10mm，记录误差为 ±0.05mm，降水强度记录范围为 0.01～4mm/min，承水口内径 200mm，自记纸上雨量最小分度 0.1mm，全程记录时间 26h，时间最小分度 10min。

虹吸式雨量计不需要电源，但需要人工定时更换自记纸和人工给钟筒上弦，类似于机械式钟表，但是由于原理上限制，不易将降雨量转换成可供处理的电信号输出，所以不能远距离传输，也不能进一步数据处理，这是虹吸式雨量计的局限性。目前也有用电测量液面高度的方法代替虹吸式雨量计的自记钟结构，可以实现自动测量。

2. 虹吸式雨量计的使用和维护

仪器的检查。新安装的仪器,应检查仪器各部件安装是否正确,检查仪器运转是否正常。对仪器对时,观察仪器运行情况。对虹吸式雨量传感器,应进行示值检定、虹吸管位置的调整、零点和虹吸点稳定性检查。示值检定:将虹吸管安装在虹吸点略高于 10.2mm 降水量标线,向承雨器注入清水,直至虹吸排水为止,排水结束后,将自记笔调整到零点位置上,再次注水,通过虹吸使笔位回零,记录零点的示值。用量雨杯分别注水 5mm、10mm,得到 5mm 和 10mm 降水量的示值,其与零点示值之差,应在(5±0.05)mm 和(10±0.05)mm 范围内。虹吸管位置的调整:当示值检定合格后,慢慢降低虹吸管高度,直至虹吸,此时即为虹吸管最佳安装高度,再重新注水,进行复核。零点和虹吸点稳定性检查,用量雨杯以 4mm/min 的模拟降水强度向承雨器注入 10mm 清水,当水流停止后,仪器应虹吸一次,读取零点和虹吸点示值,重复进行三次,相互间读数之差不得超过 0.1mm。停止使用的自记雨量计,在恢复使用前,应按照上述要求,进行注水运行试验检查。每年用分度值不大于 0.1mm 的游标卡尺测量承雨器口直径 1~2 次。检查时,应从 5 个不同方向测量器口直径。每年用水准器或水平尺检查承雨器口平面是否水平 1~2 次。

仪器的维护,注意保护仪器,防止碰撞。保持器身稳定,器口水平不变形。无人驻守的雨量站和雨雪量站,应对仪器采取特殊安全防护措施。保持仪器内外清洁,按说明书要求,及时清除承雨器中的树叶、泥沙、昆虫等杂物,保持传感器承雨汇流畅通,以防堵塞。多风沙地区在无雨或少雨季节,可将承雨器加盖,但要注意在降雨前及时将盖打开。

9.1.4 翻斗式雨量计

翻斗式雨量计(tipping bucket raingaug)的原理是利用一个翻斗式机械双稳态称重机构。翻斗是用塑料或金属加工成的两个三角斗室(也有其他形状),中间被隔板分开,两边容积相等,放在一个水平轴上,构成一个机械双稳态结构,图 9-4 给出了其结构示意图,其中 A、B 是两个分开的等容积三角斗室,D 是水平支承轴,C 是漏斗的导水管。不同的雨量计,斗室 A、B 的容积不同,容积大时雨量计的分辨率较小,相反则较大。

雨水经漏斗进入斗室,当一个斗室接水时,另一个斗室处于等待状态。当所接雨水容积达到预定值时,由于重力作用使该斗室翻倒,将水倒出,并处于等待状态,另一个斗室处于接水状态,当其接水量达到预定值时,又自己翻倒处于等待状态,翻斗部件的左、右两斗总是轮换处于一上、一下的状态。在翻斗侧壁上装有磁铁,侧面支架上装有干簧管,当磁铁随翻斗翻动时,从干簧管旁扫过使干簧管产生通断变化,即翻斗每翻倒一次干簧管便接通一次,产生一个开关信号(脉冲信号),通过

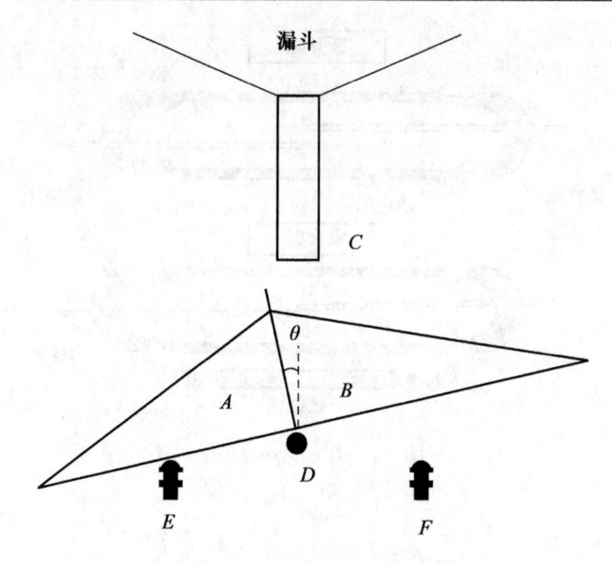

图 9-4　翻斗结构示意图

A、B 为斗室；C 为漏斗；D 为支承轴；E、F 为定位螺钉

电缆输出一个电路导通信号，传输到数据采集器中的计数器进行计数。每产生一个脉冲信号便代表和预定值等价的降水量，实现降水量监测的目的。

对确定的翻斗，设翻转时对应的水的体积为 ΔV，ΔV 称为翻转体积。可以看出 ΔV 与图 9-4 中的 θ 有关，θ 大时，翻斗中水对转轴的力矩就小，需要较多的水才会翻倒，因此 ΔV 较大，反之，ΔV 较小。因此可以调节 θ 角来调节翻转体积 ΔV，这可以通过调节两个定位螺钉 E 和 F 来实现。

翻斗式雨量计有两种，一种是单翻斗雨量计，另一种是双翻斗雨量计，一般分辨率较低时采用前者，较高时采用后者。我国雨量计标准规定的 4 种标准分辨率为 0.1mm、0.2mm、0.5mm 和 1mm，通常分辨率为 0.5mm 和 1mm 时采用单翻斗，而 0.1mm 和 0.2mm 时采用双翻斗。双翻斗雨量计误差较小，但结构较复杂，维护和调整都有一定难度，单翻斗雨量计结构简单，但误差稍大。

干簧管又称舌簧管或磁簧开关，是一种磁敏开关，主要由两个软磁性材料做成的金属簧片构成，簧片是由导电又导磁的材料做成的，无磁时簧片触点是断开（常开型）或接触的（常闭型），也有三个簧片、含有一个常开和常闭结构的干簧管。这些簧片触点被封装在充有惰性气体（如氮、氦等）或真空的玻璃管里，玻璃管内平行封装的簧片端部重叠，并留有一定间隙或相互接触以构成开关的常开或常闭触点。干簧管结构简单、体积小，如图 9-5 所示是一种常开型的干簧管结构图。当没有磁场时，簧片由于弹性触点是断开的，当有磁场时，簧片磁化，其触点会被磁力吸引而闭合。

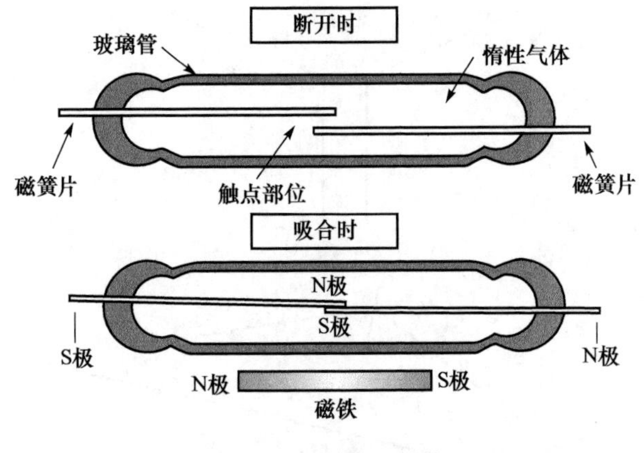

图 9-5　干簧管的结构

1. 单翻斗雨量计

单翻斗雨量计由传感器、采集器和外壳构成。单翻斗雨量传感器装在室外，主要由承水器、翻斗和干簧管等组成。采集器或记录器在室内，二者用导线连接，用来遥测并连续采集液体降水量。

图 9-6 给出了单翻斗式雨量计的结构示意图，承雨器收集的降水通过漏斗进入翻斗，当雨水累积到翻转体积 ΔV 时，由于水本身重力作用使翻斗翻转，同时与它相连的磁铁对干簧管扫描一次，干簧管因磁场作用而瞬间闭合-断开一次，这样，降水量每次达到 ΔV 时，就送出去一个开关信号，采集器就自动采集存储与 ΔV 对应的降水量。容易计算出，对标准的承雨口，1mm 分辨率的翻斗式雨量计，$\Delta V=31.4$mL。

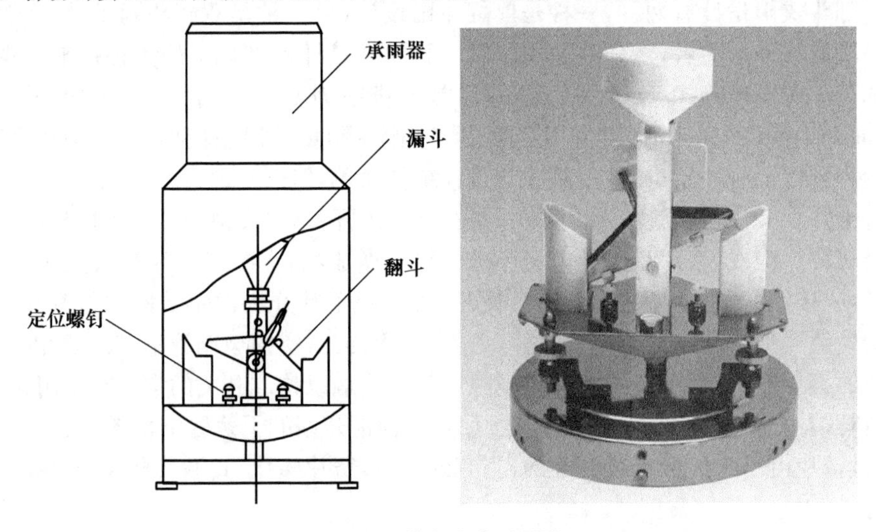

图 9-6　单翻斗式雨量计

不同厂家的雨量计，磁铁和干簧管的位置不同，只要当翻斗翻倒时，能够使干簧管可靠闭合-断开一次即可。

翻斗式雨量计需要水平放置，因此通常还有一个水准泡，用于调节仪器处于水平状态。

2. 双翻斗雨量计

双翻斗雨量计是对单翻斗雨量计的改进，由于单翻斗雨量计在翻斗翻倒的过程中雨水继续注入该翻斗，同时正常降水时，雨量差别较大，这样就会带来误差，因此产生了双翻斗雨量计。采用多个翻斗可以将强度不同的自然降水断续而均匀地注入计量翻斗。

双翻斗雨量计和单翻斗雨量计不同之处在于，它由承水器、上翻斗、汇集漏斗、计量翻斗、计数翻斗、磁铁和干簧管等组成(图 9-7)，磁铁和干簧管安装在计数翻斗上及近旁。

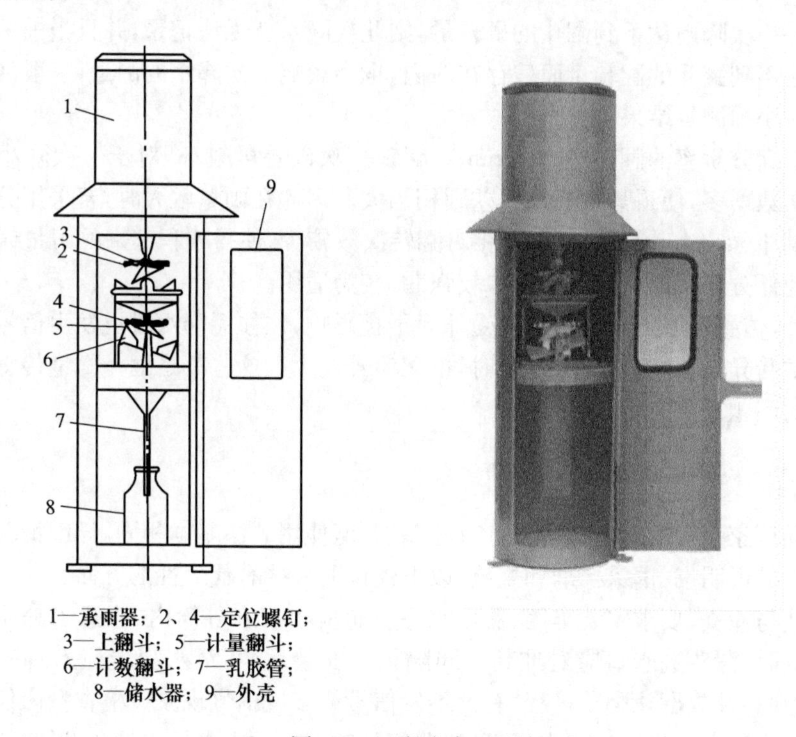

图 9-7　双翻斗式雨量计

承雨器收集的降水通过漏斗进入上翻斗，当雨水积累到一定量 ΔV 时，上翻斗翻转，水进入汇集漏斗，然后从汇集漏斗的节流管注入计量翻斗，计量翻斗承受的降水量也为 ΔV，因此立刻翻倒并把降水倾倒到计数翻斗，使计数翻斗翻转一次。

计数翻斗在翻转时,与它相关的磁铁对干簧管扫描一次,干簧管通断一次。这样,降水量每次达到 ΔV 时,就送出去一个开关信号。

增加计量翻斗的作用在于,可以把不同强度的自然降水,调节为比较均匀的降水强度,从而减少由降水强度不同所造成的测量误差。

3. 翻斗式雨量计的误差

理想情况下翻斗翻动应该很灵活,实际上由于轴承的摩擦力,如果加上斗上的沾水或泥沙影响都会造成雨量测量的误差。

大雨时,由于翻斗的惯性来不及翻转,造成雨量的流失,使得测定的雨量有较大误差甚至记录失真。翻斗雨量传感器测量的是一个动态过程,当翻斗称量已达到预定质量时,雨水仍不停地注入翻斗,其增加量随着降雨强度的加大也随着增加,这是翻斗式雨量计存在的问题,一般情况下,大雨时翻斗式雨量计测量的雨量会偏小。

此外一次降雨达不到翻斗的翻转量,则此次降水就无法记录,并且当前一次降雨最后达不到翻斗的翻转量而残存在斗内,也会影响下次降水的测量,一般翻斗式雨量计对小雨测量结果会偏小。

对于高分辨率的翻斗(如 0.1mm),翻转一次误差虽较小,对于一次降小过程因翻转次数增多,使得累积起来误差则相当大。因此在雨量较大时,若采用分辨率较低的翻斗(如 0.5mm 或 1mm),相对翻转次数较少,使得累积起来的雨量误差较小。因此低分辨率的翻斗对于降水较强时,较为适用。

此外,传感器上的有关部件易受外界干扰影响,往往无降水时也发生信号。以及筒口常受异物堵塞,造成有降水时,也无信号发生。这些都是翻斗雨量传感器可能存在的问题。

4. 翻斗式雨量计的使用与维护

不同厂家生产的翻斗式雨量计有些差别,但使用方法基本相同,详细情况可参阅有关产品说明书、国家标准和规范,以下仅说明一些有代表性的方面。

安装与检查,要求安装牢固、器口水平。感应器安在外筒内,注意当翻斗处于水平位置时,漏斗进水口应对准其中间隔板。安装后,将清水缓慢注入感应器漏斗,随时观察计数翻斗翻动过程,有无不发信号或多发信号现象。检查室内仪器上是否采集到数据。最后注入定量水,仪器记录数据与注入水量相符合,说明仪器正常,否则须检修调节。

调整与维护,新仪器(包括冬季停用后重新使用或调换新翻斗)工作一个月后的第一次大雨,应作精度对比,即将自身排水量与计数、记录值相比。如发现差值超过±4%时,应首先检查记录器工作是否正常,计数与记录值是否相符,干簧管有无漏发或多发信号现象。如确是由仪器的基点位置不正确所造成时，应作基点调整。为使调节位置准确，在松开定位螺帽前，需在定位螺钉上作位置记号。调节好后，需拧紧定位螺帽。每一次降水过程将计数值与自身排水总量比较，如多次发现10mm以上降水量的差值超过±4%，则应及时进行检查。必要时应调节基点位置。仪器每月至少定期检查一次，清除过滤网上的尘沙、小虫等以免堵塞管道，特别要注意保持节流管的畅通。无雨或少雨的季节，可将承水器口加盖，但注意在降水前及时打开。翻斗内壁禁止用手或其他物体抹拭，以免沾上油污。如用干电池供电，必须定期检查电压。结冰期长的地区，在初冰前将感应器的承水器口加盖，并拔掉电源。

9.1.5 双阀容栅式雨量计

翻斗式雨量计在翻斗翻转时，雨水继续注入原来的斗室，必然引起测量误差。双阀容栅式雨量计则可以避免类似误差出现，它由承水器、储水室、容栅、进水电磁阀、排水电磁阀和信号处理电路构成，如图9-8所示。

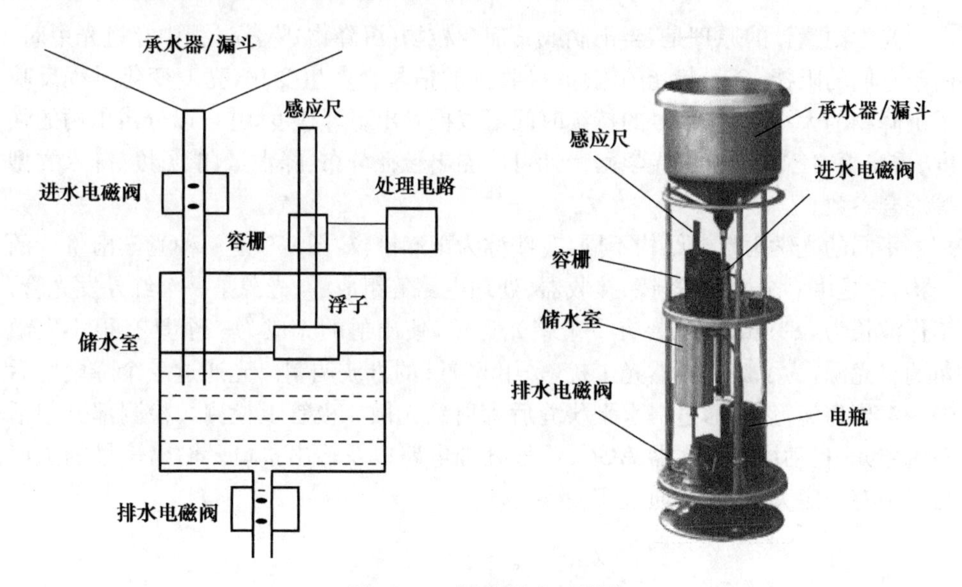

图9-8 双阀容栅式雨量计

双阀容栅式雨量计接收到的雨量体积是通过容栅尺来测量的，容栅尺和一浮子相连，当水位上升和下降时，容栅尺也随之移动，容栅尺的精度较高，可以达到0.01mm，根据储水室的形状和承雨口的大小确定容栅的位移与雨量的关系，因此可以测量出雨量的大小。

双阀的作用在于，当储水室水位达到一定高度时，必须排出，因此需要打开排水电磁阀，而此时需要关闭进水电磁阀，否则排水时进入的降水就会被忽略而形成误差，在排水过程中，接收到的雨水暂时存储在漏斗内。储水室内水排出到较少量时，关闭排水阀，并打开进水阀。

在正常测量状态下，排水电磁阀处于常闭状态，而进水阀处于常开状态，降水进入储水室，根据设计，可以每隔一定时间，通过容栅测量一次水位高度，并通过处理电路累积和计算出雨量和雨强，并根据水位高度来决定是否打开排水电磁阀排水，这样可以重复测量雨量。

双阀容栅式雨量计的安装和使用可以参考有关说明和国家标准，安装后还需要用电缆与室内仪器相连。使用时注意保持仪器清洁，定期清洗过滤网和储水室。

可以看出，双阀容栅式雨量计从原理上来说比较准确，在排水时不会有额外的降水漏掉，但需要两个电磁阀，它们能否灵活和可靠地工作，直接影响了仪器的使用。另外电磁阀和容栅在工作时都需要一定的电能供应，而翻斗式雨量计本身不需要电能供应，只是提供一个通断的通路。

9.1.6　光学雨量计

光学雨量计的原理是，当雨滴或其他颗粒物（沉降物）降落过程中穿过光束时，由于它们的阻挡，会引起光的闪烁，接收到的信号会产生变化，亮度变化过程反映了沉降物的大小，根据信号的持续时间可以推导出下降速度，并可以分辨出雨的强度、雪或雨夹雪等。有些光学雨量计可以测出粒径分布、降水量、能见度、降水类型等综合参数。

不同的光学雨量计结构不同，有些称为雨滴谱仪，图 9-9 是一种光学雨量计的结构，它是由一个光源、透镜、接收器、处理电路等组成的，光源是一个红外发光管，工作波长为 880nm，前端装有一个聚光透镜，使出射的光成为一个具有很小发散角的线光源，为了避免自然光干扰，采用 50Hz 的方波调制。光通过一个降雨区后经一汇聚透镜，然后通过一水平狭缝后入射到光敏二极管上检测。检测部分包括整流单元、自动增益放大器 AGC、信号处理电路以及输出接口。输出信号的强度与降雨有一定关系，需要通过实验确定。

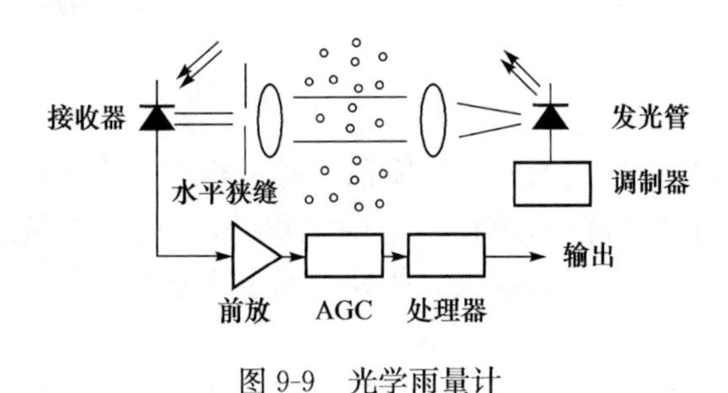

图 9-9　光学雨量计

9.2 降雪测量

9.2.1 降雪

雪也是降水的一种，大气里以固态形式落到地球表面上的降水，称为固态降水。雪是大气固态降水中的一种主要形式。冬季，我国许多地区的降水，是以雪的形式出现。对雪的观测主要包括雪深和雪压。由于降落到地面上的雪花大小、形状以及积雪的疏密程度不同，所以雪深和雪压并不能真正代表实际的降水多少，真正的降水量是以雪融化后的水的深度来表示，称为雪降水量。雪深和雪压虽然不能真实地反映实际降水量的大小，但在一定程度上也反映了降雪的大小，特别是雪深，对人们的生活、生产、交通、作物的生长等都有很大影响，因此也是农业、气象、水文上观测的重要气象指标。

一般将降雪分为小雪、中雪、大雪或暴雪。小雪是指12h内雪降水量小于1.0mm或24h雪降水量小于2.5mm的降雪过程。中雪指12h内雪降水量为1.0～3.0mm或24h为2.5～5.0mm的降雪过程，相当于降雪深度在3cm左右。大雪指12h内雪降水量为3.0～6.0mm或24h内降雪量为5.0～10.0mm的降雪过程，相当于降雪深度为5cm左右。暴雪指12h内雪降水量大于6.0mm或24h内降雪量大于10.0mm的降雪过程，相当于降雪深度在8cm左右。

9.2.2 雪深和雪压的人工观测

雪深是从积雪表面到地面的垂直深度，以cm为单位，取整数；雪压是单位面积上的积雪重量，以g/cm^2为单位，取1位小数。

当气象站四周视野地面被雪(包括米雪、霰(xiàn)、冰粒)覆盖超过一半时要观测雪深；在规定的日期当雪深达到或超过5cm时要观测雪压。

雪深、雪压的观测地段，应选择在观测场附近平坦、开阔的地方。入冬前，应将选定的地段平整好，清除杂草，并作上标志。

气象站一般用量雪尺(或普通米尺)来测量雪深。量雪尺是一木制的有厘米刻度的直尺。符合观测雪深的日子，在规定时间和选定的观测地点，将量雪尺垂直地插入雪中到地表为止(勿插入土中)，依据雪面所遮掩尺上的刻度线，读取雪深的厘米整数，小数四舍五入。使用普通米尺时，每次观测须作3次测量，并求其平均值。3次测量的地点，彼此相距应在10m以上，并作出标记，以免下次在原地重复测量。

雪压的观测通常在观测雪深点附近进行。测定雪压使用体积量雪器，它是由一内截面积为$100cm^2$的金属筒、小铲、带盖的金属容器和量杯组成。称雪器由带盖的圆筒、称和小铲等组成。雪压P是通过计算得到的：

$$P = M/100 \tag{9.2}$$

式中，P 表示雪压；M 为样本的重量，单位为 g；100 表示量雪器内截面积，单位为 cm^2。

9.2.3　雪深的仪器测量

目前雪深的仪器测量，主要是利用超声波测距的原理实现的。测量超声波在不同界面上的反射时间差来测量雪的深度。由于超声波的传播速度受温度影响较大，因此测量时需要对声速进行温度修正。图 9-10 是一种超声波雪深测量仪及原理图。

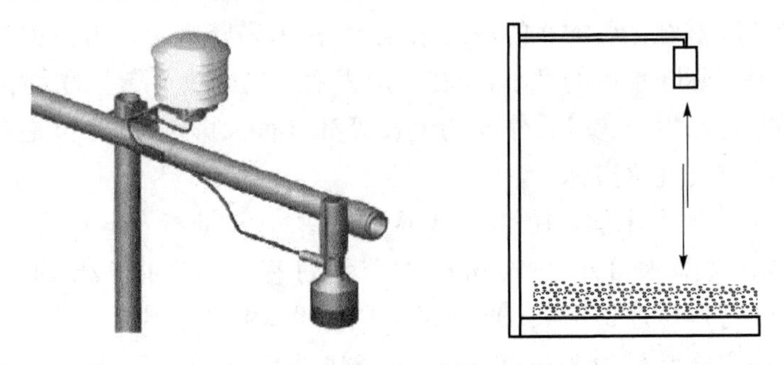

图 9-10　超声波雪深测量仪及原理

9.3　蒸发量测量

液态或固态物质转变为气态的相变过程称为蒸发，气象观测上的蒸发指液态或固态水转化为气态水，逸入到大气中的过程。蒸发是水循环和水平衡的重要环节，蒸发分为水面(河水、湖水等)蒸发、土壤蒸发和植物蒸发(蒸腾)。严格观测蒸发量较为困难，气象学上的蒸发主要指液态或固态水转变为水汽的过程。气象站测定的蒸发量是水面(含结冰时)蒸发量，它是指一定口径的蒸发器中，在一定时间间隔内因蒸发而失去的水层深度，以 mm 为单位，取 1 位小数。用这种方式观测的蒸发量通常称为蒸发皿蒸发量。

蒸发器主要是一个开口面积一定的承水容器和测量水面高度的测量装置，也有通过测量水的重量来换算出水面高度变化。蒸发器主要有小型蒸发器(蒸发皿)、E-601B 型蒸发器、超声波蒸发器、称重式蒸发器、自动探针式蒸发器等，实际上超声波、称重、自动探针等都是测量水位变化的一种工具，可用于小型蒸发器和 E-601B 型蒸发器。我国在 20 世纪 80 年代以前主要使用的是一种小型蒸发器，以后陆续使用直径为 61.8cm 的 E-601B 型蒸发器，其水面面积为 $3000cm^2$，但小型蒸发器还大量使用。

9.3.1　小型蒸发器

小型蒸发器(蒸发皿)为口径20cm,高约10cm的金属圆盆,口缘镶有角度为40°～45°的内直外斜刀刃形铜圈,器旁有一倒水小咀到底面高度距离为6.8cm,俯角为10°～15°。为防止鸟兽饮水,器口附有一个上端向外张开成喇叭状的金属丝网圈,如图9-11所示。小型蒸发器安装在一竖直圆柱上,蒸发器口缘保持水平,距地面高度为70cm。

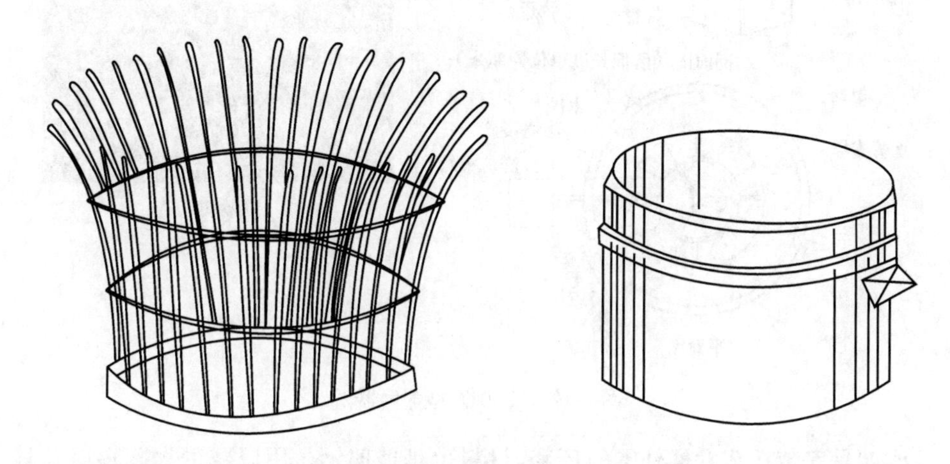

图9-11　小型蒸发器及蒸发罩

每天20时进行观测,测量前一天20时注入的20mm清水(即今日原量)经24h蒸发剩余的水量,记入观测簿余量栏。然后排掉余量,重新量取20mm(干燥地区在干燥季节须量取30mm)清水注入蒸发器内,并记入次日原量栏。蒸发量计算式如下:

$$蒸发量 = 原量 + 降水量 - 余量$$

有降水时,应取下金属丝网圈;有强降水时,应注意从器内取出一定的水量,也可采用加盖方法,以防水溢出。

由于蒸发皿中水体小,器皿外壁受光照温度较高、器口气流变化等原因,会使观测到的蒸发量比真实水面蒸发量显著偏大。因此后来发展了水面面积较大,而且安装更接近实际水面的E-601B型蒸发器。

9.3.2　E-601B型蒸发器

E-601B型蒸发器由蒸发桶、水圈、溢流桶和测针等组成(图9-12)。蒸发桶是由白色玻璃钢制作,器口面积为3000cm^2,有圆锥底的圆柱形桶,器口正圆,口缘为内直外斜的刀刃形。器口向下6.5cm器壁上设置测针座,座上装有水面指示针,用以指示蒸发桶中水面高度。在桶壁上开有溢流孔,孔的外侧装有溢流嘴,用胶管与溢流桶相连通,以承接因降水较大时从蒸发桶内溢出的水量。

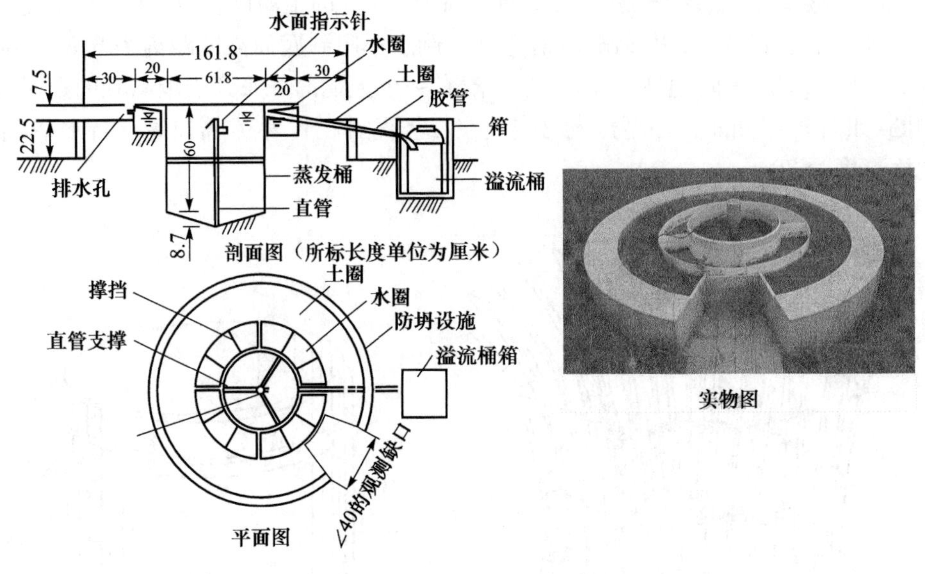

图 9-12　E-601B 型蒸发器

水圈是安装在蒸发桶外围的环套,材料也是玻璃钢。用以减少太阳辐射及溅水对蒸发的影响。它由四个相同的弧形水槽组成。内外壁高度分别为 13.7cm 和 15.0cm。每个水槽的壁上开有排水孔。为防止水槽变形,在内外壁之间的上缘设有撑挡。水圈内的水面应与蒸发桶内的水面接近。

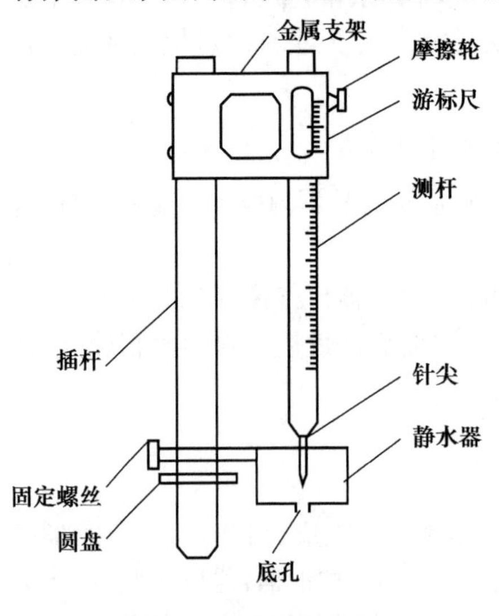

图 9-13　测针示意图

溢流桶是承接因降水较大而由蒸发桶溢出水量的圆柱形盛水器,可用镀锌铁皮或其他不吸水的材料组成。桶的横截面以 300cm^2 为宜,溢流桶应放置在带盖的套箱内。

测针是专用于测量蒸发器内水面高度的部件,应用螺旋测微器的原理制成(图 9-13),读数精确到 0.1mm。测针插杆的杆径与蒸发器上测针座插孔孔径相吻合。测量时使针尖上下移动,对准水面。测针针尖外围还设有静水器,上下调节静水器位置,使底部没入水中。

E-601B 型蒸发器需要埋设安装,安装时力求少挖动原土，蒸发桶放入坑内，必须使器口离地面 30cm，并保持水平。桶外壁与坑壁间的空隙，应用原土填回捣实。水圈与蒸发桶必须密合。水圈与地面之间，应取与坑中土壤相接近的土料填筑土圈，其高度应低于蒸发桶口缘约 7.5cm。在土圈外围，还应有防塌设施，可用预制弧形混凝土块拼成，或水泥砌成外围。

9.3.3 超声波蒸发传感器

超声波蒸发传感器是在小型蒸发器或 E-601B 型蒸发器的基础上，增加超声波传感器来测量水位变化，从而实现自动测量和遥测。一种小型超声波蒸发器是由超声波测距仪和不锈钢圆筒组成，图 9-14 是一种超声波蒸发传感器。超声波探头放置在水中，向上发射超声波脉冲，根据超声波测距原理，发射的声波遇到水面后被反射，测量出声波的往返时间 t，则探头到水面的距离为

$$H = c \cdot t/2 \tag{9.3}$$

式中，c 为水中的声速。由于声速与温度有关，所以需要同时设计温度测量电路，通过测温对声速进行校正。其测量范围为 0～100mm，分辨率为 0.1mm，测量精度为±1.5%，使用温度为 0～50℃。

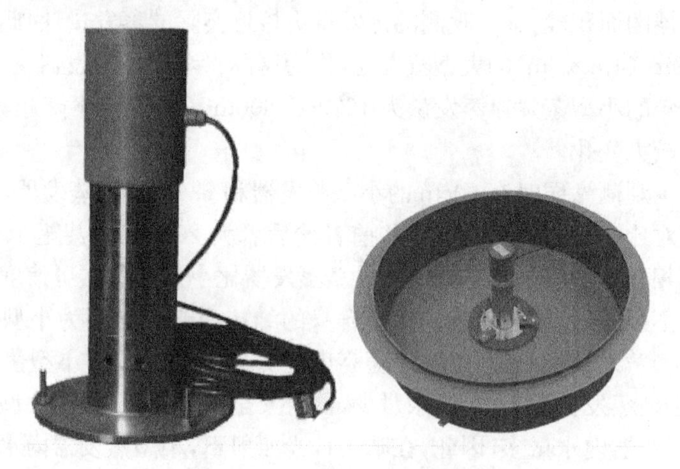

图 9-14　超声波蒸发传感器

将超声波测距和 E-601B 型蒸发器结合，可以实现自动测量，而不需人工进行测针的操作和读数。

超声波蒸发传感器的特点是可以进行自动测量和遥测，其不足在于水面结冰时出现误差，另外没有水时容易损坏超声波探头。一般情况下，冬季结冰时超声波蒸发传感器不观测，应将传感器取下，妥善保管，解冻后再重新安装使用。

9.3.4 称重式蒸发器

称重式蒸发器的原理是，在原有小型蒸发器的下面安装高精度的电子称重传

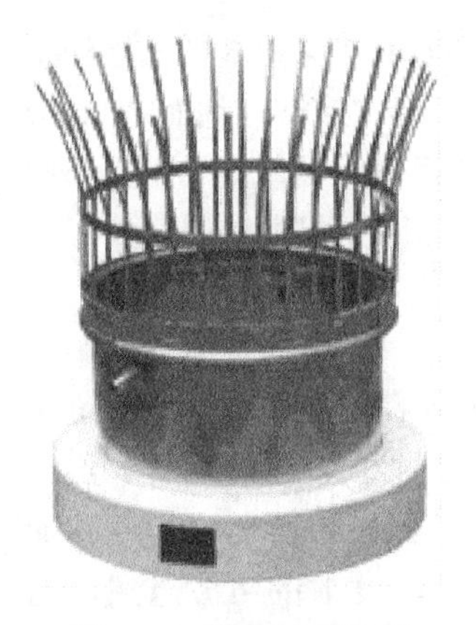
图 9-15　称重式蒸发器

感器，测量蒸发皿内液体重量的变化，再换算成液面高度。图 9-15 是一种称重式蒸发器的结构，下部是称重传感器，上部是普通的蒸发器。称重式蒸发器可以在结冰情况下使用，因此可用于观测全年的蒸发量。其精度为±1%，测量范围为 0～100mm，工作温度为－40～＋60℃。

9.3.5　蒸发量测量的误差

蒸发器测量蒸发量的主要误差来源是出现在大雨时，易使传感器出现误测或缺测现象，此外传感器的意外故障，也会造成缺测。

蒸发量测量的主要目的是测量自然水体如河面、湖泊等的蒸发量，从而判断一个地区总的蒸发情况。由于蒸发量很容易受到环境变化的影响，所以同一地区相距很近的蒸发器，测量出来的蒸发量都会有差别。大量的观测表明，小型蒸发器测量的蒸发量明显大于大型蒸发器如 E-601B 型蒸发器的测量值，而且相距较大，一般来说蒸发器的面积较大时，观测的蒸发量更接近实际的蒸发量，因此一些大的观测点建有 $20m^2$(4m×5m)的大型蒸发池，作为国际参考标准蒸发器。

我国全年的小型蒸发皿蒸发量为 1600～1800mm，有逐年下降趋势，不同地区和季节都有较大变化。

我国不少观测站同时有 20cm 的小型蒸发器和 E-601B 型蒸发器，因此对有关结果进行了对比，报道结果显示，有些前者比后者大 20%以上甚至 100%以上，有些日蒸发量相差达数毫米。一般认为大型蒸发器比小型蒸发器可信度更高些。两者的差别并不是仪器误差造成的，而是自身的结构引起的。因为小型蒸发器放置高度高于大型蒸发器，而近地层风速随高度增大，风速较大时，小型蒸发量大于大型蒸发量；小型蒸发器较小，器内水量少，器身又全部裸露在外，而大型蒸发器器身大部分在地下，器内水量多，因此，在晴天日光照射下，小型蒸发器内水温较大型蒸发器高，因此蒸发量也会显著增大。尽管如此，由于小型蒸发器使用方便，不少地方还有小型蒸发器，其测量结果在一定程度上反映了一个地区总的蒸发量。定义系数为 K_1，K_2：

$$K_1 = 20\text{m}^2\text{ 的蒸发池蒸发量}/3000\text{cm}^2\text{ 的蒸发器蒸发量}$$

$$K_2 = \text{小型蒸发器蒸发量}/3000\text{cm}^2\text{ 的蒸发器蒸发量}$$

通过大量观测对比，确定出 K_1 和 K_2 的值，进而利用小的蒸发器实现准确的观测。我国大部分地区年平均 K_1 值为 0.9～0.99，只有在内蒙古新疆干旱地区 K_1 值在 0.83 左右，而 K_2 的值在不同地区差别较大。

9.4　能见度测量

能见度(visibility)是一个重要的气象观测要素，能见度值的测报不仅用于气象部门的天气分析，更广泛用于航空、航海、高速公路等交通运输部门、军事以及环境监测等领域，准确及时地测量能见度具有重要意义。

9.4.1　概述

能见度就是能够看到周围物体的远近程度，通常用最大可见距离来表示，也就是指观测目标物体时，能从背景中分辨出目标物的最大距离，能见度反映了大气透明的程度。

能见度的测量比较复杂，因为影响能见度的因素有很多，对于正常人的眼睛而言，则有目标物的光学特性、背景的光学特性、自然界的照明和大气透明度等。

气象上的能见度是这样定义的，标准视力的眼睛，观察水平方向以天空为背景的黑体目标物(视角在0.5°～5°)时，能从背景上分辨出目标物轮廓的最大水平距离，称为气象能见距离，用 R_m 来表示。

上述定义的能见度，需要用目测确定，显然会受到许多主观和物理因素的影响，为了客观地定义不以人的视觉而变化的大气光学特性，引入气象光学视程(meteorological optical range，MOR)这一概念，气象光学视程是指白炽灯发出色温为2700K的平行光束的光通量，在大气中削弱至初始值的5%所通过的路径长度，用MOR表示，也称为能见度。

上述能见度一般指白天能见度，此外还有夜间能见度的定义。

假定总体照明增加到正常白天水平，适当大小的黑色目标物能被看到和辨认出的最大水平距离。或者定义为中等强度的发光体能被看到和识别的最大水平距离。

所谓“能见”，在白天是指能看到和辨认出目标物的轮廓和形体；在夜间是指能清楚看到目标灯的发光点。凡是看不清目标物的轮廓，认不清其形体，或者所见目标灯的发光点模糊、灯光散乱，都不能算“能见”。

人工观测能见度，一般指有效水平能见度。有效水平能见度是指四周视野中看到的目标物的最大水平距离。能见度观测仪测定的是一定基线范围内的能见度。

能见度观测记录以km为单位，取一位小数。

9.4.2　影响能见度的要素

1. 亮度对比度

目标物能见与否，与目标物和背景的属性有关，所谓属性指目标物的大小、形状、色彩、亮度的特性。大的目标物比小的目标物能见距离要远一些，两个物体的亮度和色彩上差别较大时，物体比较容易辨别得清楚一些，暗物在亮的背景衬托下，也更容易辨别，反之亦然。色彩和大小都受亮度影响，因此在这些因素中，亮度对比显得更重要，是起决定作用的因素，亮度对比度(luminance contrast)C就是用来表示目标物和背景之间亮度差异的指标。

设 B_0 为目标物的亮度，即近在眼前时看见的目标物的光亮度，B 为背景的亮度。C 定义为目标亮度 B_0 和背景亮度 B 的绝对差与其中大之比。

当 $B_0>B$ 时，$C=\frac{B_0-B}{B_0}$。

当 $B_0<B$ 时，$C=\frac{B-B_0}{B}$。

可见 $0\leqslant C\leqslant 1$，若 $B=B_0$，则 $C=0$，无亮度差异，目标物和背景物在视觉上融合在一起，无法分辨目标物；若 $B_0=0$ 或 $B=0$，则 $C=1$，目标物清晰可见。

2. 眼睛的视觉性能

当 $C=0$ 时，即目标物与背景亮度完全一样，就无法区别出目标物来。但由于人眼睛的视觉性能，实际上等不到 $K=0$，而是当小于某一数值 ε 后，人眼对亮度对比就已经感觉不到，此时，目标物已看不见。通常把人眼开始不能从背景上再感觉到目标物时的亮度对比的最小值称为“对比视感阈(contrast threshold)”，用 ε 来表示。当 $K\geqslant\varepsilon$ 时，目标物能见，否则目标物不能见，$K=\varepsilon$ 为临界状态。

对比视感阈 ε 与外界照度有关，照度减小时，ε 就增大；对比视感阈 ε 与目标物的视角有关，当视觉小于临界值 0.5°时，ε 的值要增大。ε 还与人的视力有关，视力好的可小于 0.005，视力差的要大些，一般来说，具有正常视力的人，在野外观测条件下，ε 的平均值约为 0.02。不同应用场合，ε 的值选择有些差别，如航空上取 $\varepsilon=0.05$，这是因为飞行员的观测背景不是水平的天空而是跑道，其亮度要比水平方向的天空低。

亮度是一个与人的视觉和物体的辐射有关的量，其单位是坎德拉/平方米(cd/m^2)，不同波长的光对人眼睛引起的视感灵敏度是不一样的，只有在可见光范围内的光才会引起人眼睛的视觉。对明视觉人的眼睛对 555nm 的光最敏感，对暗视觉人眼睛对 507nm 的光最敏感，有关概念可参考有关光度学方面的书籍。

9.4.3　能见度的人工观测

虽然能见度是一个与人的生理、心理、环境等有关的量，但它仍然可以给出定量描述，能见度在一定范围内时，人的有关活动不会受到影响，而在另一些范围，则会受到较大影响。

前面已经给出了能见度的观测方法，在白天和夜晚需要用不同的方法来观测，但这一方法并不确切，需要选定适度大小和亮度的物体作为目标物，目标物是否清晰也是一个主观的度量。通过人工观测来确定能见度，需要受到一定训练和有实践经验的人来完成。根据实践经验和实际需要，我国制定了有关方法，详细内容请参考中华人民共和国气象行业标准中的地面气象观测规范第 3 部分：气象能见度观测，这里只给出一些要点。

白天能见度的观测。目标物的选择，在四周不同方向、不同距离上选择若干固定能见度目标物，目标物的颜色应越深越好，而且亮度要一年四季不变或少变的为目标物。目标物在背景的衬托下，轮廓清晰，且与背景的距离尽可能远一些。目标物大小要适度，近的目标物可以小一些，远的目标物则应适当大一些，并绘制出目标物分布图，观测时必须选择在视野开阔、能看到所有目标物的固定地点作为能见度的观测点。观测四周事先测定的各目标物，根据“能见”的最远目标物和“不能见”的最近目标物，从而判定当时的能见距离。如某一目标物轮廓清晰，但没有更远的或看不到更远的目标物时，还需要根据一定的比例进行调整。

夜间能见度的观测。灯光目标物的选择，有条件的地方，均应在各个方向选择一些固定的目标灯或专门设置的目标灯作为观测能见度的依据。但应注意：应选择孤立的点光源作为目标灯，不宜选择成群、成带、重叠的灯光；目标灯的灯光强度应固定不变；应是不带颜色、没有灯罩的白色光源（除白炽灯外，碘钨灯、汞灯等均不适宜）；应位于开阔地带，不受地方性烟雾的影响。选择和专设目标灯后，应测定目标灯至观测点的距离，了解其功率，再按给定的表格查出其相当的白天能见距离，制成登记表，并绘制成灯光目标物图作为观测的依据。观测时，观测者应先在黑暗处停留 5～15min，待眼睛适应环境后进行观测，根据最远目标灯能见与否确定能见距离，在无条件利用目标灯进行观测的情况下，需要根据天黑前能见度的实况和变化趋势，结合观测时天气现象、湿度、风等气象要素的变化情况，以及实践经验加以判定。月光较明亮时，可根据目标物的能见与否来判定能见度，由于光照条件差，不可能像白天那样清楚地看清目标物的形体、轮廓，因而只要能隐约地分辨出比较高大的目标物的轮廓。该目标物距离就可定为能见距离，如能清楚分辨时，能见距离可定为大于该目标物的距离。

能见度的目测方法虽然目前仍在应用，但受主观因素影响较多，误差较大，特别是夜间能见度的目测结果误差更大，目前逐渐被仪器测量取代。

9.4.4　能见度的仪器测量原理

目前能见度的测量已广泛地应用仪器来完成，可以更方便和客观地给出某一地域的实时能见度，极大地方便了气象和交通的需要，能见度测量分气象光学视程测量和气象能见距离测量。

1. 气象光学视程测量

气象光学视程测量的基本方程是布格尔-朗伯(Bouguer-Lambert)定律,假定光传输路径上大气均匀分布,一束平行光在坐标为 0 的位置光通量为 F_0,在通过基线长度 L 后的光通量 F 为

$$F = F_0 e^{-\sigma L} \tag{9.4}$$

式中,σ 为消光系数(单位为 km^{-1}),大气透明程度不同时,σ 的值不同。对式(9.4)微分可以得到

$$\sigma = -\frac{dF}{F}\frac{1}{dL} \tag{9.5}$$

可见,初始光通量 F,在通过 dL 长的距离后减少了 dF,可以计算出消光系数 σ。

大气的透射率为

$$T = \frac{F}{F_0} = e^{-\sigma L} \tag{9.6}$$

根据气象光学视程的定义,当 T=0.05 时对应的距离 L 为光学视程 MOR,于是气象光学视程与消光系数的关系为

$$\text{MOR} = -\frac{\ln T}{\sigma} = \frac{2.996}{\sigma} \tag{9.7}$$

利用式(9.6)和式(9.7)可以得到

$$\text{MOR} = L\frac{\ln 0.05}{\ln T} \tag{9.8}$$

式(9.8)是透射式能见度仪的关系式,其中 L 是光透过的基线长度,T 是测量出的透射率。

2. 气象能见距离测量

实际上在白天通过观测确定能见度时,通常是以水平方向的天空为背景观测一个物体,此时能见距离取决于亮度对比度 C,1924 年,Koschmieder 给出了一个关系

$$C_x = C_0 e^{-\sigma x} \tag{9.9}$$

式中,C_0 和 C_x 分别是一个物体近距离时相对水平天空的亮度对比度和远距离(相距 x)时的亮度对比度。式(9.9)称为柯西密德定律。对亮的天空背景和黑色物体,$C_0=1$,$C_x=\varepsilon$,于是

$$\varepsilon = e^{-\sigma x} \tag{9.10}$$

能见距离

$$R_m = -\frac{\ln\varepsilon}{\sigma} \tag{9.11}$$

若取 $\varepsilon=0.05$，有

$$R_m = \frac{2.996}{\sigma} \tag{9.12}$$

该式和式(9.7)的 MOR 相同，但其意义是不同的。若取 $\varepsilon = 0.02$，则有

$$R_m = \frac{3.912}{\sigma} \tag{9.13}$$

气象学上通常按气象状态将能见度分为 10 个等级，如表 9-1 所示，表中也列出了相应的 σ，需要说明的是 σ 值是根据式(9.9)计算的，因此，它只是理论上的结果，与实际测量值有所区别。

表 9-1　国际能见度等级及 σ 的理论值

能见度等级	气象状态	能见距离	消光系数 σ/km^{-1}
0	浓雾	<50m	>78.2
1	厚雾	50～200m	78.2～19.6
2	中等雾	200～500m	19.6～7.82
3	轻雾	500m～1km	7.82～3.91
4	薄雾	1～2km	3.91～1.96
5	霾	2～4km	1.96～0.954
6	轻霾	4～10km	0.954～0.391
7	晴朗	10～20km	0.391～0.196
8	很晴朗	20～50km	0.196～0.087
9	非常晴朗	>50km	0.087
	纯净空气	277km	0.0141

式(9.10)是在人眼最灵敏的光波长 550nm 上定义的，在整个可见光波段，能见距离都可用式(9.10)计算而不会有很大误差，但对红外波段，式(9.10)不再适用。由于影响总消光系数的因素很多，并没有一个可以利用的转换公式。一般来说消光系数 σ 是由散射系数和吸收系数构成的，通常吸收部分较小而忽略，只考虑散射部分，在工程上常用经验公式来估计散射系数并以它作为消光系数 σ，它和能见距离 R_m 之间的经验公式为

$$\sigma = \left(\frac{3.912}{R_m}\right)\left(\frac{\lambda}{0.55}\right)^q \tag{9.14}$$

式中，λ 是光的波长，单位为 μm；q 是与波长有关的常数；对近红外和中红外波段 q

取如下数据：

$$q=\begin{cases}1.6 & \text{当 } R_m \text{ 很大时} \\ 1.3 & \text{中等能见度时} \\ 0.585R_m^{1/3} & \text{当 } R_m \leqslant 6\text{km 时}\end{cases}$$

其中，R_m 的单位为 km，σ 的单位是 km^{-1}。

对夜间能见度，则需要设置一光源。1876 年，阿拉德(Allard)提出了从已知强度的点光源发出的光的衰减定律，它是距离和消光系数的函数，点光源的亮度：

$$E = I \cdot S^{-2} \cdot e^{-\sigma L} \tag{9.15}$$

所以

$$R_m = S \cdot \frac{\ln \dfrac{1}{0.05}}{\ln \dfrac{I}{E \cdot S^2}} \tag{9.16}$$

式中，E 为环境亮度；S 为灯光能见距离；I 为光强。式(9.16)通常用于夜间能见度的观测。

采取一些假设，可使仪器的测量值转化为气象光学视程，但若有大量合适的能见度目标物可用于直接观测，使用仪器进行白天能见度的测量并非总是有利的。然而对夜间能见度的观测或者当没有可用的能见度目标物时，或对自动观测系统来说，能见度测量仪器是很有用的。用于测量气象光学视程的仪器可分为以下两类。

(1) 用于测量水平空气柱的消光系数或透射因数。光的衰减是沿光束路径上的微粒散射和吸收造成的。

(2) 用于测量小体积空气对光的散射系数。在自然雾中，吸收通常可以忽略，散射系数可视为与消光系数相同。

对于(1)实际上是通过测定大气透射率的透射式能见度测量仪器，对于(2)则是通过测量小体积空气对光的散射系数的散射式能见度测量仪器。

9.4.5 能见度测量仪器的实现

能见度测量仪器有两种，即透射式和散射式，下面就这两种测量仪器的主要特征分别加以描述。

1. 透射式能见度仪

透射式能见度仪是通过测量大气的消光系数来间接测量气象光学视程的仪器。

透射式能见度测量时，需设置一个人工光源，在一定距离处检测光的衰减程

度，计算大气的消光系数，然后换算出能见距离。根据式(9.8)，气象光学视程MOR写成大气透射率T的函数，即

$$\mathrm{MOR} = L\frac{\ln 0.05}{\ln T} = -\frac{3L}{\ln T} \tag{9.17}$$

可见，如果选择两点间距离为L的长度作为测量基线，测出两点间的透射率T，即可计算出气象光学视程。

式(9.8)就是透射仪测量气象光学视程的基本公式。它的正确性决定于下列假设，即满足Koschmieder和Bouguer-Lambert定律，且沿透射仪基线的消光系数与在MOR上观测者同目标物之间路径中的消光系数相同。透射率和MOR之间的关系对雾滴来说是正确的，但是当能见度的减小是由其他水凝物，诸如雨或雪或大气尘粒(诸如扬沙)引起的时候，MOR的值必须谨慎处理。

若要在长时段内保持测量正确，则光通量必须在该时段内保持稳定。透射仪基线所取的值决定于MOR的测量范围，一般认为该范围在基线长度的1～25倍。

透射式能见度仪的类型与工作过程如下。

有两种类型的透射仪。双端透射式，发射器和接收器处于两个单元内，它们间的距离是基线的长度L，L是已知的，如图9-16所示。

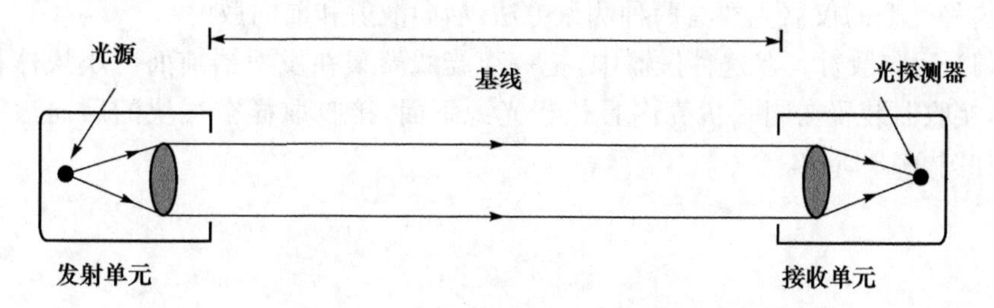

图9-16　单端透射式能见度测量仪

单端透射式，发射器和接收器在同一单元内，发射器发出的光经过相隔一定距离后经反射器反射，又射回发射端，通过一个反射镜后入射到一个接收单元上，如图9-17所示。

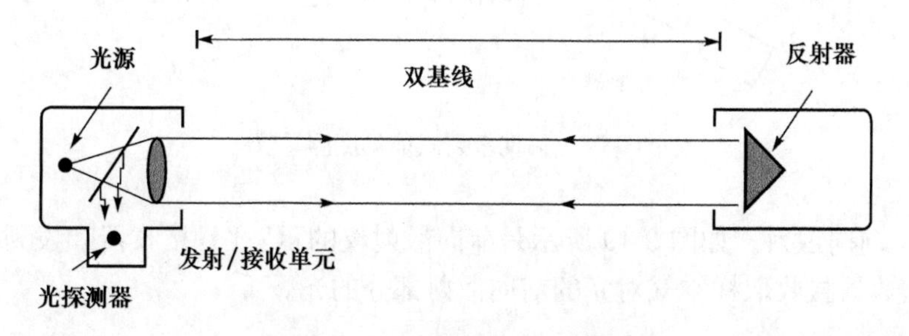

图9-17　双端透射式能见度测量仪

发射器和接收器之间光束传输的距离通常称为基线，可从几米到 150m（或至 300m），它取决于所测能见度值的范围和这些测量的应用情况。

透射仪测量性能的进一步改进，可在不同距离处采用两个接收器或后向反射器，以便扩展能见度测量范围低限（短基线）和高限（长基线）两端。这种仪器称为"双基线"仪。在一些基线很短（几米）的场合中，光电二极管可作为光源，即近红外单色光。然而，一般建议使用可见光谱中的多色光作为光源，以获得具有代表性的消光系数。

2. 散射式能见度仪

散射式能见度仪是通过测量散射系数来间接测量气象光学视程的仪器。

大气中光的衰减是由散射和吸收引起的，但是在一般情况下吸收因子可以忽略，认为光的衰减是由散射引起的，散射引起了能见度的降低。因此可以认为消光系数和散射系数相等，从而测量散射系数来估计能见度。

把一束光汇聚在小体积空气中，通过测量散射光的强弱变化从而间接测量出散射系数，若把来自其他光源的干扰完全屏蔽掉，则这种类型的仪器在白天和夜晚都能使用。

这种类型的仪器主要有两种测量方法：后向散射和前向散射。

（1）后向散射。在这种仪器中，把一束光线聚集在发射器前面一小块体积空气中，接收器装置在同一机壳内且位于光源下面，接收取样空气块的后向散射的光。如图 9-18 所示。

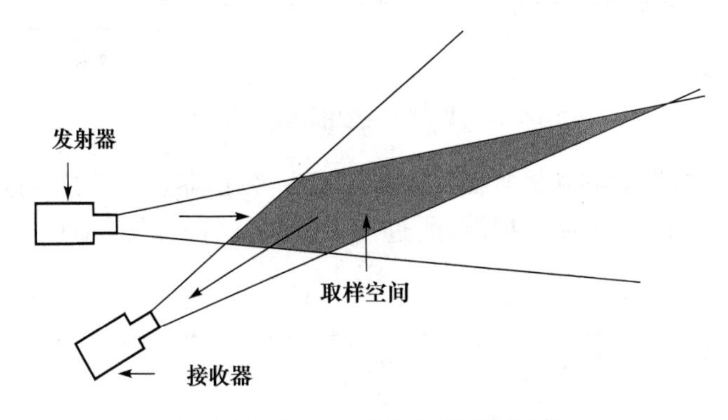

图 9-18　后向散射式能见度测量仪

（2）前向散射。如图 9-19 所示是前向散射仪的示意图，接收器和发射器分开放置，接收器接收取样空气对光的前向散射部分的光。

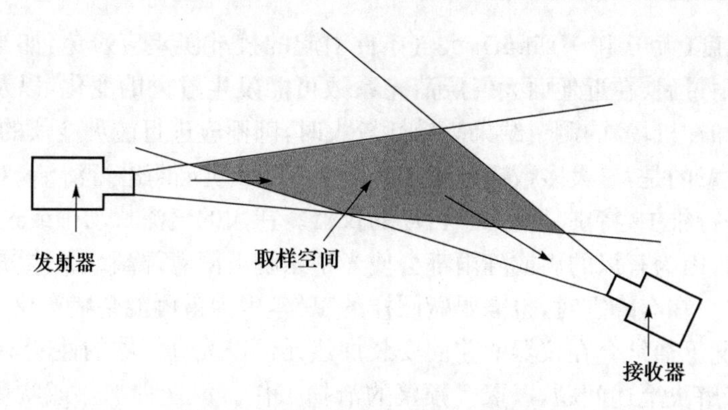

图 9-19　前向散射式能见度测量仪

透射仪的发射器和接收器分开安装，而且相距较远，还需要对准，因此安装和现场调校较为困难。而后向散射仪的接收器和发射器可以做成一体，前向散射仪的发射器和接收器通常也在几米的范围内，通常安装在同一支架上。总的来说散射仪结构较为紧凑，具有体积小、成本低、安装和维护保养方便、动态测量范围大的优点。

散射仪的不足在于测量的只是一个较小体积空气样本的散射量，代表性稍差，测量数据变化较大，测量准确度、可靠性和稳定性不如透射式能见度仪。高能见度时误差较大，定标也相对困难。

能见度测量仪器是一种全天候条件下连续工作的光电式仪器，仪器的工作环境特殊，要求它具有良好的可靠性、稳定性以及耐久性。仪器一般由发射系统、接收系统和支架等构成，发射系统由光源、光源控制电路、聚集透镜等构成，接收系统由光学聚集系统、光电管、接收处理电路等构成，此外有些仪器还有加热、吹风、尘埃污染检测等装置。

能见度测量仪器中常用的光源是脉冲氙灯，其亮度较大，寿命也较长，可达20000h，发出的光在可见光范围内，但机械强度稍差。近年来出现了高亮度的LED，它也是能见度测量仪器中使用的一种新型光源，光谱范围在近红外。其体积小、重量轻、结构牢固、亮度高、低电压工作、调制方便、寿命也较氙灯高得多。此外也有用激光作为光源的。

能见度测量仪器中对光源的稳定性要求很高，通常需要采用合适的方法来保证光源的稳定，有些仪器在发射光源中选取参考光，通过反馈来控制光源的稳定。

目前实际使用的能见度仪器，以前向散射型较多，但在一些高标准要求的场合，如机场，则主要使用透射型能见度仪。

9.4.6　能见度测量仪器的校准和维护

新生产的能见度仪必须进行校准，使用中的仪器也应定期进行校准，校准时应有好的能见度(大于10～15km),大气条件引起的校准误差应避免,如当有强的上升气流、大雨过后、在近地面大气层消光系数可能发生过大的变化,以及当有多台能见度仪(如在机场)的测量结果离散性较大时,都不应进行能见度仪的校准工作。

需要注意的是,对大多数透射仪器,光学表面必须定期进行清洁,对一些仪器必须每天进行维护,特别是使用于机场的仪器。在大的气流扰动中或过后,仪器必须进行清洁,因为有风的雨或阵雨都会使光学系统上附着雨滴或固体颗粒,从而导致仪器误差。在有降雪时,也需要做同样的工作,因为雪可能会堵塞仪器的光学通道,这种情况下通常会在仪器的前面安装加热元件以改进仪器的性能,有时会加装吹风装置来解决上述问题,以取代频繁的清扫工作。但这种加热或吹风可能会产生高于周围环境温度的气流,会反过来影响取样气团的消光系数的测量。在干旱地区,风沙可能会堵塞甚至损坏仪器的光学系统。

9.4.7　能见度测量仪器的误差来源

所有用来测量能见度的实际使用的仪器,相对于观测员所观测的大气来说只是采集了相当小范围的大气样本。仪器能对能见度提供一个准确的测量,仅当它们所取样的空气体积代表了观测点周围以能见度为半径的区域内的大气。很容易设想在出现不均匀的雾或局地的雨或雪暴的情况下,仪器的读数可能出现误导。然而,经验表明,这种情况并不经常发生。用仪器连续监测能见度常会比不用仪器的观测员提前检测到能见度的变化。尽管如此,对能见度的仪器测量的理解仍必须小心谨慎。

当讨论测量的代表性时,另一个应该加以考虑的因素是大气本身的均匀性。对所有的能见度值,一个小体积大气的消光系数通常快速、不规则地波动。没有对测量数据进行平滑或平均处理的散射仪和短基线透射仪得到的单个能见度测量值,会表现出明显的偏差。因此有必要进行多次采样并将它们进行平滑或平均以获得能见度具有代表性的值。对WMO第一次能见度测量相互比对(1990)的结果分析表明,对大多数仪器来说平均时间超过1min没有什么好处,但是对“噪声最大”的仪器而言平均时间取为2min是合适的。

1. 透射仪的准确度

透射仪测量中的误差来源可以概括为如下。

(1) 发射器和接收器的准直性不正确。

(2) 发射器和接收器安装的刚性和稳定性(地面结冻、热应力)不可靠。

(3) 光源的老化和中心位置不正确。

(4) 校准误差(能见度太低或在不稳定的情况下进行校准影响消光系数)。

(5) 系统的电子设备的不稳定性。

(6) 消光系数作为低通信号进行远距离输送时受到电磁场的干扰(尤其是在机场)。

(7) 来源于日出或日落的干扰和透射仪初始定向不良。

(8) 大气污染沾污光学系统。

(9) 局地大气状况(阵雨和强风、雪等)导致不具代表性的消光系数读数或背离 Kcschmieder 定律(雪、冰晶、雨、沙等)。

若在仪器光学路径的消光系数能代表能见度范围内任何一处的消光系数值，使用经过正确校准并良好维护的透射仪应能提供具有良好代表性的能见度测量值,然而,透射仪只在一个有限的范围内能提供准确的能见度测量。图 9-20 表示相对误差如何随透射率变化而改变,此时假定透射因子测量的准确度因子 T 为 1%。

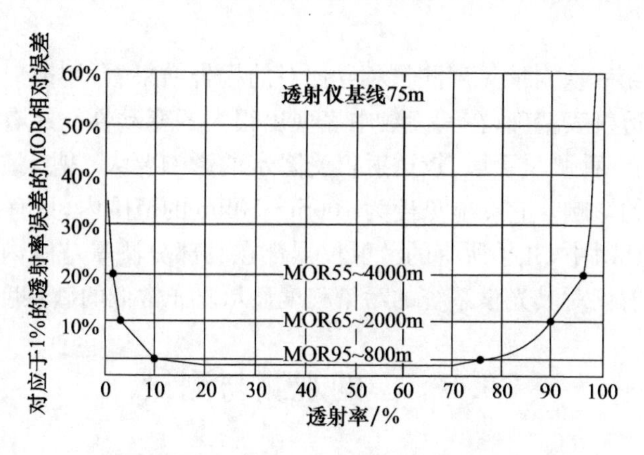

图 9-20　气象光学视程的测量误差表示成透射率误差 1%的函数

这种 1%的透射误差值对于许多旧式仪器来说可认为是正确的,其中不包括仪器的漂移、光学组件积尘或由于现象本身引起的读数分散。如果精确度降到 2%～3%(考虑其他因素在内),那么图中垂直轴给出的相对误差必须乘以同样的因子,即 2 倍或 3 倍。还应注意到在曲线的两端相对能见度测量呈指数增长,从而决定了气象光学视程测量范围的上限和下限。对基线为 75m 而言,若在每一个测量范围的末端,对 5%、10%、20%的误差均可接受,则曲线所示的例子就表明测量范围的限制。对于能见度测量范围在基线长度的 1.25 倍和 10.7 倍之间,假设 T 的误差为 1%,可以推断相应的能见度误差应小于或等于 5%。当能见度小于 0.87 倍基线长度或大于 27 倍该长度时,相应的能见度误差会超过 10%。测量范围超过越多,误差增长越快且变得无法接受。

若在仪器光学路径的消光系数能代表能见度范围内任何一处的消光系数值，使用经过正确校准并良好维护的透射仪应能提供具有良好代表性的能见度测量值，然而，透射仪只在一个有限的范围内能提供准确的能见度测量。

2. 散射仪的准确度

由散射仪造成的能见度测量值误差的主要来源包括如下几个方面。

(1) 校准误差(能见度太低或在消光系数不稳定条件下进行校准)。

(2) 系统电子器件的不稳定性。

(3) 将散射系数以较弱的电流或电压信号进行远程传输时，受电磁场的干扰(特别是在机场)。

(4) 日出日落的干扰以及仪器初始取向不良。

(5) 光学系统受大气污染的沾污。

(6) 大气条件(雨、雪、冰晶、沙、局地污染等)得出的散射系数不同于相应的消光系数。

从 WMO 第一次对能见度测量相互比对的报告结果看，用散射仪测定低能见度值远没有用透射表精确；在其读数中表现出很大的变动性。还有明显的证据表明，散射仪作为一种测量手段，较透射仪受降水的影响要大一些，最好的散射仪很少或不受降水的影响。它在能见度为 100m～50km 的范围内，只有约 10%的校准偏差。在相互比对中，几乎所有的散射仪器都在其部分测量范围内表现出显著的系统误差。散射仪对其光学系统的污染程度显示出非常低的敏感度。

9.5 云的观测与测量

9.5.1 云及人工观测

云是悬浮在大气中的小水滴、过冷水滴、冰晶或它们的混合物组成的可见聚合体；有时也包含一些较大的雨滴、冰粒和雪晶。其底部不接触地面。云的观测主要包括判定云状、估计云量、测定云高和选定云码等。云的观测应尽量选择在能看到全部天空及地平线的开阔地点或平台进行，应注意它的连续演变。

云状指云的外形特征，包括云的尺度，在空间的分布情况、形状、结构以及它的灰度和透光程度。云状的判定，主要根据天空中云的外形特征、结构、色泽、排列、高度以及伴见的天气现象，参照给定的云图(共有 29 类)，经过认真细致的分析对比判定是哪种云。判定云状要特别注意云的连续演变过程。

云量是指云遮蔽天空视野的成数。估计云量的地点应尽可能见到全部天空，当天空部分为障碍物(如山、房屋等)所遮蔽时，云量应从未被遮蔽的天空部分中估计；如果一部分天空为降水所遮蔽，这部分天空应作为被产生降水的云所遮蔽来看待。云量观测包括总云量、低云量。总云量是指观测时天空被所有的云遮蔽的总成数,低云量是指天空被低云族的云所遮蔽的成数,均记整数。

云高指云底距测站的垂直距离,以 m 为单位,记录取整数,并在云高数值前加记云状。

由于云的复杂性,所以利用仪器对云进行观测较为困难,目前除了卫星云图外,借助于仪器对云观测较少,但云高可以借助于仪器测量,因此下面介绍云高的观测。

9.5.2　云高的测量

云高的观测分为云高估测和云高实测,前者主要指利用目测借助于云的形状、结构、大小、亮度等结合本地的云高范围进行估测,后者表示借助特定的仪器或设备对云的高度进行测量,得到的结果称为实测云高。实测云高通常借助云幕球、激光测距仪和云幕灯等设备测量云底的高度。

(1) 云幕球测云高。

云幕球测定云高,是用已知升速的氢气球,观测其从施放到进入云底的时间,乘以气球升速(m/min)求得:云底高度=气球升速×时间。

气球入云时间是指气球开始模糊时间,而不是气球消失时间。

(2) 激光测云仪测云高。

激光云高仪实质上是一个激光测距仪。激光器发出的激光脉冲遇到云层被云滴散射,后向散射部分被接收后,测量出往返时间,或者借助相位测距,即可测量出云团到光源的距离,根据光束的仰角,即可计算出云高,如图 9-21 所示,云高 H 为 $H=L\sin\theta$。其中 L 为激光测距仪测量的距离,θ 为测距仪仰角。

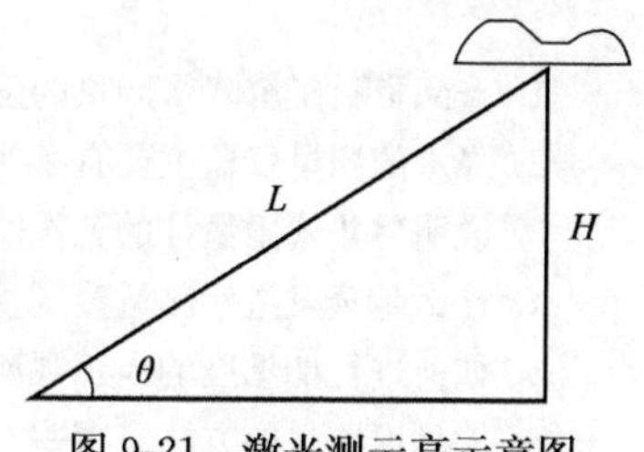

图 9-21　激光测云高示意图

参考文献

胡玉峰. 2004. 自动气象站原理与测量方法. 北京:气象出版社.

任国玉,郭军. 2006. 中国水面蒸发量的变化. 自然资源学报,21(1):31-44.

沈艳,任芝花,王颖,等. 2008. 我国自动与人工蒸发量观测资料的对比分析. 应用气象学报,19(4):463-470.

世界气象组织. 1992. 气象仪器和观测方法指南. 国家气象局气候监测应用管理司译. 北京:气象出版社.

王启万. 2005. 前向散射式能见度仪的发射和接收装置设计. 气象水文海洋仪器,2:1-16.

伟其,胡威捷. 2007. 辐射度-光度与色度及其测量. 北京:北京理工大学出版社.

吴健,杨春平,刘建斌. 2005. 大气中的光传输理论. 北京:北京邮电学院出版社.

张霭深. 2000. 现代气象观测. 北京:北京大学出版社.
张文煜,袁九毅. 2007. 大气探测原理与方法. 北京:气象出版社.
中华人民共和国气象行业标准. 地面气象观测规范第 10 部分:蒸发观测. QX/T54—2007. 北京:气象出版社.
中华人民共和国气象行业标准. 地面气象观测规范第 2 部分:云的观测. QX/T 46—2007. 北京:气象出版社.
中华人民共和国气象行业标准. 地面气象观测规范第 3 部分:气象能见度观测. QX/T 47—2007. 北京:气象出版社.
中华人民共和国气象行业标准. 地面气象观测规范第 4 部分:天气现象观测. QX/T48—2007. 北京:气象出版社.
中华人民共和国气象行业标准. 地面气象观测规范第 8 部分:降水观测. QX/T 52—2007. 北京:气象出版社.
中华人民共和国气象行业标准. 地面气象观测规范第 9 部分:雪深与雪压观测. QX/T 53—2007. 北京:气象出版社.
中华人民共和国水利水电行业标准. 降水量观测规范. SL21—1990. 北京:中国水利水电出版社.
朱小清,詹云翔. 1992. 光度测量技术及仪器. 北京:中国计量出版社.
Viezee W, Lewis R. 1990. 大气边界层探测. 北京:气象出版社.
WMO. 2008. Guide to Meteorological Instruments and Methods of Observation. 7th ed. Geneva.

习　题

1. 查阅资料了解降水测量的发展。
2. 降水的测量仪器主要有哪些? 降水测量包括哪些量?
3. 说明翻斗式雨量计的工作原理及误差的主要来源。
4. 什么是蒸发量? 测量蒸发量的主要工具有哪些? 蒸发量测量的误差有哪些?
5. 如何进行能见度的人工观测?
6. 能见度测量的方法有哪些? 影响能见度测量的因素有哪些?
7. 查阅一种雨量计,介绍其结构和使用方法。

第10章　探　空　仪

10.1　无线电探空仪概述

10.1.1　无线电探空仪简介

大气中各高度上温度、气压、湿度随时间和空间分布的资料，对于研究大气中的各种物理过程，以及天气分析和预报等气象服务工作是十分重要的。高空温度、气压、湿度测量的方法很多，有无线电探空仪探测、飞机探测、火箭探测以及卫星遥感探测、地基遥感探测等。目前气象常规观测业务中，常用的是无线电探空仪探测法。因为无线电探空仪探测法的费用较低、探测高度较高，探测工作几乎不受天气条件限制，而且方法简便，在极地、海洋和沙漠地区都可采用。如配合经纬仪和雷达进行跟踪观测还可以获得高空风的资料。因此，无线电探空仪探测法得到了迅速发展，自20世纪20年代开始使用，至今已成为探测35km以下空中温、压、湿的主要方法。

无线电探空仪探测法是指在35km高度以下，无线电探空仪在气球或降落伞携带上升或下落过程中，不断感应不同高度上的温、压、湿气象要素的变化，并将气象要素的变化转换成电信号，由无线电发射装置发送至地面接收系统，从而获得不同高度上的气象信息。

无线电探空系统由无线电探空仪和地面设备两个部分组成，其结构如图10-1所示。无线电探空仪由气象要素传感器、编码装置和发射装置等组成；地面设备由接收装置、解码装置、处理装置和输出装置等组成。

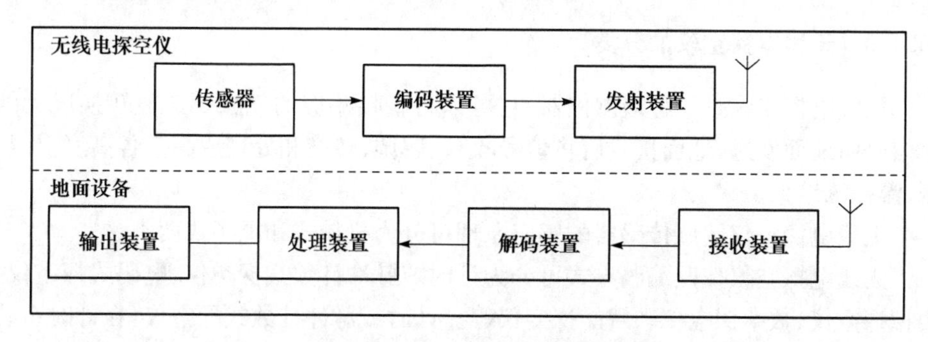

图10-1　无线电探空系统结构图

利用无线电探空仪完成一次高空气象探测一般需要1～2h，不同高度的测量是在不同的时间进行的，由于自由大气中气象要素随时间的变化很小，可以近似将该时段内的探测记录作为同一时间的探测记录；探测仪是随风飘移的，在1～2h的探测时段内通常可飘离测站100～200km，但对于较大尺度而言，气象要素水平分布是比较均匀的，可以近似地将探空过程作为测站上空的垂直探测。目前，为了更精细地了解大气中气象要素的空间分布，已开始将一次高空气象探测过程中的时间和位置信息与探测要素联系起来，而不仅仅是将一次探测资料看成是在施放时刻与地点垂直上空的气象要素分布。

10.1.2 无线电探空仪的基本要求

大气中35km高度以下，气象要素变化范围大：温度为＋40～－90℃，气压为1050～5hPa，相对湿度为100％～0％，因此要求无线电探空仪具有较大的动态测量范围；由于探空仪边上升边测量，所以要求其感应元件具有较小的滞后系数，能快速地响应各高度气象要素的变化；各要素的测量应迅速，采样周期一般不超过2s，以保证每采集一组温压湿数据所代表的气层厚度约10m。此外，无线电探空仪是一次性使用的仪器，要求结构简单、体积小、重量轻、坚固性好、防辐射、防云雨沾湿等。

世界气象组织对无线电探空仪探测准确度的要求如表10-1所示。

表10-1 无线电探空仪探测准确度

变量	范围	准确度
气压	从地面至5hPa	±1hPa
温度	从地面至100hPa	±0.5K
	100～5hPa	±1K
相对湿度	对流层	±5％RH

10.1.3 无线电探空仪的分类

无线电探空仪是一种遥测仪器，它可以将直接感应的气象要素值转换成无线电信号向地面发送，地面接收后将信号收录、解调、转换和处理成高空各高度上温、压、湿探测结果。

无线电探空仪按照传感器的感应原理可分为机械式和电子式两类。

无线电探空仪按照编码方式可分为计时或脉冲计数式探空仪、电码式探空仪、模拟探空仪、数字探空仪和智能探空仪等。计时或脉冲计数式探空仪，在计时系统中，气象要素传感器驱动指针运动，使之与绝缘的扫描圆盘或旋转的鼓上的导电螺线相接触，这些触点与一个固定的参考触点之间的时间或者来自电振荡器的脉冲数，控制高频发射机工作；电码式探空仪，将气象要素传感器的输出转换成莫尔斯电码；模拟探空仪，将传感器输出的模拟量，通过信号整形，再把这些基本信号转换成标准的电压信号；数字探空仪，将传感器输出的模拟量通过模/数转换，通过调制解调器，将数字信息转入无线电发射机；智能探空仪，一种带有微处理器的传感器，具有基本的检测、无线或组网通信功能，是目前主要的探空仪类型。

无线电探空仪按照调制方式可分为调幅式探空仪、调频式探空仪和调相式探空仪。

无线电探空仪按照用途可以分为常规探空仪、定高气球探空仪、下投式探空仪、低空探空仪、特种探空仪、标准探空仪等。常规探空仪由上升的探空气球携带，升空到30～40km，工作时间大于2h，信息传播距离大于200km，携带重量0.5～2.0kg，上升速度为350～600m/min，进行高空温、压、湿气象要素的探测；定高气球探空仪，由定高气球携带，沿等密度面水平飞行时探测，探测范围可绕地球某个纬度带进行，工作时间为数天，定时、自动发射气象信号，探测项目除温、压、湿气象要素外，还可以进行一些专门项目的测定；下投式探空仪，多数使用火箭、飞机定高气球将探空仪带到一定高度，然后将仪器弹射至携带舱外，由气球或降落伞携带下降，探测高度一般为60～70km以下，工作距离约300km，工作时间约几个小时，可以由地面站或飞机上接收其信号；低空探空仪，由上升的测风气球携带，上升速度为100～200m/min，进行3km以下某一气象要素的细微分布探测；特种探空仪，除气象要素以外的大气参量，如臭氧、大气电场等探测的专用探空仪；标准探空仪，是一种性能较高的探空仪，用来与常规探空仪进行对比，作为确定误差的参考基准。

从20世纪60年代开始，我国高空气象要素探测业务中主要是用机械式电码探空仪；70年代开始研制电子式探空仪，并得到部分使用；90年代开始研制数字式探空仪，目前已基本替代电码式探空仪；21世纪初开始研制GPS探空仪，并已逐步投入气象业务使用。

10.1.4 无线电探空仪的操作

一般来说，完成一次探测，应当进行探测的准备、探测的实施、探测记录的处理、探测结果的编发报、探测资料的存储等。

1. 探测的准备

(1) 探空仪的准备。

担负定时探测的气象台站，每天必须保持3～4个合格的探空仪，探空仪准备的内容为探空仪传感器的检查、探空仪电路板的检查、将探空仪检定证参数输入数据处理终端等。

(2) 电池组的准备。

电池组一般采用镁电池组。先配置电池组的电液;在实施探测前 40min 左右进行电池组的检查与浸泡;施放探空仪前 30min 左右进行电池组的赋能。

(3) 探空仪的基值测定。

基值测定是指将探空仪测定的地面气温、气压和相对湿度值与标准仪器测定的地面气温、气压和相对湿度值进行比较,以确定探空仪传感器的基点变化是否在允许范围内的操作过程。基值测定应在探空仪施放前 30min 进行。

将探空仪连同传感器置于专用的基值测定设备中,接通探空仪电源并打开基值测定环境中的专用通风器;准备好温、压、湿测量的标准仪器;打开数据处理设备和相关设备,对探空仪测量的温、压、湿进行采集,同时对标准仪器测量的温、压、湿进行读数或者采集。求取探空仪的测量值与标准仪器测量值差值的绝对值即为基点变量,其基值测定的合格条件如下。

温度基点变量:不大于 0.4℃。

气压基点变量:不大于 1hPa。

湿度基点变量:不大于 5%。

当温、压、湿基点变量均满足合格条件时,探空仪为合格,当温、压、湿基点变量之一不满足合格条件时,探空仪为不合格。

(4) 探空气球的充灌。

根据气球型号和当时的天气状况,确定探空气球的净举力;调整平衡器的砝码,使平衡器的总重量等于所选定的净举力和探空仪及附加物重量之和;进行充氢并检查气球有无漏气或脱胶等现象;当平衡器被气球吊离地面约 0.5m 时,停止充氢扎紧球颈,将气球系留在室内,等待施放。

(5) 探空仪与地面设备的配合。

连接传感器与探空仪的电路板;安装发射机的天线;连接电池组与探空仪电路板;用系球蜡绳的一端连接探空仪。在实施探测前,应当检查探空仪与地面接收设备、数据处理终端等工作是否正常,并且进行互相配合、调整,使其处于最佳的工作状态。

2. 探测的实施

(1) 探空仪与气球的连接。将装配好的探空仪用专用蜡绳与充灌好的气球连接。夜间应在探空仪下部 1~1.5m 处安置目标灯。

(2) 瞬时地面气象观测。每次在施放探空仪前 5min 内进行地面干球温度、湿球温度、气压、风向、风速、总云量、低云量、云状的云属和天气现象的种类等项目的观测,并记录在专用记录表中或输入到数据处理终端中。

(3) 施放探空仪。一般采用自动施放探空仪;当地面风速较大时,采用绕线放球法、人工顺风放球法或过顶放球法等。

(4) 探空信号的接收。接收探空仪在升空过程中发射的温、压、湿探空信号;解调探空信号,获得温、压、湿信息的模拟信号或数字信号;根据探空仪检定证修正模拟信号或者数字信号,计算出探空仪每个周期的温、压、湿值;由实时采集的温、压、湿值和与之对应的时间值组成实时探测的原始数据,以进一步进行资料处理。

3. 探测记录的处理

在实时探测原始数据的基础上,根据高空气象探测规范的要求,利用高空气象探测应用软件进行探测记录处理,获取规定标准气压层、零度层、对流层顶和特性层等相关资料,并将计算的高空温、压、湿、风资料编制成高空温、压、湿、风探测报告电码,供气象业务部门或其他相关部门使用。

4. 探测结果的编发报

探测资料可分为探测原始记录和处理结果资料两部分,高空温、压、湿、风探测的原始记录,经计算处理后可得到结果资料,根据高空温、压、湿、风探测报告的电码格式,编制高空温、压、湿、风探测报告电码,供气象保障业务部门使用。

5. 探测资料的存储

探测资料的存储可分为高空气象探测原始数据的存储、高空气象探测结果的存储和高空气象探测全月资料的存储。

每次探测结束后,按《高空温压湿和风探测记录表》、《高空风探测记录表》的格式,打印输出一份由气象台站保存。全月探测结束后,将全月的高空气象探测结果,按统一规定使用的符号、代号和格式,存储为一个电子文本文件后,向上级业务主管部门上报,或者为本台站保存。移动站不存储全月资料。

10.2 高空气象要素的测量

10.2.1 高空温度的测量

首先,温度传感器必须对温度的变化具有充分快的反应速率,以确保探空仪上升穿过1km厚的气层过程中源自其热滞后造成的系统偏差保持小于0.1K。其次,温度传感器应该设计成尽可能不受直接太阳辐射或太阳辐射后的散射引起的辐射误差的影响以及不受红外辐射的热交换的影响。再次,温度传感器需要具有充分的坚固性以承受探空仪飞升过程中的冲击作用,以及充分的稳定性以保持在几年内准确的校准性能(理想的情况下,温度传感器的校准应具有充分的可重复性,无须对单个传感器进行校准)。最后,温度传感器应暴露在探空仪主体的上部位置(下投式探空仪在主体的下方),这样与探空仪主体或传感器支架接触受到加热或冷却的空气,不可能到达温度传感器,可以避免热传导产生的加热和冷却作用的误差。

在常规使用中,温度传感器的主要类型有热敏电阻(陶瓷电阻半导体)、热敏电容、热电阻、热电偶和双金属片传感器,下面将作简要的介绍。

热敏电阻通常由陶瓷材料制成,且电阻值会随绝对温度降低而增加,热敏电阻属于非线性传感器,其灵敏度大致随绝对温度的平方而减小。由于热敏电阻的阻值很高,典型值为几十千欧姆,所以传感器的供电电压的自身加热作用可以忽略。

热敏电容通常由陶瓷材料制成,所用的陶瓷通常为钛酸钡锶,其电容率随温度而变化。当温度在居里点以下时,温度系数为正;温度在居里点以上,温度系数为负。最常用的传感器直径约1.2mm,目前已设计出的新的传感器直径约0.1mm。这种传感器反应速率较快,同时受太阳辐射作用产生的误差应远小于那些较大的传感器。

铜-康铜接点的热电偶,采用金属丝构成热电偶的外接点,参考点装在探空仪内相对稳定的温度环境中,这样就构成了一个快速反应的温度传感器。为了获得准确的温度值,还需要检测参考端的温度。

双金属片传感器主体呈螺线状,装在探空仪内侧的保护通风管内。这种类型的传感器反应相对偏慢,而且辐射误差较大,目前已被新的温度传感器所替代。

热电阻利用金属丝或金属膜的电阻随温度变化具有较好的线性关系检测温度。其中,铂电阻具有较好的稳定性及检测精度,尤其是薄膜铂电阻能兼顾快速响应的特点,可在高精度检测时应用。

10.2.2 高空气压的测量

无线电探空仪气压传感器必须在非常大的动态范围3～1000hPa内保持准确度,且在较低气压下仍具有0.1hPa的分辨率。气压的变化通常是通过电量或机械变化来识别。由于探空仪在上升中,温度变化可达几十度之多,所以气压传感器必须安装在温度稳定的环境中,一般选择无线电探空仪主体的内部,并使用水袋将传感器包围以缩减其冷却作用。气压传感器及其转换器,通常设计使其灵敏度随气压减小而增加,且反应时间常数一般非常小,这样由传感器滞后引起的误差并不明显。

无线电探空仪曾经使用膜盒作为气压传感器。在较早的设计中,膜盒的直径通常为50～60mm,由金属材料制成,其弹性系数与温度无关。膜盒的灵敏度主要取决于膜盒的有效表面积及其弹性。膜盒的位移形变常用机械联动机件联结到转换器上,会受到1～2hPa的迟滞效应。之后采用直径为30mm或更小的膜盒,按其位移偏差通过其内部的电容器直接测量气压。用于测量的平行板电容器中的两个板,分别固定在膜盒的一侧,位移偏差通过电容值变化间接测量。该电容传感器必须进行温度补偿。

硅气压传感器在半导体层中形成一个小空腔,对这个孔覆盖一层很薄的硅,此时空腔中保持很低的气压。外界的大气压将引起覆盖的薄硅层产生位移,于是这个空腔可作为气压传感器。薄硅层的位移可用两种方法检测,一是使用电阻传感器进行测量,即应变电阻扩散在空腔覆盖层的表面,应变电阻随薄硅层的位移而变化,通过惠斯通电桥测得电阻值的变化。但是这种应变电阻具有较大的温度系数,必须进行温度补偿。另一种方法是采用电容传感器,即薄硅层上下各覆薄的金属层,薄硅层的位移用这两层金属层之间的电容变化来测量。这种类型的传感器温度系数较小,已在业务型探空仪中实施。

10.2.3 高空相对湿度的测量

无线电探空仪相对湿度传感器的有效测量依赖于传感器与大气之间水分子的迅速交换。在干燥条件下(无云、雾或降水)温度高于−10℃,现代的相对湿度传感器的一致性比较好,能表示出相似的垂直方向的相对湿度结构,但在低温低压条件下,要取得良好的测量结果是极端困难的,因为在探空仪上升过程中一旦温度降低,湿度传感器与大气之间的水汽分子自由交换会受到阻碍。在平流层的低温、低湿条件下,没有一种业务性探空仪相对湿度传感器能得出可信的测量结果。大多数相对湿度传感器的校准与温度有关,故在地面系统处理资料的过程中,对相对湿度的校准必须引入相应的修正。

薄膜湿敏电容目前已被几种业务性探空仪设计所采用。最先广泛使用的传感器基于聚合物薄层的介电常数会随环境水汽压而变化,在玻璃基片上真空喷涂一层金属膜,其上均匀覆盖活性聚合物,再在其上真空喷涂另一层薄金属膜,这两层金属膜作为电容的上电极,并允许水汽渗透进入,这种电容传感器与相对湿度呈近似线性函数关系,且与温度的相关性小。实验研究表明,只要传感器上的电极不受降水沾染,其滞后相对较小(小于相对湿度的3%)。

碳湿敏电阻传感器,由散布在吸湿性薄膜中的悬胶状微碳粒构成。现代改型的传感器是在聚苯乙烯条块上涂上一层含碳粒的吸湿性薄膜,沿两侧溅射上电极。环境相对湿度的变化将改变吸湿性薄膜的尺度,其阻值会随湿度的增加而渐增,相对湿度90%时的阻值是相对湿度30%时的100倍。这种传感器通常安装在探空仪内的管道中,减小其受降水冲刷作用的影响,并能防止直接太阳辐射对传感器加热。这种传感器的性能可以在生产过程中进行控制,无须对其温度关系单个地确定,其次在室温条件下针对一定相对湿度范围经过多次循环驯化,会减小其在探空仪上升过程中传感器的滞后性能。

10.2.4 高空其他要素的测量

在大多数业务台站中，无线电探空仪也可用于高空风的探测。在无线电探空仪上装载能接收无线电导航系统（如 GPS）信号的设备，通过探空仪位置的变化计算出风向和风速。这种导航测风的准确度取决于几何学、相位、稳定性以及在指定位置无线电导航信号的信噪比。

另外可以将某些大气成分（如臭氧浓度或放射性物质）的感应系统随同无线电探空仪一起施放。

10.3 探空仪的误差

目前世界上投入业务使用的各种探空仪，其温、湿、压的观测精度一般均未达到世界气象组织的要求，特别是 20km 以上的观测结果。确定及分析探空仪的误差，设法加以修订，将提高探空资料的利用价值，有助于高空天气的分析。

探空仪的测量误差是各种因素导致的误差总和，从探空仪的制造、检定、施放、接收和数据处理过程的各个环节都可能导致误差的产生。精确测定探空仪的测量误差是十分困难的。一般地说，无法知道测量时气象要素的真值大小，而且，探空仪是一种一次性使用的仪器，每次探测时使用的探空仪不同，大气中的条件也不相同。因而对其测量误差的评定较为困难。

通常，探空仪的测量误差可以分成以下三类。

(1) 系统误差是指对某一种类型的探空仪进行多次和多个探空仪的施放，测量值和真值之间的偏差的平均值。

(2) 探空仪误差，用来表示一种类型探空仪中个别探空仪的误差。它是单个探空仪测得的平均误差与多个探空仪平均值之间的偏差。在一次探空施放中，探空仪误差是有规律地随高度逐渐变化的；对于多次探空，则又是一种随探空仪而不同的偶然误差。

(3) 偶然误差是指一次探空过程中，个别测量值与它本身平均值之间的偏差。

10.3.1 测量误差来源

下面将从探空仪所测量的气象要素来具体分析影响其观测精度的因素。

1. 温度误差

测温元件和环境大气进行热量交换，是通过对流、辐射和传导方式进行的。但由于元件和探空仪机架之间绝热良好，所以热传导方式的热交换可忽略不计。测温误差主要是滞后误差和辐射误差，此外，还存在因元件沾湿和受气球尾流加热而引起的误差。

目前大多数正在使用的无线电探空仪温度传感器的时间常数均较大，若要达到最佳准确度需作修正。由热滞后产生的误差 ε_r 与上升速率 V 有关，在给定的均匀温度梯度 $\mathrm{d}T/\mathrm{d}z$ 条件下，对时间常数为 ι 的传感器来说 $\varepsilon_r=-\iota\cdot V\cdot \mathrm{d}T/\mathrm{d}z$。在对流层下层，通常 $V\cdot \mathrm{d}T/\mathrm{d}z$ 在 -0.03K/s 左右，故时间常数为 3s 时将产生滞后误差 0.1K。在对流层上层，$V\cdot \mathrm{d}T/\mathrm{d}z$ 常在 -0.05K/s 左右，故时间常数为 5s 时将造成 0.25K 左右的滞后误差。在强逆温中，温度梯度可超过 4K/100m，即使上升时间较短，其温度误差也比较大。

目前主要采用统计或实测比较的方法计算辐射误差。白天进行探测时，由于受到太阳辐射的影响，温度传感器的测量结果会高于环境大气温度，其差值被称为辐射误差。它的大小由太阳辐射加热量与通风量决定，前者取决于太阳高度角，后者取决于气球的升速及探空仪所在的高度。另外，温度传感器与红外背景的热交换也会使温度测量结果产生明显的误差，且不论白天或夜间均影响温度观测的结果。

另一个温度误差源是探空仪在穿过雨区或云区时，温度传感器被水沾湿，甚至元件上结冰，都会造成测温误差。这种误差很难估计，只有在整理探空记录时，正确判断是否有因为沾湿而引起的“逆温”、“等温”或“超绝热”。

另外，探空气球升至高空，被太阳辐射加热，温度会高出气温很多，流经气球的气流会使探空仪加热，使温度测量值偏高。一般探空仪离气球超过 40m 时，这种影响可以忽略。

2. 相对湿度误差

湿度测量是探空仪测量项目中精度最差的一个，入云后元件被沾湿或形成冻结将使元件在较长时间内失效，而随着高度、湿度明显下降的条件下，滞后系数将达到 1000s 左右时，元件基本处于瘫痪状态，无法正常工作。并且湿度元件均具有一定的温度系数，由于在低温条件下恒湿箱内温度不易准确控制，故缺乏完整的温度系数试验结果，所以在探空仪的对比试验中，很少统计湿度测量的结果。

3. 气压误差

采用金属膜盒时，金属材料的弹性会随温度和时间而变化，因此主要是滞后和温度对气压的测量产生影响。前者通过老化处理和使用降压过程的检定曲线可以大大减小测量误差，后者通过残留气体、双金属片进行温度补偿，可使测量误差一定程度减小。另外，膜盒传感器在高空和低空具有相同的绝对精度，因此在低气压测量时具有较高的相对误差。而采用硅传感器检测气压时，也因为传感器具有较大的温度系数而在温度快变的上升过程中产生误差。此外，传感器在上升过程中的动压力，也会引起误差。

4. 温、湿、压的测量误差对位势高度的影响

两个等压面间的厚度可由以下公式计算，即

$$H_{P_1}^{P_2} = 67.4\,\overline{T_V}\lg\frac{P_1}{P_2} \tag{10.1}$$

式中，P_1 和 P_2 分别表示顶层和底层的气压值；$\overline{T_V}$表示空气层的平均虚温。若$\overline{T_V}$、P 存在误差，将引起测高误差。因此，位势高度的误差取决于无线电探空仪的观测结果。

10.3.2 测量误差的评价

目前多采用"双施放"、"三施放"等比较方法进行分析评价，研究探空仪的测量误差。

1. 双施放比较法

在同一气球下携带两个探空仪进行同步测量比较，称为双施放比较法。设探空仪对某一气象要素的测量值为 $x_i(i=1,2)$，其环境真值为 x_0，其测量系统误差为 η_i，随机误差为 ε_i，则有

$$x_i = x_0 + \eta_i + \varepsilon_i \tag{10.2}$$

假定这两个探空仪为同一类型，于是其系统误差可以认为相同，即 $\eta_1=\eta_2=\eta$。于是，任一时刻两探空仪的测量值之差 Δx_j 为

$$\Delta x_j = x_{1j} - x_{2j} = \varepsilon_{1j} - \varepsilon_{2j}$$

假定各同步测量是等精度的，于是可求得其均方差值 σ^2

$$\sigma^2 = \frac{1}{N-1}\sum_{j=1}^{N}\Delta x_j^2 = \frac{1}{N-1}\sum_{j=1}^{N}(\varepsilon_{1j}-\varepsilon_{2j})^2 = \frac{1}{N-1}\sum_{j=1}^{N}(\varepsilon_{1j}^2+\varepsilon_{2j}^2) = \sigma_{x1}^2+\sigma_{x2}^2$$

由于是同一类型的探空仪，可假定 $\sigma_{x1}^2=\sigma_{x2}^2$，于是

$$\sigma^2 = 2\sigma_x^2 \tag{10.3}$$

由此，可以求出该类型探空仪的测量误差 σ_x^2 为

$$\sigma_x = \sigma/\sqrt{2} \tag{10.4}$$

由此可见，使用双施放比较法可以用同步差值 $x_{1j}-x_{2j}$ 的统计均方差 σ^2 来表示该型号探空仪的测量随机误差。但是，双施放比较法无法求出探空仪的系统误差。

2. 三施放比较法

在同一气球下携带三个不同类型的探空仪同步测量,进行比较的方法,称为三施放比较法。设三个不同类型的探空仪分别为 A、B、C,在上升过程中,各探空仪的同步测量值分别为 x_{ai}, x_{bi}, x_{ci} $(i=1,2,3,\cdots,N)$,设三种探空仪的系统误差和随机误差分别为 $\eta_a, \eta_b, \eta_c; \varepsilon_{ai}, \varepsilon_{bi}, \varepsilon_{ci}$。则有

$$\begin{cases} x_{ai} = x_i + \eta_a + \varepsilon_{ai} \\ x_{bi} = x_i + \eta_b + \varepsilon_{bi} \\ x_{ci} = x_i + \eta_c + \varepsilon_{ci} \end{cases} \tag{10.5}$$

式中,x_i 为气象要素值(真值)。
于是,三个不同类型的探空仪中,两两探空仪之间的同步差值分别为

$$\begin{cases} \Delta x_{abi} = x_{ai} - x_{bi} \\ \Delta x_{aci} = x_{ai} - x_{ci} \\ \Delta x_{bci} = x_{bi} - x_{ci} \end{cases} \tag{10.6}$$

即

$$\begin{cases} \Delta x_{abi} = (\varepsilon_{ai} - \varepsilon_{bi}) + (\eta_a - \eta_b) \\ \Delta x_{aci} = (\varepsilon_{ai} - \varepsilon_{ci}) + (\eta_a - \eta_c) \\ \Delta x_{bci} = (\varepsilon_{bi} - \varepsilon_{ci}) + (\eta_b - \eta_c) \end{cases} \tag{10.7}$$

同步差中含有两部分误差和,即随机误差和系统误差差值的和。随机误差的符号和大小都是随机的,当测量值足够多时,随机误差的均值趋于零。由此可得两两探空仪的系统误差之差 $\eta_{ab} = \eta_a - \eta_b$,$\eta_{ac} = \eta_a - \eta_c$,$\eta_{bc} = \eta_b - \eta_c$ 为

$$\begin{cases} \eta_{ab} = \dfrac{1}{N}\sum\limits_{i=1}^{N} \Delta x_{abi} \\ \eta_{ac} = \dfrac{1}{N}\sum\limits_{i=1}^{N} \Delta x_{aci} \\ \eta_{bc} = \dfrac{1}{N}\sum\limits_{i=1}^{N} \Delta x_{bci} \end{cases} \tag{10.8}$$

同样地,可以得到两两探空仪之间的均方差为

$$\begin{cases} \sigma_{ab}^2 = \dfrac{1}{N-1}\sum\limits_{i=1}^{N} (\Delta x_{abi} - \eta_{ab})^2 \\ \sigma_{ac}^2 = \dfrac{1}{N-1}\sum\limits_{i=1}^{N} (\Delta x_{aci} - \eta_{ac})^2 \\ \sigma_{bc}^2 = \dfrac{1}{N-1}\sum\limits_{i=1}^{N} (\Delta x_{bci} - \eta_{bc})^2 \end{cases} \tag{10.9}$$

根据统计学原理 $\sigma_{ab}^2 = \frac{1}{N-1}\sum_{i=1}^{N}(\varepsilon_{ai}-\varepsilon_{bi})^2$，可得

$$\begin{cases}\sigma_{ab}^2 = \sigma_a^2 + \sigma_b^2 \\ \sigma_{ac}^2 = \sigma_a^2 + \sigma_c^2 \\ \sigma_{bc}^2 = \sigma_b^2 + \sigma_c^2\end{cases} \tag{10.10}$$

由式(10.10)可解出三种探空仪的测量误差 σ_a，σ_b，σ_c 分别为

$$\begin{cases}\sigma_a = \sqrt{\dfrac{\sigma_{ab}^2 + \sigma_{ac}^2 - \sigma_{bc}^2}{2}} \\ \sigma_b = \sqrt{\dfrac{\sigma_{ab}^2 + \sigma_{bc}^2 - \sigma_{ac}^2}{2}} \\ \sigma_c = \sqrt{\dfrac{\sigma_{ac}^2 + \sigma_{bc}^2 - \sigma_{ab}^2}{2}}\end{cases} \tag{10.11}$$

由此可见，三施放比较法不但可以求出三种探空仪各自的随机误差 σ_a，σ_b，σ_c，还可以得出两两探空仪系统误差差值 η_{ab}，η_{ac}，η_{bc} 的情况。

3. 探空仪对比实验

世界气象组织进行了国际无线电探空仪比对实验，对各国使用的无线电探空仪进行比对实验，可得到不同探空仪温度、气压和相对湿度传感器各自的性能。

4. 客观分析法

利用等压面图，分析探空资料准确性的方法，称为客观分析法。该方法的理论依据是天气比较稳定，同一天气形势下相邻测站的气象要素应当具有可比性。利用相邻测站的探空资料，精心绘制等高线、等温线、等湿线；然后用内插法，求出该站的位势高度、温度和湿度；最后，将内插值与实测值进行比较，即求出差值的平均值(系统误差)和均方差，便可估计该测站的探空质量。

10.4　几款典型的探空仪

10.4.1　GZZ2 型电码式探空仪

该探空仪又称 59 型探空仪，利用非电量的电测法来探测高空大气温度、湿度、气压的变化，用此变化量来调制发射机使其发出莫尔斯电码，并为地面设备所接收处理。它与经纬仪、雷达配合，也可同时测量高空风。GZZ2 型电码式探空仪是上海无线电二十三厂生产的，自 1965～1990 年共生产 GZZ2 型电码探空仪 360 万台以上。主要性能如下。

(1) 测量范围。

温度：+40～−75℃。

相对湿度：100%～15%。

气压：1050～10hPa。

在实际工作中温、湿、压的测量范围分别允许外延到−85℃、5%、5hPa，但其资料仅作参考，外延部分误差不作规定。

(2)测量误差。

温度：在1000～500hPa范围内为±0.28℃；在500～200hPa范围内为±0.42℃；在200～10hPa范围内为±0.67℃；在100～10hPa范围内为±1.0℃。

气压：±2.0hPa。

相对湿度：±2.5%。

10.4.2 GTS1型数字探空仪

GTS1型数字式探空仪是近年来中国自行研制的新型数字探空仪，2008年12月通过中国气象局监测网络司定型审查，并正式命名为GTS1-1型数字探空仪。需要与GFE1型二次测风雷达配合使用。

1. GTS1型数字探空仪主要性能

测量范围：温度为−80～+40℃；气压为10～1050hPa；相对湿度为100%～15%。

测量误差：温度为±0.4℃；气压为±2hPa(在500hPa高度以下时)，±1hPa(在500hPa高度以上时)；相对湿度为±5%(在环境温度为−25℃以上时)，±10%(在环境温度为−25℃以下时)。

载波频率：(397±2)MHz。

回答脉冲宽度：0.8～3.5μs。

调制频率：(32.7±0.5)kHz。

数字信号传输方式：数字“1”状态，发射机受测距信号调制，处于回答状态；数字“0”状态，发射机受32.7kHz方波调制，高电平时发射机工作，低电平时关闭发射机。

采样周期：$t \leqslant 1.5$s。

每组采集的数据内容为时间、探空仪编号、测量要素代码等。

2. 探空仪的测量原理

探空仪工作原理框图如图10-2所示，在升空过程中，热敏电阻、压力传感器、湿敏电阻分别随空气的温度、气压、湿度的变化而改变阻值大小或输出电压的大小；这些变化值通过智能变换器转换成不同的二进制数据，智能转换器同时将这些探测到的气象资料信息，通过载波信号调制到发射机上，使其产生不同的工作状态，向地面 GFE1 型二次测风雷达发射温度、湿度、气压的无线电二进制代码和测距应答脉冲，以完成 0～30km 垂直高度的温、湿、压、风向和风速的综合探测。

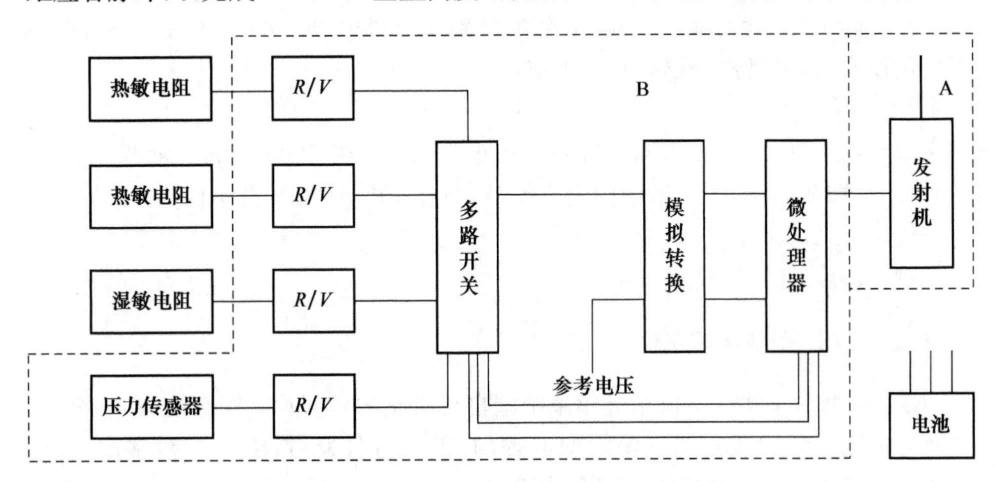

图 10-2　GTS1 型数字探空仪工作原理框图

GTS1 型数字探空仪采用全电子传感器和副载波二进制数字代码遥测的方法，具有良好的抗同频干扰能力。

3. 探空仪的结构

GTS1 型数字探空仪由传感器、智能转换器、发射机三部分构成。

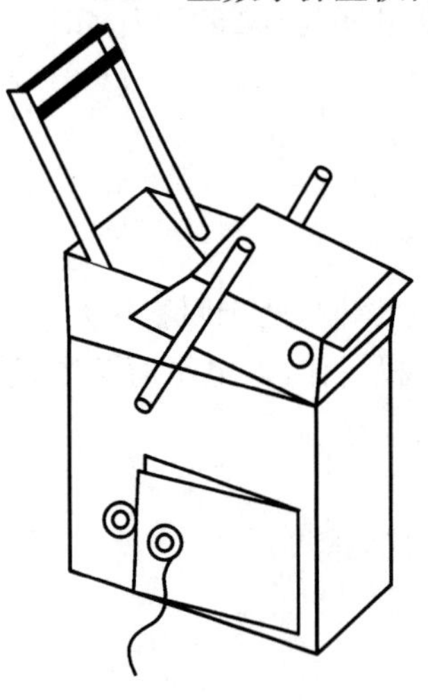

图 10-3　GTS1 型数字探空仪外壳

探空仪的外壳为白色长方体纸盒(图 10-3)，表面涂有防雨透明胶，具有良好的防水性能和反射率。热敏电阻支架在施放时要从盒盖内转出接近 150°，盒盖前部装有湿敏电阻插座，防雨盖内壁有防辐射黑纸(图 10-4)，这样盒盖既能防雨又能避免湿敏电阻受太阳直接辐射影响，同时构成空气流动的通道，减小湿敏电阻滞后误差。

电池从纸盒侧面放入盒内，电池靠近发射机一端，可减少电池热量造成测温误差。GTS1 型数字探空仪使用镁氯化亚铜注水式电池，缺点是雨水会产生化学反应消耗能量，时间越长能量消耗会越多。

(1) 传感器。

温度传感器采用棒状热敏电阻，在测量范围内(55～－90℃)，阻值限定在 9～700kΩ，阻体长 10mm，

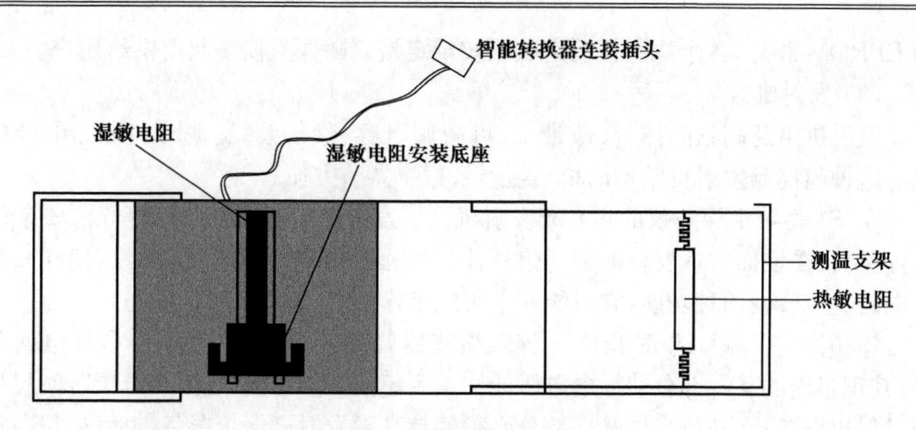

图 10-4　温湿传感器安装位置图

直径 1mm 左右，表面有高反射率涂层，短波反射率优于 93%。热敏电阻出厂时已焊接在探空仪纸盒盒盖内的白色塑料支架上。气压传感器附近温度测量也采用棒状热敏电阻，阻体长 6.5mm，直径 0.65mm，将其安装在气压传感器外壳内，用胶水封固。

湿度传感器采用高分子湿敏电阻，外观是黑色的，感应材料是裸露的，因此手只能接触基片的两边电极，同时它需要防太阳辐射和雨淋，需要一定的通风量来保证传感器正常工作，为此在探空仪的外壳上设计了防晒、防雨的通风道放置湿敏电阻。湿敏电阻是一次性使用的元件，故湿敏电阻出厂时置于密封的双层玻璃管的内管中，内外管之间放有干燥剂，以保证湿敏元件长期处于干燥的环境中。由于湿敏电阻的阻值随时间变化而有所漂移，所以在使用过程中采用湿敏电阻的比阻值来表示相对湿度。所谓比阻值就是用某一相对湿度，如 0%作为参考值，其他湿度的阻值与其相比，这就是探空仪使用前需要输入参考电阻值的原因。这种湿度传感器具有测湿范围广、互换性好、响应速度快、体积小等优点。

气压传感器采用硅阻固态压力传感器，使用软硬件温度补偿的方法，补偿动态范围大、精度高、成本低、同时改善线性度。硅阻固态压力传感器在工作范围内具有良好的弹性和重复性。气压传感器和温度补偿传感器安装在智能转换器的印制电路板上。

(2) 智能转换器。

智能转换器主要功能是将各类传感器的物理量，按一定格式转换成二进制代码。智能转换器由单片机、积分器、比较器、多路开关、放大器、振荡器等电路组成。

转换器采用软件双积分 A/D 转换方法，转换精度超过 14 位，并对温度影响采取了多种补偿措施，在 50～－35℃范围内的实际转换精度为万分之三。各传感器所测量的气象信息要素值转换由地面设备中的计算机，根据各个探空仪检定的数据进行处理，这样提高了数据的可靠性，降低了探空仪的成本。智能转换器不带外部 EPROM 芯片，各个探空仪检定数据按规定格式随探空仪一起提供给用户。

(3) 发射机。

发射机由超高频晶体管、微带线、可微调电容、鞭状天线、地网和穿芯电容构成。这种超高频发射机结构简单、重量轻、频率调节方便。

GTS1 型数字探空仪的超高频发射机除了发送温度、湿度、气压等气象要素信息，还要接受地面雷达发射的询问信号，因此还必须有接收机的功能。为使同一振荡电路具有收发两种功能，它只能处于再生工作状态(即间歇工作状态)。

淬频振荡器频率为 800kHz。淬频振荡器调制在超高频发射机 RC 放电回路中，其正半周的某一部分使放电电压能够达到超高频发射机"起振阀电压"，使超高频发射机振荡；而其负半周某一部分必须使超高频发射机停止振荡，也就是超高频发射机受到淬频振荡器 800kHz 的调制。这是一种特殊的调制，能够保证超高频发射机的振荡处于"欠饱和"状态，这样超高频发射机在遇到地面雷达询问脉冲信号时，就能够达到"饱和"状态，使振荡幅度增大，产生应答"鼓包"和"缺口"。

智能转换器输出的二进制码，通过放大倒相后，副载波 32.7kHz 幅度达到 24V，通过隔直电容负电压直接加至超高频晶体管基极强迫超高频振荡器停止振荡，从而达到了调制的目的。在智能转换器输出二进制码期间，超高频发射机受 32.7kHz、800kHz 和二进制气象代码的多重调制。每帧气象信息发送时间约为 0.2s，余下的时间(约 1s)改善 800kHz 同步振荡脉冲，随时等待雷达询问脉冲。

10.4.3 GPS 探空仪

近年来，卫星导航定位系统，特别是美国的全球定位系统(GPS)发展极为迅速。GPS 能够为地球表面和近地空间的广大用户提供全天候、实时、高精度的位置、速度和时间等导航服务信息。GPS 高空探测系统是新一代探空系统，采用数字化测量电路测量大气温、压、湿，并运用 GPS 测量大气风向、风速。采用 GPS 技术实现气象探空，能够大大提高气象探空的准确性，降低地面接收系统的成本，提高气象探空系统的自动化程度。

1. GPS 探空仪主要性能

测量范围：温度为－70～＋40℃；气压为 150～1040hPa；相对湿度为 10％～90％。

测量误差：温度为±0.5℃；气压为±1.5hPa；相对湿度为±5％。

载波频率：(403.5±3)MHz。

载波频率稳定度：f_0±3MHz。

调制方式：FM 调频。

采样周期：4s。

2. GPS 探空仪的工作原理

(1) 温、湿、压测量。

数据处理单元测量原理如图 10-5 所示，通过温度、湿度、气压传感器探头探测的电阻、电容变化量转化为电压或频率变化量，这些变化量均为模拟量，经过运算放大器进行小信号放大，A/D 变换转换为数字量，同时查表进行修正、数字编码，由外时钟采集同步输出传感器数据。

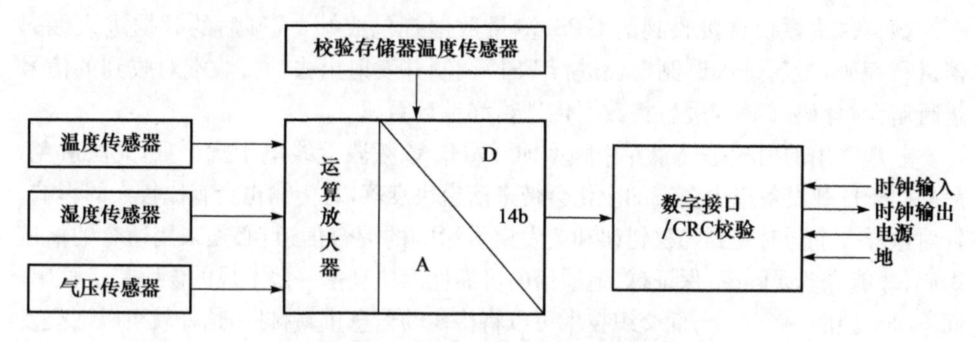

图 10-5 数据处理单元测量原理框图

探空仪采集的空中气压、温度和相对湿度数据经探空仪的转发器电路转发到地面基站，经硬件解调设备和软件处理后得到所需的探测气象要素数据。由于遥测噪声、调制电路、下行链路、解调电路、辐射及外界不确定气候条件等因素影响，导致原始数据出现物理上的不一致数据点和丢失的数据点，就必须利用物理方程、数学算法及气象学理论模型对原始数据进行处理。

(2) 测风原理。

在探空系统中采用 GPS 技术测风。GPS 是全球定位导航系统，将它用于高空气象探测具有测量精度高、地面系统结构简单、自动化程度高等优点。

GPS 技术测风采用定位方式，首先测量 GPS 卫星到接收机的距离(伪距)，卫星的位置(即轨道)是已知的，可列出方程：

$$[(X-X_i)^2+(Y-Y_i)^2+(Z-Z_i)^2]^{1/2}=R_i,\quad i=1,2,3,4,\cdots \tag{10.12}$$

式中，X_i,Y_i,Z_i 是第 i 颗卫星的坐标；R_i 是 t 时刻第 i 颗卫星到接收机的距离。只要有 3 颗卫星就能计算出接收机所在的位置，但在实际应用中，由于接收机时钟与卫星上时钟的偏差，常常用 4 颗或 4 颗以上卫星的资料计算探空仪在特定坐标系中的坐标，即定位。然后通过探空仪位置的变化计算风向、风速。探空仪在上升过程中相邻两点相对于基站的坐标分别为 (x_1,y_1,z_1)，(x_2,y_2,z_2)，则实际风向和风速：

$$\theta = \arctan((y_2 - y_1)/(x_2 - x_1)) \tag{10.13}$$

$$v = \mathrm{sqrt}((y_2 - y_1)^2 + (x_2 - x_1)^2)/t \tag{10.14}$$

式中，t 为探空仪从该点运动到相邻点所需的时间。

(3) 通信工作原理。

通信系统分为收(地面)、发(气球)两端，为单向数据传输，由以下功能模块组成：射频调制解调模块、纠错编码模块、纠错译码模块、数据传输控制模块、数据采集模块。

数据采集模块将接收到的 GPS、测量数据打包成帧，成帧后的数据进入编码器进行编码，最后进入调制模块进行 FSK 调制并发射出去。接收端对收到的信号进行解调、译码、解帧，最后将数据传送给终端计算机。

一般采用的射频是气象专用频率 400MHz，该频段无线电干扰严重，无法避免。另外由于球载设备空中姿态的变化会带来信道快衰落，对传输也会有比较大的影响。针对这样一个同时受到随机错误和突发错误影响的混合信道，必须采用适合的信道编码，才能降低误码率，保证球、地通信的可靠性。快衰落一般造成的误码是一长串，而不是单独的一个一个，而交织技术可以将待传的信息重新排序，这样就可以把突发的连串错误打散，变成单个的错误，这样对于编码纠错是有利的，对消除快衰落产生的影响有很好的效果。在发端采用卷积编码加交织，收端采用 Viterbi 译码，这种编码方案在第二代通信系统中被采用，适合于低速数据的传输。

典型的(n,m,k)卷积码编码器是指输入位数为 m、输出位数为 n、约束长度为 k 的卷积码编码器，编码速率为 m/n。一个(2,1,7)的卷积码编码器如图 10-6 所示，可用 6 个移位寄存器实现。例如，输入 msg_bit=[10110101000000]，其输出为 msg_i=[11010110101101]，msg_q=[10001001100111]。

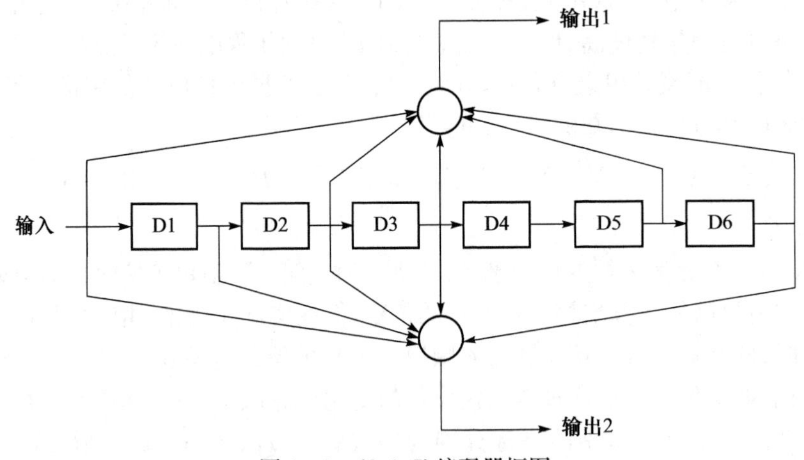

图 10-6　(2,1,7)编码器框图

Viterbi 译码算法是一种针对卷积码而提出的最大似然译码算法，基于卷积码编码器的状态与时间的关系，求出码集所有码字中与接收序列有最小距离度量的码字。在译码器中有一个与发送端一样的本地编码器，只不过这个编码器能遍历所有可能的编码路径，而译码就是在每一时刻都将这些路径与接收序列进行距离度量，并去掉那些度量值小的编码路径，最后留下的那条路径就是正确的译码路径。译码器的方框图如图 10-7 所示。

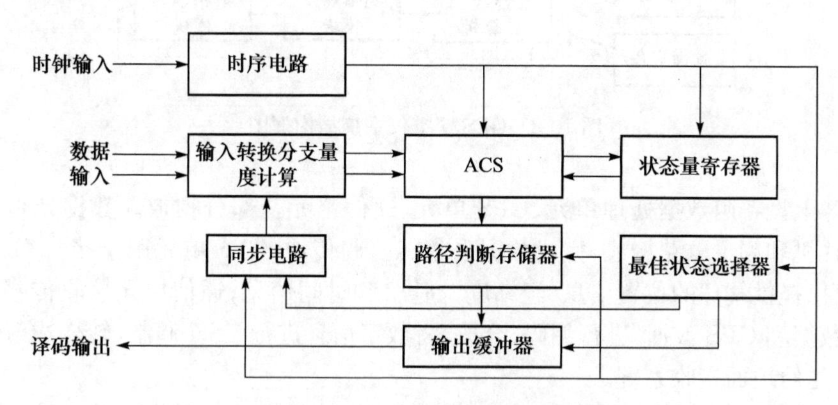

图 10-7　Viterbi 译码器框图

电波在空间传输，其自由空间损耗：

$$L_s = 32.45 + 20\lg f + 20\lg D \tag{10.15}$$

式中，f 为发射频率，MHz；D 为传输距离，km。

电波从电台发出，经过馈线和天线，通过空中向远方传播，信号受到衰减，到达接收机时，接收场强电平：

$$P_r = P_t + G_t + G_r - L_r - L_t - L_s \tag{10.16}$$

式中，P_t 为发射功率；G_t、G_r 为收发馈线增益；L_t、L_r 为收发馈线损耗。

技术衰落储备越多，抗干扰能力越强，误码越少。无线电波的传输距离不仅取决于功率，即要求接收机有一定的技术衰落储备，还受天线所设高度的影响，即视距的影响。由于受地球曲率的影响，两个点（天线高度分别为 H 和 h）之间最大可视距离（视距）D(km)为

$$D = 4.12(\sqrt{H} + \sqrt{h}) \tag{10.17}$$

3. GPS 探空仪的系统组成

GPS 探空仪的系统结构如图 10-8 所示，由两部分组成：球上设备和地面设备。

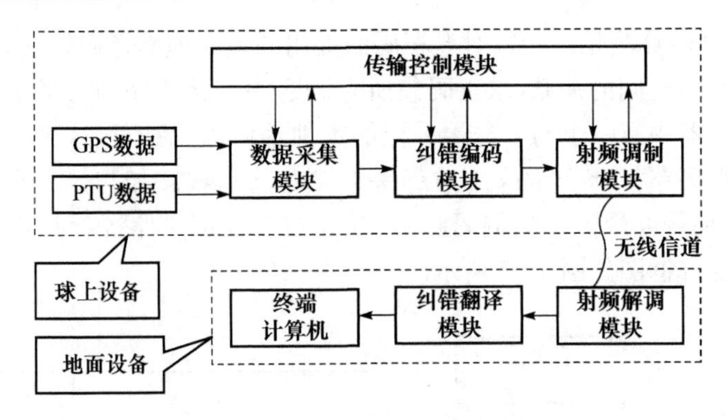

图 10-8　GPS 探空仪系统结构框图

球上设备由数据处理单元、GPS 单元、通信单元三部分构成。数据处理单元由单片机和测量电路构成,完成数据采集、处理、传输;GPS 单元用于接收 GPS 卫星信息,提供气球的位置信息(经纬度、高度)和时间信息;通信单元接收传感器采集的数据和 GPS 数据,进行编码、合成,将数字信息进行 FSK 调制,转变成射频信号,发送给地面接收系统。

地面设备由通信单元、基站 GPS 处理机、终端数据处理和指示单元等三部分构成;通信单元接收探空仪发射的射频信号,解调出数字信息,进行解码,输出为 GPS 通道数据以及测量数据(温湿压);基站 GPS 处理机对接收的球上 GPS 通道数据进行处理,接收基站 GPS 位置数据;终端数据处理和指示单元由计算机、打印机、调制解调器组成。计算机收集探空仪发来的数据和基站位置数据,对信息进行预处理,显示温、压、湿数据,对测风信息进行处理,解算出风向、风速数据。调制解调器用于通过电话线路与气象计算机网络通信,传送探空数据。

4. GPS 气象探空的实现

GPS 气象探空主要有空中射频转发和空中数字转发两种方式。

图 10-9 所示射频转发方案是将球载设备接收到的 GPS 射频信号直接变频到气象探空专用频率,放大后与温、湿、压传感器输出的数字信号合成后转发到地面接收机,也就是说球载部分只有射频接收部分电路没有定位解算部分的电路。地面接收机将接收到的射频信号分离成温、湿、压信号和 GPS 射频信号,在地面接收机内实现 GPS 的定位解算。主要技术难题是 GPS 射频信号与温湿压数字信号电平相差悬殊所带来的电磁兼容问题,以及抗干扰和地面解算的频率基准问题。另外由于射频转发方案的通信链路设计复杂、体积大,所以一般采用数字转发方案。

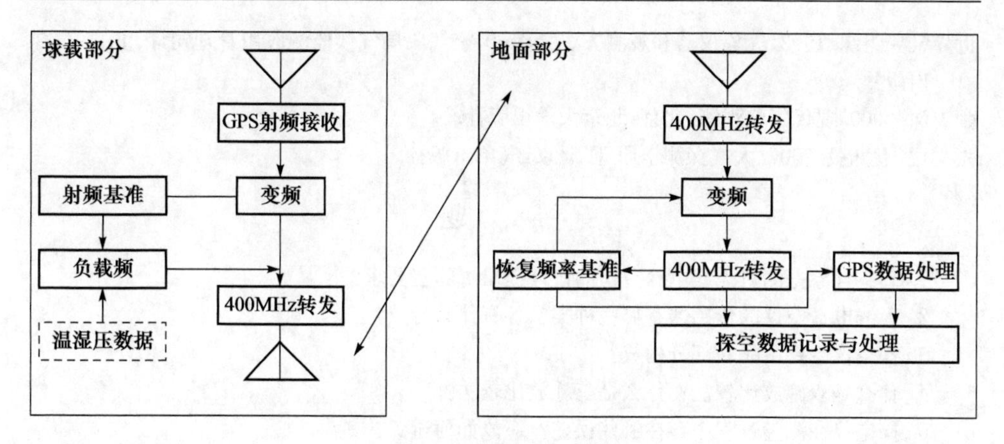

图 10-9 射频转发方案框图

图 10-10 所示数字转发是将 GPS OEM 板的定位数据直接与温湿压数据合成编码后转发。数字转发的优点是减少探空仪设备的复杂程度，把大量处理过程转移到地面，降低探空仪的成本。采用数字转发方式，发射功率利用率较高，避免发生自激，工作频点可调，可避开环境的干扰。

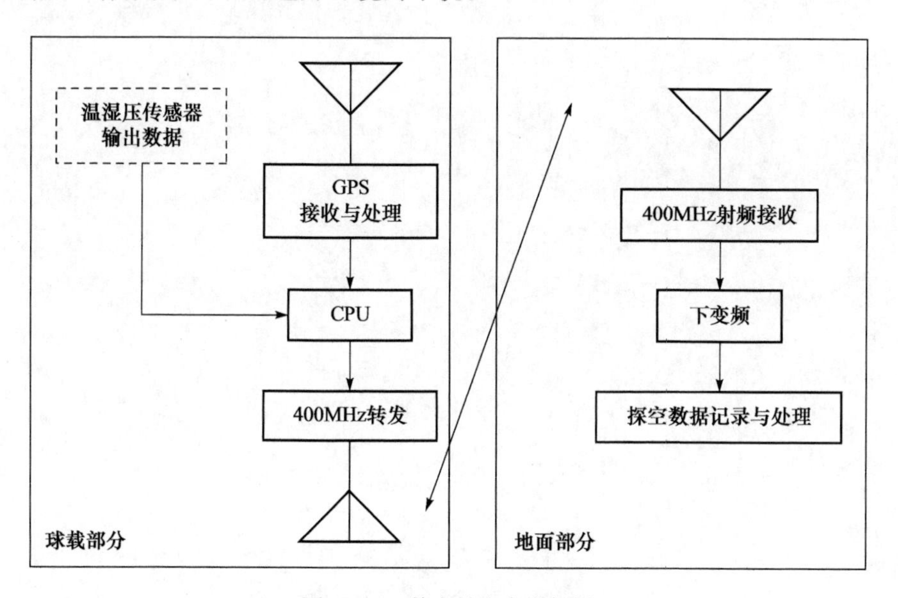

图 10-10 数字转发方案框图

参 考 文 献

胡玉峰. 2004. 自动气象原理及测量方法. 北京：气象出版社.

世界气象组织. 1992. 气象仪器和观测方法指南. 国家气象局气候监测应用管理司译. 北京:气象出版社.
张霭深. 2000. 现代气象观测. 北京:北京大学出版社.
张文煜,袁九毅. 2007. 大气探测学原理. 北京:气象出版社.

习　题

1. 高空气象探测对无线电探空仪的设计提出了哪些要求?
2. 无线电探空仪的传感器有哪些种类? 各有什么特点?
3. 探空仪主要由哪几部分构成?
4. 什么是双施放比较法? 什么是三施放比较法?
5. 探空仪在测量过程中存在哪些误差? 应该如何避免?

第 11 章　气象雷达及卫星探测概述

11.1　气象雷达探测

气象雷达具有探测降水和由局部的温度和湿度变化所引起的大气折射指数改变的功能,雷达回波也可由于飞机、尘埃、飞鸟或昆虫产生。本章只涉及进入气象业务应用的雷达。最适合于大气探测和研究的气象雷达所发射的电磁脉冲位于3～10GHz 频段(波长 3～10cm)。这些雷达设计用于探测和确定降水的区域、测量降水的强度、移动和可能还包括降水类型。较高的频率用于探测更小的水凝物如云滴,甚至是雾滴。尽管这些频率在研究云物理方面具有应用价值,但由于这些频率的雷达信号经空间介质过分的衰减,一般不能应用于业务预报。较低频率的雷达具有探测晴空折射指数变化的功能,可用于风廓线测量。它们可以探测降水,但它们的扫描功能受到要求达到有效分辨率的天线尺寸的限制。

气象雷达观测最大的作用在于:强天气探测、跟踪和预警;天气尺度和中尺度天气系统的监视;降雨量估值。任何一部雷达的特性不可能对所有的应用都是理想的。雷达系统的选择标准通常在满足某几项应用中达到最优化,但也可以指定最佳满足于特定的最重要的应用。波长、波束宽度、脉冲长度和脉冲重复频率的选择尤其重要。雷达特性、参数及术语见表 11-1、表 11-2 和表 11-3。

表 11-1　雷达频段

雷达波段	频率/GHz	波长	标称值
UHF	0.3～1	1～0.3m	0.7m
L	1～2	0.3～0.15m	0.2m
S*	2～4	15～7.5cm	10cm
C*	4～8	7.5～3.75cm	5cm
X*	8～12.5	3.75～2.4cm	3cm
K_U	12.5～18	2.4～1.66cm	1.5cm
K	18～26.5	1.66～12cm	1.25cm
K_a	26.5～40	1.13～0.75cm	0.86cm
W	94	0.30cm	0.30cm

*最常用的天气雷达波段

表 11-2　一些气象雷达的参数和单位

符号	参数	单位
Z_e	等效或有效雷达反射率(equivalent or effective radar reflectivity)	$mm^6 dBz/m^3$
V_r	平均径向速度(mean radial velocity)	m/s
σ_v	谱宽	m/s
Z_{dr}	差示反射率因子(differential reflectivity)	dB
CDR	圆退偏振比(circular depolarization ratio)	
LDR	线退偏振比(linear depolarization ratio)	
K_{dp}	差示传播相位(differential propagation phase)	(°)/km
ρ	相关	

表 11-3　物理雷达参数和单位

符号	参数	单位
C	光速	m/s
F	发射频率	Hz
f_d	多普勒频移	Hz
P_r	接收功率	mW 或 dBm
P_t	发射功率	kW
PRF	脉冲重复频率	Hz
T	脉冲重复时间(1/PRF)	ms
Ω	天线转速	(°)/s 或 r/min
λ	发射波长	cm
φ	方位角	°
θ	半功率点间的波束宽度	°
τ	脉冲宽度	μs
γ	仰角	°

11.1.1　雷达测量原理

雷达及其对天气现象探测的原理早在 20 世纪 40 年代就已确立。自从那时起，在改善设备、提高信号和数据的处理以及解释说明方面均取得了长足的进展，下面是原理的简要综述。

大多数气象雷达是脉冲雷达。从一个定向天线按照固定频率发射出的电磁波以快速连续短脉冲的形式进入大气中。图 11-1 给出了定向雷达天线在弯曲的地球表面发射一个电磁能量的脉冲波束及接受照射的气象目标的一部分。从图中能够很明显地看出这种测量受到许多物理局限性和观测技术的制约。例如，由于地球曲率的影响，在较远距离处能观测到最小海拔高度受到限制。

天线系统中的抛物面反射体把电磁能量聚集在方向性极强的圆锥形波束中。

波束宽度随着作用距离的增加而增加。例如，标称宽度为 1°的波束，在作用距离为 50km、100km 和 200km 时，分别扩展为 0.9km、1.7km 和 3.5km。

电磁能量的短脉冲串被所遇到的气象目标吸收和散射，一些散射能量又反射返回雷达天线和接收机。由于电磁波以光速传播(即 2.99×10^8 m/s)，通过测量脉冲发射及其返回的时间，就可以确定目标物的距离。在连续的脉冲串之间，接收机一直在接收返回的所有电磁波。从目标物返回的信号通常指雷达回波。

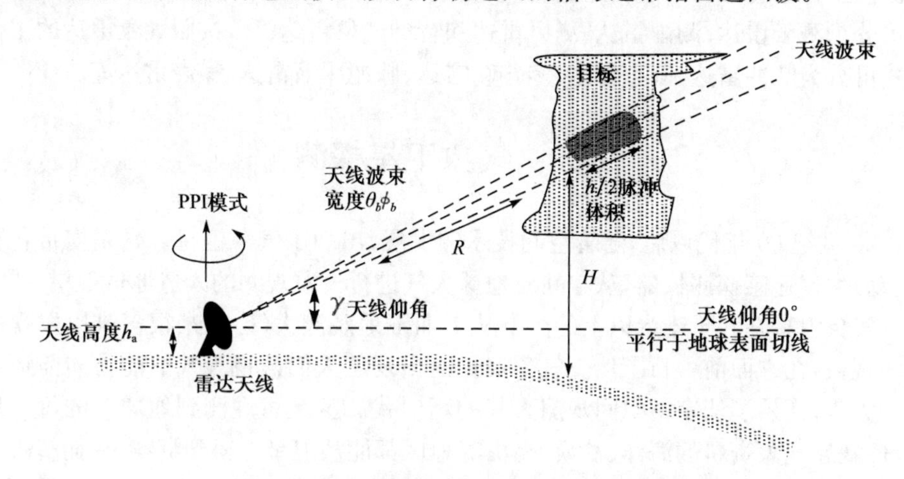

图 11-1　脉冲天气雷达电磁波在大气中的传播

h_a 是天线位于地球表面以上的高度；R 是目标物的距离；$h/2$ 是脉冲长度；H 是脉冲位于地球表面以上的高度

返回雷达接收机的回波信号强度是组成目标物的降水粒子的浓度、尺度和水的相态的函数。因此回波功率 P_r 提供了气象目标特征的测量方法，但并不是唯一的方法，它还与依赖于降水形式的降水率有关。“雷达距离方程”把从目标物返回的功率与雷达特征及目标物参数相联系。

功率测量值决定于任一瞬时的一个采样体积(脉冲容积)内从目标物散射的功率总量。脉冲体积的尺度决定于空间的雷达脉冲长度(h)和在垂直方向(φ_b)和水平方向(θ_b)的天线波束宽度，因此脉冲容积随着距离的增加而增加。由于返回到雷达的功率经过了一个双程路径，所以在空间上脉冲体积长度是脉冲长度的 0.5($h/2$)，并且它不随距离变化。脉冲体积在空间的位置由天线的方位角和仰角及与目标物的距离来决定。距离(r)由脉冲到达目标并返回到雷达所需要的时间确定。

在脉冲体积中的粒子互相之间不断地混合，导致相位影响到散射信号和强度围绕平均目标强度而有起伏。从天气目标进行单一的回波强度测量，它们是没有什么意义的。至少要将 25～30 个脉冲合成起来，才能得到对平均强度的合理估值。一般由积分器电路进行电子合成，通常进一步对脉冲进行距离、方位和时间的平均,以增加采样尺度,提高估值的准确度。但由此带来的是空间分辨率变得较粗糙。

11.1.2 气象雷达的分类与特点

气象雷达的类型有很多种,目前主要按照工作原理、应用目的和工作方式来分类。按工作原理分为常规雷达、多普勒雷达、双波长雷达、偏振雷达等。按应用目的可分为测云雷达、测雨雷达、测风雷达和特种气象雷达等。按照气象雷达的工作方式可分为脉冲雷达、调频雷达、多普勒雷达、脉冲压缩雷达、噪声雷达等。

11.2 气象卫星探测

20世纪60年代以后,随着空间技术的发展,出现了气象卫星。它是携带各种(被动)大气遥感探测仪器,从空间对地球大气进行气象观测的人造地球卫星。

气象卫星在几千千米以上的高空从上而下地观测大气,原来很多难以发现的天气现象,在它面前一目了然。气象卫星的出现使人们监视天气的能力向前迈进了一大步,开始了从宇宙空间观测天气的新时代。卫星可观测到地球上的每一地区,使缺乏气象资料的海洋、沙漠、高山等地区都能从卫星上得到资料,从而解决了在这些地区难建气象台站的观测空白问题。一个气象卫星在空中运行一天得到的全球性气象资料,在地面,全世界需要放成千个探空仪,还要许多工作人员进行观测才能得到。

气象卫星探测装置的核心是接收遥感图像的遥感器。微波遥感器接收的波长由于比红外辐射长得多,所以它能穿透云雾,甚至达到一定深度的土壤。因而可以探测云下和云上的大气温度和湿度,以及云和降水的结构,也就是大气中温度和湿度等的垂直分布。气象卫星已经成为天气预报业务和大气科学研究不可或缺的工具和手段。

11.2.1 气象卫星分类

从1960年4月美国发射第一颗Tiros卫星以来,世界上具有发射气象卫星能力的国家已相继发射了一百颗以上的气象卫星,组成了全球气象卫星观测系统。目前,在宇宙空间俯视地球的尚在工作的气象卫星观测体系如图11-2所示。

按气象卫星运行的轨道和用途来分,现今世界上业务用的气象卫星可以分为极轨卫星和静止卫星两种。

极轨卫星:运行轨道环绕地球两极。这类卫星又称太阳同步卫星,对某点的探测时间大致相近。极轨气象卫星运行的轨道较低,一般为700～1000km,所以其探测的空间分辨率较高,星下点的水平分辨率为1.1km。轨道平面与地球赤道

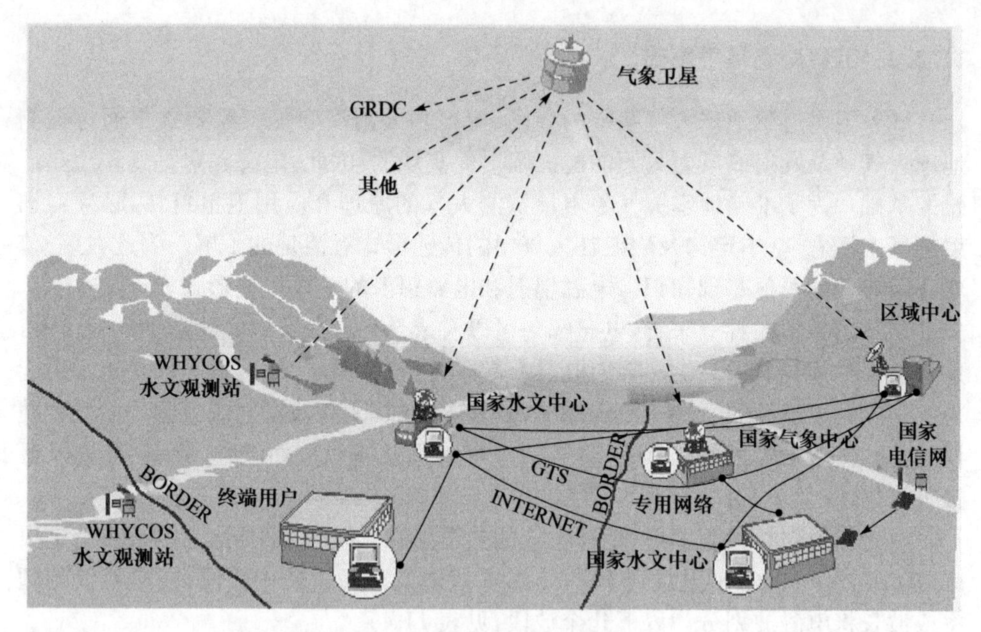

图 11-2　气象卫星观测体系

平面夹角约为 98°。运行周期为 115min 左右。每天几乎以固定的时间(地方太阳时)经过同一地区上空两次,它能够进行全球观测。对于某固定地区,每天可进行两次定时观测,时间间隔 12h。

极轨卫星上的扫描辐射计一直指向地球(它们是对地稳定的),当卫星上的扫描仪在垂直于轨道的平面上从一侧扫描到另一侧时,图像扫描线的获取工作同时完成。当卫星沿轨道向前移动时,连续的扫描线构成图像。数据可以在获取的同时连续地传给地面,也可以储存在卫星上,需要时发回地面。

极轨卫星的缺点是时间分辨率低,一颗卫星对某一地区一天只能观测两次。它仅适合于观测大尺度天气系统。

静止卫星:通常说的静止卫星是指相对地球静止,又称地球同步卫星。它运行的轨道是地球赤道上空 36 000 多千米。因距地球较远所以空间分辨率低,因其相对地球固定所以时间分辨率高。我国气象部门使用的静止气象卫星有中国的 FY-2 和日本的 GMS,每日可收到 20 多次观测资料。

静止卫星的主要优点在于其资料的时间分辨率高。每 30min 可以得到一幅新的地球全圆盘图。根据特殊观测的需要,静止卫星的扫描方式可以改变,使之对指定的小区域进行观测,以取得更高时间密度的图像。

静止卫星的缺点是其图像的空间分辨率不高,这是由于它们距地球太远的缘故,此外,由于卫星对地观测的斜视角向地球边缘逐渐增加而使得高纬地区的图像明显扭曲。通常有使用价值的图像在 70°N～70°S。

11.2.2　卫星遥感辐射基础

气象卫星遥感地球大气系统的温度、湿度和云雨演变等气象要素是通过探测地球大气系统发射或反射太阳的电磁辐射而实现的，因此，电磁辐射是气象卫星遥感的基础。为了准确地掌握气象卫星探测大气的原理和应用卫星资料，必须对辐射的基本概念、基本定律及辐射在大气中的传输形式有清楚的了解。为此，这一节要介绍有关的辐射基础知识。电磁辐射和电磁辐射的主要传输形式如下。

从量子力学的观点来看，电磁辐射可以看成是一粒一粒以光速运动的粒子流，这些粒子称为光量子。电磁辐射既具有粒子性，也具有波动性，粒子性是指辐射能是由一粒粒不连续的光量子流传播的，是量子化的(能够被发射或吸收)；而其波动性的特征是每个光量子具有一定的波长，可以用波的参数如波长、频率、周期及振幅等来描述。

电磁辐射包括太阳辐射、地球大气的热辐射和无线电辐射等，它的波长范围很广，从 $10^{-10}\mu m$ 的宇宙射线到 $10^{10}\mu m$ 的无线电波。为了使用方便，按电磁波的频率或波长将电磁波划分为以下几个波段，见表 11-4。

表 11-4　电磁波谱的划分

<table>
<tr><th colspan="2">分谱段名称</th><th colspan="2">波长范围</th></tr>
<tr><td colspan="2">γ射线</td><td colspan="2">$10^{-4}\sim10^{-1}$nm</td></tr>
<tr><td colspan="2">α射线</td><td colspan="2">$10^{-2}\sim10$nm</td></tr>
<tr><td rowspan="3">紫外线</td><td>远紫外</td><td colspan="2">10～200nm</td></tr>
<tr><td>紫外</td><td colspan="2">200～300nm</td></tr>
<tr><td>近紫外</td><td colspan="2">300～380nm</td></tr>
<tr><td rowspan="6">可见光</td><td>紫</td><td>0.390～0.455μm</td><td rowspan="6">太阳辐射谱段</td></tr>
<tr><td>蓝</td><td>0.455～0.492μm</td></tr>
<tr><td>绿</td><td>0.492～0.577μm</td></tr>
<tr><td>黄</td><td>0.577～0.597μm</td></tr>
<tr><td>橙</td><td>0.597～0.622μm</td></tr>
<tr><td>红</td><td>0.622～0.770μm</td></tr>
<tr><td rowspan="4">红外线</td><td>近红外</td><td>0.77～3μm</td><td></td></tr>
<tr><td>中红外</td><td>3～6μm</td><td rowspan="3">地球大气辐射谱段</td></tr>
<tr><td>远红外</td><td>6～15μm</td></tr>
<tr><td>超远红外</td><td>15～100μm</td></tr>
<tr><td colspan="2">亚毫米波</td><td colspan="2">0.1～1mm(0.3～3THz)</td></tr>
<tr><td colspan="2">微波</td><td colspan="2">1mm～100cm(0.3～300GHz)</td></tr>
</table>

电磁波谱各谱段的划分没有严格的界限，在两谱段之间的边界是渐变的，在某些文献中，其划分与上略有不同。

电磁波的谱段有时还可以按照使用目的划分，如把 0.38～3.0μm 谱段，称为反射波段，这一波段的辐射源是太阳，卫星接收的是地面云面对太阳辐射的反射辐射，反射波段还可以根据波长分为反射可见光谱段和反射近红外谱段。

电磁谱段还可以根据按吸收物质划分，如将水汽吸谱段称为水汽带，二氧化碳吸收谱段称为二氧化碳吸收带。

太阳、大气、云和气溶胶、地面是大气中发射、反射或散射辐射的主体，图 11-3 表示出了它们之间传输电磁辐射的几种主要形式以及它们和气象卫星的关系。

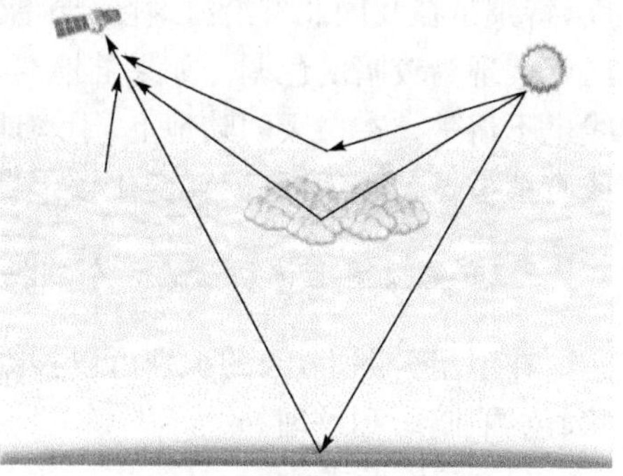

图 11-3　电磁辐射传输形式

11.2.3　卫星图像的分析基础

1. 卫星图像的基本特征

(1) 可见光云图的基本特点。

可见光云图是卫星扫描辐射仪在可见光谱段，如 AVHRR 仪器的 CH1 (0.68～0.725μm) 通道或静止卫星的 0.52～0.75μm 通道，测量来自地面和云面反射的太阳辐射，将卫星接收到的地面目标物反射太阳辐射转换为图像，如果卫星接收到的辐射越大，用越白的色调表示；而对接收到的辐射越小，则用越暗的色调表示，这就得到可见光云图。

在可见光云图上，物像的色调决定于反射太阳辐射的强度。而卫星接收到的反射太阳辐射决定于入射到目标物上的太阳辐射，及目标物的反照率。入射至目标物的太阳辐射又与太阳高度角有关。因此，在可见光云图上物像的色调与其本射的反照率和太阳高度角有关。

(2) 红外云图的基本特点。

在红外云图上的色调分布反映的是地面或云面的红外辐射或亮度温度分布，在这种云图上，色调越暗，温度越高，卫星接收到的红外辐射越大；色调越浅，温度越低，辐射越小。根据卫星云图上的色调差异可以估计地面、云面的温度分布。由于地表和大气的温度随季节和纬度而变，所以红外云图上的色调表现有以下几个特点。

① 红外云图上地面、云面色调随纬度和季度而变化。在红外云图上，从赤道到极地，色调越来越白，这是由于地面和云面的温度向高纬度地区递减的缘故。同一高度上的云，越往高纬度，云顶温度降低，其低云比中高云尤为明显。这就造成了在高纬度地区，低云和地表面的色调同中高云的色调很相近，这种现象在冬季最明显，而且尤其在夜间，最不容易区分出冷的地表面上空的云。在冬季热带和副热

带地区，地表面和高云的温度差达 100℃以上，在云图上有明显的反差；但是大陆极地区域，这种温度差不到 20℃，这就是说在高纬度地区地表和云之间的温度差很小，所以在红外云图上只有很小的色调反差，不容易将云与冷地表区别开，云的类型也难以区别。

② 红外云图上水面与陆地色调的变化。在冬季中高纬度地区，海面温度高于陆地温度，因此海面的色调比陆面要暗。但是到夏季，陆面的温度要高于海面温度，特别是在我国北方沿海地区，还不到夏季时，白天陆地增温较快，如山东半岛地区就表现为较暗的色调。如果陆地与水面的温度相近，则它们的色调相近，水陆界线也不清楚。在白天的陆地上，干燥地表的温度变化较大，其色调变化也大；潮湿或有植被覆盖的地区，温度变化较干燥的地区小，其色调变化也较小。

2. 卫星云图上识别云的六个判据

在卫星云图上，云的识别可以根据以下六个判据：结构形式、范围大小、边界形状、色调、暗影和纹理。

(1) 结构形式。

在云图上，所谓结构形式是指目标物对光不同强弱的反射或其辐射的发射所形成的不同明暗程度物像点的分布式样，这些物像点的分布可以是有组织的，也可以是散乱的，即表现为一定的结构形式。卫星云图上云的结构形式有带状、涡旋状、团状(块)、细胞状和波状等。

云的结构形式有助于识别云的种类和云的形成过程，例如，冬季洋面的开口细胞状云系，是由积云或浓积云组成的，它是冷空气到达洋面受海面加热变性而形成的；大尺度的带状云系主要是由高层云和高积云组成的；团状云块一般是积雨云等。

云的分布形式有助于识别天气系统，如锋面、急流呈带状云系，台风、气旋(低压、冷涡)具有涡旋结构等。

在一张云图上，常包含许多复杂形式，并且有些形式是相互重叠的，这种重叠形式常是由陆地地貌、水、冰雪和云同时存在引起的，或者是由高、中、低云同时造成的，这种复杂形式的分析要很仔细，可借助前后时间和多通道云图相互比较，以及对物像的认识，判别结构形式和形成原因。

(2) 范围大小。

在卫星云图上，云的类型不同，其范围也不同。如与气旋、锋面相连的高层高积云和卷云的分布范围很广，可达上千千米；而与中小尺度天气系统相连的积云、浓积云和积雨云的范围很小。因此从云的范围可以识别云的类型、天气系统的尺度和大气物理过程。如从山脉背风坡一侧出现的排列相互平行的细云线，就能知道这是山脉背风坡一侧重力波形成的。

(3) 边界形状。

在卫星云图上，各类物像都有自己的边界形状，所以根据不同的边界可以判别各类物像。各种云的边界形状有直线的、圆形的、扇形的，有呈气旋性弯曲的、也有呈反气旋性弯曲的，有的云(如层云和雾)的边界十分整齐光滑，有的云(积云和浓积云)的边界则很不整齐。

云的边界还是判断天气系统的重要依据，如急流云系的左界整齐光滑，冷锋云带呈气旋性弯曲等。

(4) 色调。

色调有时也称亮度或灰度，它是指卫星云图上物像的明暗程度。不同通道图像上的色调代表的意义也不同。如可见光云图上的色调与物像的反照率、太阳高度角有关。对云而言，其色调与它的厚度、成分(水滴或冰粒子性质)和表面的光滑程度有关。云的厚度越厚，反照率越大，色调越白，大而厚的积雨云的色调最白，因此由云的色调可以推算云的厚度。在相同的照明和云厚条件下，水滴云要比冰云白。水面的色调取决于水面的光滑程度、含盐量、混浊度和水层的深浅，一般地说，光滑的水面(风很小)表现为黑色；水层越浅，水越混浊，则其色调越浅。

在红外云图上，物像的色调决定于其本身的温度，温度越高，色调越黑。由于云顶温度随大气高度增加而降低，云顶越高，其温度越低，色调就越白；因此根据物像的温度能判别云属于哪一种类型和地表。积雨云和卷云的色调最白，夏季白天沙漠地区，温度高，色调很黑。

在短波红外云图上，白天物像一方面反射太阳辐射的同时，其以自身的温度发出短波红外辐射，所以图像上的色调不仅取决于反照率，还决定于温度，造成图像十分复杂，根据色调识别物像很困难。

在水汽图上，根据色调可以识别水汽分布，但是由水汽图也能判别积雨云和卷云。

(5) 暗影。

暗影是在一定太阳高度之下，高的目标物在低的目标物上的投影。所以暗影都出现于目标物的背光一侧边界处。暗影只能出现于可见光云图上，它反映了云的垂直分布状况，由暗影可以识别云的类别。在分析暗影时要注意以下几点。

① 暗影的宽度与云顶高度有关，云顶越高，暗影越宽。

② 暗影的宽度与太阳高度角有关，太阳高度角越低，迎太阳一侧云的色调越明亮，背太阳光一侧出现暗影。所以冬季中高纬度地区或早晨的卫星云图上，一些较高云的暗影较明显。而太阳高度角较高时，如低纬度地区或中午前后期间，即使是卷云或积雨云也难以从云图上见到卷云。

③ 在上午的卫星云图上，暗影出现于云的西边界一侧；若是下午的云图上，则暗影出现于云区的东边界一侧。

④ 暗影只能出现于色调较浅的下表面上，如低云、积雪或太阳耀斑区内容易见到暗影，在分析暗影时要将裂缝与暗影区分开。

(6) 纹理。

纹理是指云顶表面或其他物像表面光滑程度的判据。云的类型不同或云的厚度不一，使云顶表面很光滑或者呈现多起伏、多斑点和皱纹，或者是纤维状。由云的纹理能识别不同种类的云。如果云顶表面很光滑均匀，表示云顶高度和厚度相差很小，层云和雾具有这种特征；如果云的纹理多皱纹和斑点，就表明云顶表面多起伏，云顶高度不一，积状云具有这种特征；如果云的纹理是纤维状，则这种云一定是卷状云。

有时候在大片云区中出现一条条很亮的或暗的条纹，其可以是直线或弯曲的，这些条纹称“纹路”或“纹线”。这种纹线与云的走向有关，指示 1000～500hPa 等厚度线的走向。

参考文献

焦中生，沈超玲，张云. 2005. 气象雷达原理. 北京：气象出版社.
马振骅. 1986. 气象雷达回波信息原理. 北京：科学出版社.

第 12 章　自动气象站

由于气象数据需要连续观测、记录，所以需要由各种气象仪器构成一个能够自动完成数据采集、传输、记录和处理的自动气象站系统。本章介绍自动气象站的工作原理、组成以及相关的技术指标和要求。

12.1　概　　述

自动气象站是一种能自动收集、处理、存储或传输气象信息的装置。一般由传感器、数据采集器、微机、电源、通信接口等组成。

传感器将气象参数转换成数据采集器所需的电信号，数据采集器将传感器送来的信号进行采集处理。经过处理的气象资料用有线或无线方式传输给自动气象站或远程主机。

在网络系统中，自动气象站也称子站，将许多子站和一个中心站用通信网络连接起来，形成气象观测系统。

12.1.1　使用自动气象站的目的

自动气象站的使用，从根本上提高了大气探测现代化的总体水平，减少了由人工观测引起的误差，提高了地面观测资料的可靠性，进一步减轻了观测人员的劳动强度。

对观测方法、测量技术、仪器设备的标准化控制，提高了整个地面观测站网资料的均一程度。

在现有气象台站建设自动气象站，可提高我国地面气象观测站网的时空密度，可进一步增强监测、警报、预测能力，同时，为科学研究、科学试验、天气预报、气候预测、人工影响天气、城市环境气象和气象灾害决策服务等方面提供更准确、及时、有效的地面气象观测资料。

12.1.2　自动气象站的基本要求

1. 自动气象站的主要功能要求

(1) 自动采集各类气象要素的观测数据，经处理后发送至终端设备。

(2) 按照规定公式自动计算海平面气压、水汽压、相对湿度、露点温度等，以及所需的各种统计数据。

(3) 按照业务需求,编发各类气象报文数据。

2. 自动气象站的主要技术性能指标

自动气象站的主要技术性能指标包括测量要素及其测量范围、数据采样率、数据处理方法、准确度、数据存储能力、数据传输方式等。

12.1.3 自动气象站的种类

世界气象组织仪器和观测方法委员会(CIMO)把自动气象站分成提供实时资料的实时自动气象站和记录资料供非实时分析用的非实时自动气象站两类。

根据我国自动气象站建设的实际情况,把它分成以下两类:有人值守的自动气象站和无人值守的自动气象站。

有人值守的自动气象站是一种人机结合的自动气象站,配有终端设备。目前在业务上使用的是这类自动气象站。

无人值守的自动气象站是一种全自动的自动气象站,只含有能实现自动测量的气象要素,要素的多少根据用户的需要而定,可以定时或非定时地采集数据,直接远距离传输给用户,也可以把此数据存储在本站存储器内,定时回收处理。

12.1.4 国内外自动气象站研制概况

20 世纪 50 年代末,不少国家已有了第一代自动气象站,如苏联研制的 M36 型自动气象站,美国研制的 AMOS-Ⅱ型自动气象站等。这些自动气象站观测的要素少、结构简单、准确度低。60 年代中期,第二代自动气象站已能适应各种比较严酷的气候条件,但未能很好地解决资料存储和传输问题,无法形成完整的自动观测系统。到 70 年代,第三代自动气象站大量采用了集成电路。实现了软件模块化、硬件积木化,单片微处理器的应用使自动气象站具有较强的数据处理、记录和传输能力,并逐步投入业务使用。进入 90 年代以来,自动气象站在许多发达国家得到了迅速发展,建成业务性自动观测网。如美国的自动地面观测系统(ASOS)、日本的自动气象资料收集系统(AMeDAS)、芬兰的自动气象观测系统(MILOS)和法国的基本站网自动化观测系统(MISTRAL)等。

我国自动气象站研制工作始于 20 世纪 50 年代后期,至今已有 40 年的历史。60 年代初,由原中央气象局观象台主持研制无人自动气象站,到 70 年代初研制出 5 台无人自动气象站。在青海省的五个台站进行试验,前后达 10 年之久。与此同时,原中央气象局研究所又主持研制出综合遥测气象自动站,在杭州、苏州、北京等地进行了为期 6 个月的现场考核。80 年代中期,由中国气象科学研究院大气探测所主持,采用静止气象卫星中继数据的方式,研制出资料收集平台(DCP),分别在青海、内蒙古、湖北、浙江等地的台站进行为期1年的试验，并通过了技术鉴定。到了90年代中期，中小尺度天气自动气象监测站网在长江三角洲、珠江三角洲地区建站运行。90年代后期，我国第一批自动气象站设计定型，并获准在业务中使用。截至2011年，全国有3.3万多个自动气象站，并实现了组网。

自动气象站在发达国家和一些发展中国家之所以获得迅速的发展并得到应用，主要取决于三大因素。

(1) 技术因素：微型计算机、通信、传感器等技术的发展和推广应用，为自动气象站技术性能的提高提供了良好的技术基础。特别是微型计算机软件技术的日趋成熟，简化了硬件的设计，降低了功耗。

(2) 业务因素：为了提高天气预报的准确率和气候预测的水平，需要时空密度更高和更准确的观测资料，地面台站常规观测承担这种任务有较大困难。

(3) 社会经济因素：社会经济的发展，要求有更多的自动气象站进行连续观测，给国民经济各部门提供更多的气象服务信息。

尽管自动气象站在技术上成熟了许多，并且在气象观测业务和其他部门得到单站使用或组网使用。但它仍有不足之处，主要表现在：有些气象传感器还不够成熟，测量准确度不高，如日照、蒸发、雨量等；有些气象要素还没有合适的传感器，如云、天气现象等。因此，使用自动气象站后，仍需保留一部分人工观测项目。此外，观测数据的一致性问题，也是极为重要的。不同种类的自动气象站之间获得的数据与人工观测的数据之间往往存在一定的差异。这就要求建立标准算法，使这些差异减少到合理的程度。

随着社会经济的发展，科学技术的进步，进一步推动自动气象站技术向微功耗、多功能、智能化、高精度、高可靠性方向发展，为社会各部门提供更详细、更准确的气象信息。

12.2　自动气象站组成结构

12.2.1　概述

自动气象站由传感器、数据采集器、通信接口和系统电源四部分以及有关软件组成，根据业务需要可配备微机终端作为外围设备。

现用自动气象站主要采用集散式和总线式两种体系结构。集散式是通过以CPU为核心的采集器集中采集和处理分散配置的各个传感器信号，现有的自动气象站大都采用这种结构；总线式则是通过总线挂接各种功能模块(板)来采集和处理与分散配置的各个传感器信号。采用总线技术的自动气象站可使结构简单、工作可靠、耗电量低、组网通信方便。

普通自动气象站组成如图 12-1 所示。各个传感器的感应元件随着气象要素值的变化，使得相应传感器输出的电量产生变化，这种变化由 CPU 实时控制的数据采集器所采集，进行线性化和定标处理，实现工程量到要素量的转换；对数据进行质量控制；通过预处理后，得出各个气象要素的实测值。

若配有终端微机则可实时按设定的菜单将气象要素实测值显示在微机屏幕上。在定时观测时刻，数据采集器中的观测数据传输到微机进行计算处理后，按设定的菜单显示在微机屏幕上，并按统一的格式生成数据文件。同时可按规定，生成各种气象报告；对观测资料进一步加工处理后，生成全月数据文件，利用配备的打印机可打印输出气象记录报表。

若需将观测数据远距离发送，可在设定程序控制下，通过发送设备定时进行观测资料的传输，也可通过收发送设备进行应答式数据收集和传输。若配有数据存储卡(模块)，可按设定时次将观测数据存入其中，定期收回处理。

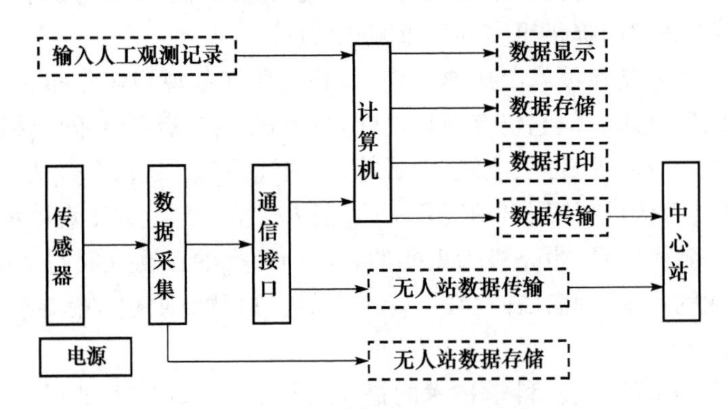

图 12-1　自动气象站组成框图

新型自动气象站采用现代总线技术和嵌入式系统技术构建，遵循国际标准并采用开放的技术路线进行设计，主要由硬件和软件两大部分组成。硬件包括采集器(1 个主采集器和若干个分采集器)、外部总线、传感器、外围设备四部分；软件包括嵌入式软件、业务软件两部分。其总体结构如图 12-2 所示。

自动气象站的核心是基于控制器区域网(controller area network，CAN)总线技术和国际标准 CANopen 协议进行设计，涉及物理层、数据链路层和应用层的标准定义。满足此定义和功能规格书的主/分采集器具备统一的物理接口和应用接口，从而达到兼容、互换的目的。

为了实现自动气象站的最小配置，将基本气象要素传感器直接挂接在主采集器上。可以对自动气象站进行不同的配置，以实现不同观测任务或满足不同类别气象观测站的需要，以最大限度地方便维护和降低维护成本。

在已建自动气象站扩展新的测量要素或增加传感器时，不需要对系统已有的传感器连接、布线进行改动，只需要将新的分采集器和/或传感器加入系统中，并进行简单的软件升级/配置。

外围设备主要包括电源、[终端]微机、通信接口和外存储器。

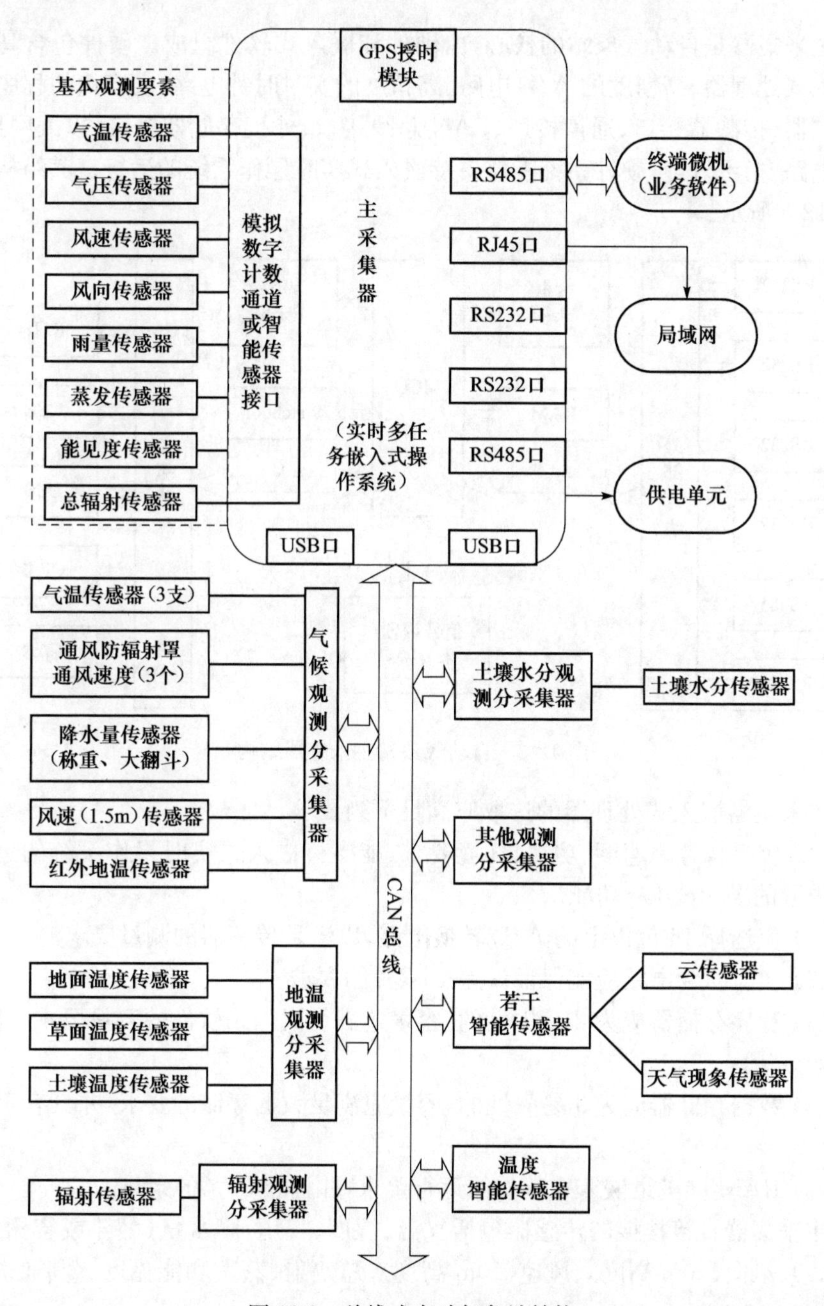

图 12-2　总线式自动气象站结构

12.2.2 采集器

1. 主采集器

主采集器是自动气象站的核心，由硬件和嵌入式软件组成。硬件包含高性能的嵌入式处理器、高精度的 A/D 电路、高精度的实时时钟电路、大容量的程序和数据存储器、传感器接口、通信接口、CAN 总线接口、外接存储器接口、以太网接口、监测电路、指示灯等，硬件系统能够支持嵌入式实时操作系统的运行。其结构框图如图 12-3 所示。

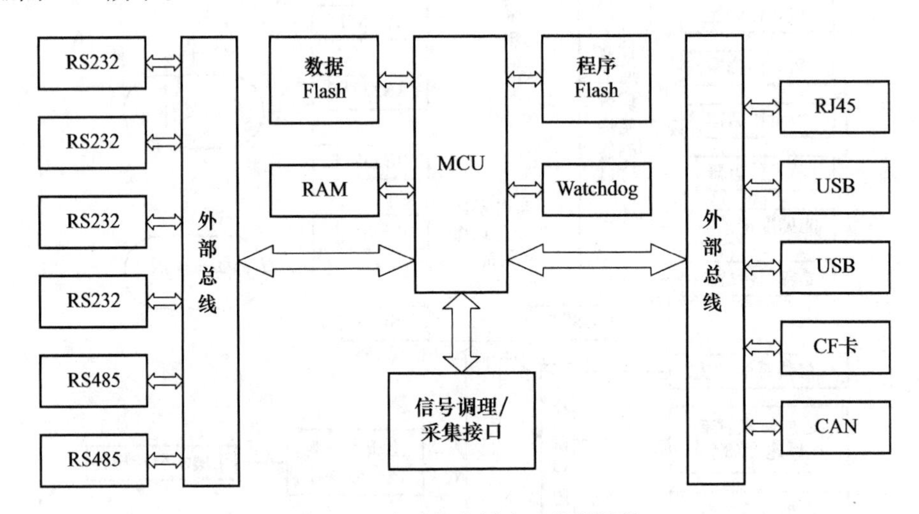

图 12-3　自动气象站主采集器结构

主采集器嵌入式处理器的选取应满足下列要求。

(1) 应综合考虑速度、功耗、环境要求，能支持嵌入式实时操作系统的运行并具有内置的 Watchdog 功能。

(2) 应选择 16 位以上的 A/D 转换电路，以满足传感器的测量要求。

(3) 实时时钟电路应能保证误差 15s/月的要求。

(4) 程序存储器应为非易失性的，容量应满足嵌入式软件的容量要求，并具有50％的余量。

(5) 数据存储器应为非易失性的，容量应满足数据存储的要求，并具有 50％的余量。

(6) RAM 应满足嵌入式软件的运行要求，并且有 30％的余量。

主采集器直接挂接的传感器包括气温、湿度、气压、降水量（翻斗或容栅式、大翻斗式）、风向（10m 高度）、风速（10m 高度）、总辐射、蒸发和能见度。其通道配置要求如表 12-1 所示。

表 12-1　主采集器接入传感器通道配置要求

传感器类型	通道类型	数量
气温	模拟(铂电阻)	1
湿度	模拟(电压)	1
气压	RS232	1
风向	数字(7 位格雷码)	1
风速	数字(频率)	1
降水量	数字(计数)	1
总辐射	模拟(差分电压)	1
能见度	RS485	1
蒸发量	模拟(电流)	1
渐近开关	数字(电平)	1

主采集器应具备外接存储器,包括 1 个 CF 卡、2 个 USB 接口。

主采集器应具备监测电路,包括主板温度测量、主板电源测量、交流供电检测、主采集器机箱门状态检测。

主采集器应具备指示灯,包括系统指示灯(秒闪)、CF 卡指示灯。

在线编程接口应包括 RS232 或 RJ45。

主采集器主要有两大功能:一是完成基本气象要素传感器和各个分采集器的采样数据,对采样数据进行控制运算、数据计算处理、数据质量控制、数据记录存储,实现数据通信和传输,与终端微机或远程数据中心进行交互;二是担当管理者角色,对构成自动气象站的其他分采集器进行管理,包括网络管理、运行管理、配置管理、时钟管理等以协同完成自动气象站的功能。

应具备表 12-2 所示的通信接口。

表 12-2　主采集器通信接口配置要求

通信接口	用途	数量
CAN	主、分采集器通信	1
RS232	终端操作	2
RS232	GPS 对时	1
RS485	业务计算机通信	1
RJ45	业务计算机通信或远程	1

2. 分采集器

分采集器由硬件和嵌入式软件组成。硬件包含高性能的嵌入式处理器、高精度的 A/D 电路、高精度的实时时钟电路、大容量的程序存储器、参数存储器、传感器接口、通信接口、CAN 总线接口、监测电路、指示灯等,硬件系统能够支持嵌入式实时操作系统的运行。其结构框图如图 12-4 所示。

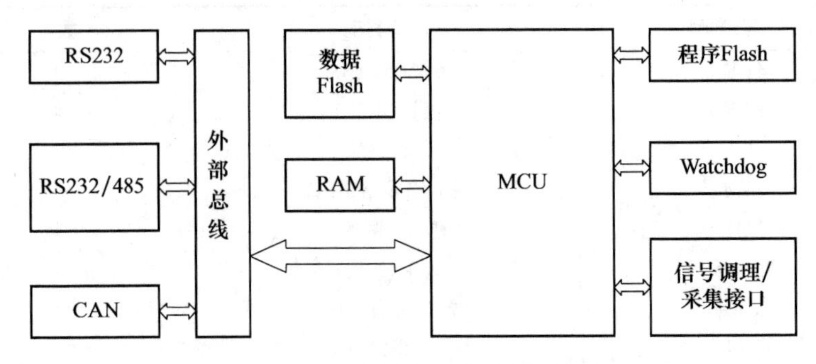

图 12-4　自动气象站分采集器结构

分采集器负责所接入传感器对应气象要素的测量，在工作状态对挂接的传感器按预定的采样频率进行扫描，收到主采集器发送的同步信号后，将获得的采样数据通过总线发送给主采集器。各分采集器的通信接口和测量通道配置如表 12-3 所示。

表 12-3　各分采集器的基本配置要求

分采集器	至少可挂接传感器	接口数/个		测量通道/个		
		CAN 总线	RS232	模拟量	频率计数量	计数量
气候观测	气温(3 支)、通风防辐射罩(3 组)、称重式降水量、大翻斗式雨量、风速(1.5m)、地表温度(红外)	1	1	5 (其中 2 个差分电压)	7	1
辐射观测	总辐射、直接辐射、反射辐射、散射辐射、紫外辐射 A、紫外辐射 B、大气长波辐射(含腔件温度)、光合有效辐射、地球长波辐射、日照	1	1	12 (其中 10 个差分电压)	—	—
地温观测	地表温度、草面温度、土壤温度(5cm、10cm、15cm、20cm、40cm、80cm、160cm、320cm)	1	1	12 (差分)	—	—
土壤水分观测	5cm、10cm、20cm、30cm、40cm、50cm、100cm、180cm 等层次	1	1	12 (差分电压)	—	—
智能传感器观测	地下水位、积雪、电线积冰、闪电频率	以智能传感器数定	1	—	—	—

分采集器应具备主板温度测量、主板电源测量、传感器状态、各种指示灯，并能提供在线编程接口:RS232。

按照气象要素性质的不同，分采集器划分如下。

(1) 基本观测气象要素采集器(各传感器直接挂接在主采集器上)。

(2) 气候观测分采集器。

(3) 辐射观测分采集器。

(4) 地温观测分采集器。

(5) 土壤水分观测分采集器。

(6) 云(云高、云量)、天气现象、积雪、水位等智能化传感器。

分采集器嵌入式处理器的选取还应满足下列要求。

(1) 应综合考虑速度、功耗、环境要求，具有内置的 Watchdog 功能。

(2) 应选择 16 位以上的 A/D 转换电路，以满足传感器的测量要求。

(3) 实时时钟电路应能保证误差 15s/月的要求。

(4) 程序存储器应为非易失性的，容量应满足嵌入式软件的容量要求，并具有 50%的余量。

(5) 参数存储器应为非易失性的，容量应满足数据存储的要求，并具有 50%的余量。

(6) RAM 应满足嵌入式软件的运行要求，并且有 30%的余量。

12.2.3　总线

主采集器和分采集器或部分智能传感器之间采用 CAN 总线方式实现双工通信。

总线标准为 ISO-11898，物理介质可以为双绞线、光纤等。CAN 总线的特性如下。

(1) 支持多主方式，可以实现系统冗余或热备份。

(2) 可靠的错误处理和检错机制，错误严重的节点可自动关闭输出，发送的信息遭到破坏后可自动重发，网络具备很高的可靠性。

(3) 非破坏总线仲裁，允许多个节点同时发送信息，极高的总线利用率。

(4) 可实现点对点、一点对多点及全局广播，无须专门的“调度”。

(5) 直接通信距离最远达 10km(速率 5Kbit/s)。

(6) 最高通信速率可达 1Mbit/s(此时通信距离最远 40m)。

(7) 通信介质可为双绞线、同轴电缆或光纤，抗干扰能力强。

(8) 规定了数据链路层通信协议，且完全由硬件实现，设计人员无须再为此开发相关软件(software)或固件(firmware)。

CAN 总线具有较高的性价比——结构简单、器件容易购置且价格便宜、开发技术容易掌握。

12.2.4　传感器

自动气象站使用的传感器，根据输出信号的特点，可分三类。

(1) 模拟传感器:输出模拟量信号的传感器。

(2) 数字传感器:输出数字量(含脉冲和频率)信号的传感器。

(3) 智能传感器:一种带有嵌入式处理器的传感器,具有基本的数据采集和处理功能,可以输出并行或串行数据信号。

模拟传感器、数字传感器、智能传感器连接到主采集器或分采集器,符合自动气象站总线接口的智能传感器可以直接挂在总线上作为分采集器使用。

传感器的种类和数量根据实际需要测量的要素确定。

12.2.5 外围设备

1. 电源

电源是组成自动气象站的外围设备之一。12V 直流电压是采集器的基本工作电压,采集器中其他直流工作电压应由此转换而成,该电压由蓄电池提供,需另外配置辅助电源(太阳能、风能)对蓄电池充电。

2. 微机

微机常作为采集器的终端实现对采集器的监控、数据处理和存储,按照业务规范完成地面气象观测业务。

3. 通信接口

主采集器应配置 RS485 接口,支持本地通信。

应配置以太网接口(RJ45),以备接入本地局域网,可用于现场诊断维护或者是接入局域网提供 Web 服务控制台。

应配置 RS232 接口,以备挂接 GPS 授时模块和通信模块,进行现场测试或软件升级。

4. 外存储器

采集器应具备通过外扩存储器(卡)的方式扩大本地数据存储能力,并将采集数据以文件方式进行存储。

12.3 软　　件

12.3.1 嵌入式软件

主/分采集器中运行的软件称嵌入式软件,由嵌入式操作系统和应用软件组成。嵌入式操作系统应选择实时性高、性价比好、稳定可靠的多任务实时操作系统(Linux)。

在主采集器中,嵌入式软件建立在实时多任务操作系统的基础上,主要功能如下。

(1) 实现 CANopen 主站协议,包括 NMT 管理、心跳消息检测、同步信号发送、PDO 发送和接收、SDO 服务、TimeStamp 发送。

(2) 主采集器要在内部存储器和外部存储卡上实现 FAT 文件系统,存储数据文件、参数文件、配置文件、日志文件等。

(3) 主采集器应具备 GPS 自动对时功能,保证时间误差不大于 1s,GPS 对时功能失效时应提供报警功能。

(4) 应实现基本的数据采集、数据处理、数据存储和数据传输功能。

(5) 建立 Web 控制台(Web console),实现远程参数的设置、数据监视、数据文件下载、主采集器复位等功能。

分采集器的软件要实现 CANopen 从站协议,包括接受 NMT 管理、同步信号接收、心跳消息服务、PDO 发送、SDO 服务、TimeStamp 接收,实现数据采集,包括如下。

(1) 对传感器按预定的采样频率进行扫描和将获得的电信号转换成微控制器可读信号,得到气象变量测量值序列。

(2) 对气象变量测量值进行转换,使传感器输出的电信号转换成气象单位量,得到采样瞬时值。

通过 CANopen 协议将采样数据发送到 CAN 总线。

12.3.2　业务软件

业务软件是安装在自动气象站微机中的应用软件,其主要功能如下。

(1) 实现对主采集器参数设置、数据采集、各种报警和自动气象站运行监控。

(2) 实现自动气象站数据的实时上传。

(3) 从采集器或外存储器读取数据或数据文件形成规定的采集数据文件。

(4) 实现对采集数据文件内容的查询、检索。

(5) 实现数据质量控制。

(6) 生成基本分析加工产品。

(7) 完成地面气象观测业务。

12.4　功 能 要 求

12.4.1　软件初始化

1. 主采集器

(1) 对主采集器进行自检,准备存储器、外围设备。

(2) 观测员可通过本地终端对主采集器设置,并修改所有保证自动气象站正常运行所必需的业务参数[缺省值],包括观测站基本参数、传感器参数、通信参数、质量控制参数、气象报警阈值等。

(3) 与各分采集器建立通信联系,进行必要的设置。

建立和运行观测任务。

2. 分采集器

(1) 对分采集器进行自检,准备外围设备。

(2) 与主采集器建立通信联系,接受必要的参数设置。

建立并运行本采集器观测任务。

12.4.2 数据采集

(1) 对传感器按预定的采样频率进行扫描和将获得的电信号转换成微控制器可读信号,得到气象变量测量值序列。

(2) 对气象变量测量值进行转换,使传感器输出的电信号转换成气象单位量,得到采样瞬时值。

(3) 对采样瞬时值,根据规定的算法,计算出瞬时气象值,又称气象变量瞬时值。

(4) 实现数据质量检查。

12.4.3 数据处理

(1) 导出气象观测需要的其他气象变量瞬时值;这种导出通常是在数据采集获得的气象变量瞬时值的基础上进行的,也有通过更高频率的采样过程获得的,如瞬时风计算。

(2) 计算出气象观测需要的统计量,如一个或多个时段内的极值数据、专门时段内的总量、不同时段内的平均值以及累计量等。

(3) 由主采集器生成采样瞬时值数据、瞬时气象值(分钟)数据、小时正点数据和监控数据,并写入数据内存储器,同时形成相应数据文件实时写入外存储器。

(4) 实现数据质量检查。

12.4.4 数据存储

1. 采集器内部

主采集器存储1h的采样瞬时值、7天的瞬时气象(分钟)值、1月的正点气象要素值以及相应的导出量和统计量等。瞬时值存储与相应的采样频率有关。

瞬时气象(分钟)值存储的要素有本站气压、气温(有气候观测时存3组数据)、通风防辐射罩的通风速度(3组数据)、湿度(不存导出值)、瞬时极大风(风向/风速,有气候观测时另存1.5m风速)、1min平均风(风向/风速,有气候观测时另存1.5m风速)、降水量、地表温度或海水表层温度、能见度、各种辐射观测要素辐照度、长波辐射表腔体温度,除了累计值的要素,其余要素均需同时存储采样瞬时值的标准差值。全要素当前瞬时气象(分钟)值均应能写入缓存区,可以实时读取。正点数据存储的具体内容可查看观测规范手册。

数据存储可以使用循环式存储器结构,即允许最新的数据覆盖旧数据。

采集器内部的数据存储器容量应留有50%的余量,具体可以在考核要素确定后规定一个量化的最小值。

采集器内部的数据存储器应具备掉电保存功能。

2. 外存储器

采集数据在外存储器(卡)以文件方式进行存储,能够存储至少6个月全要素分钟数据,全部数据以FAT的文件方式存入,微机通过通用读卡器可方便读取。

3. 终端微机

终端微机是最常用的存储设备。

在微机的磁盘存储器中,存储全部需要存储的数据,包括经过处理的数据、人工输入数据、质量控制情况信息(内部管理数据)等。

12.4.5　数据传输

1. 本地传输

自动气象站应有数据传输(数据传送、数据通信)的功能。配置终端设备(微机)的自动气象站,采集器把数据传送到终端设备。根据响应方式的不同,数据传输可分为:在自动气象站时间表控制下的传输,即自动气象站正常运行时的自动传输;响应终端命令的传输,即人工干预下的传输,通常由终端微机或中心站发出命令;超过某个设定的气象阈值时,自动站进入报警状态的传输。

多数应用场合,自动气象站同时具有以上三种传输方式。

自动气象站正常运行时自动传输的时间表和报警的气象阈值可以通过终端命令或业务软件由用户设定。

终端微机与主采集器间的信号传输距离应不小于200m。在规定的传送距离之内,信号传送质量不应因改变线缆的长度而降低。

2. 远程通信传输

自动气象站应具备通过无线方式或网络方式进行数据远程传输的功能。这种传输一般是通过主采集器的远程通信接口(RS232)外加远程通信设备(如 GPRS/CDMA1X、DCP 等)或 RJ45 实现的。通过微机终端实现远程通信传输的功能在业务软件中实现。

12.4.6 数据质量控制

为保证观测数据质量,应对自动气象站进行数据质量控制,包括自动气象站主采集器的嵌入式软件、终端微机中的业务软件两部分的质量控制。

自动气象站主采集器应具备对用于数据质量检查的各要素极值范围、允许变化速率和变化率值等参数的设置。

12.5 测量性能

12.5.1 测量的气象要素

新型自动气象(气候)站应能够同时测量以下气象要素。

(1) 基本气象要素(含气候观测要素):气温(3 支通风防辐射罩铂电阻或 3 支百叶箱铂电阻)、湿度(相对湿度或露点温度)、本站气压、风向(10m 高度)、风速(1.5m 或/和 10m 高度)、降水量(翻斗式或容栅式、称重式或大翻斗式)。

(2) 地温:地表温度(红外、铂电阻)、草面温度、土壤温度(5cm、10cm、15cm、20cm、40cm、80cm、160cm、320cm)。

(3) 蒸发量。

(4) 云(云量、云高)、能见度、天气现象。

(5) 辐射:总辐射、净辐射、直接辐射(含日照)、反射辐射、散射辐射、紫外辐射 A、紫外辐射 B、紫外辐射 A+B、大气长波辐射、光合有效辐射、地球长波辐射。

(6) 土壤水分:5cm、10cm、20cm、30cm、40cm、50cm、100cm 等层次。

12.5.2 要求

自动气象(气候)站的测量性能应遵循《地面气象观测规范》和相关规范的要求。常见的气象要素观测性能要求见表 12-4。

表12-4　自动气象站测量性能要求

测量要素	范围	分辨力	最大允许误差
气压	500～1100hPa	0.1hPa	±0.3hPa
气温	−50～50℃	0.1℃(天气观测)	±0.2℃(天气观测)
		0.01℃(气候观测)	±0.1℃(气候观测)
相对湿度	5%～100%RH	1%	±3%(≤80%)
			±5%(>80%)
露点温度	−60～50℃	0.1℃	±0.5℃
风向	0°～360°	3°	±5°
风速	0～60m/s	0.1m/s	±0.5m/s±3%
降水量	翻斗0.1mm:雨强0～4mm/min	0.1mm	±0.4mm(≤10mm)
			±4%(>10mm)
	翻斗0.5mm:雨强0～10mm/min	0.5mm	±5%(雨强≤4mm/min)
			±8%(雨强>4mm/min)
	称重:0～200mm	0.1mm	0.1%FS
地表温度	−50～80℃	0.1℃	−50～50℃:±0.2℃
			50～80℃:±0.5℃
红外地表温度	−50～80℃	0.1℃	±0.4℃
浅层地温	−40～60℃	0.1℃	±0.3℃
深层地温	−30～40℃	0.1℃	±0.3℃
日照	0～24h	1min	±0.1h
总辐射	0～1400W/m^2	5W/m^2	±5%(日累计)
净辐射	−200～1400W/m^2	1MJ/(m^2·d)	±0.4MJ/(m^2·d)(≤8MJ/(m^2·d))
			±5%(>8MJ/(m^2·d))
直接辐射	0～1400W/m^2	1W/m^2	±1%(日累计)
UV	0～200W/m^2	0.1W/m^2	±5%(日累计)
反射辐射		5W/m^2	±5%(日累计)
散射辐射		5W/m^2	±5%(日累计)
UVA	0～200W/m^2	0.1W/m^2	±5%(日累计)
UVB	0～200W/m^2	0.1W/m^2	±5%(日累计)
光合有效辐射	2～2000μmol/(m^2·s)	1μmol/(m^2·s)	±10%(日累计)
大气长波辐射	0～2000W/m^2	1W/m^2	±5%(日累计)
地球长波辐射	0～2000W/m^2	1W/m^2	±5%(日累计)
蒸发量	0～100mm	0.1mm	±0.2mm(≤10mm)
			±2%(>10mm)
土壤水分	0～100%土壤体积含水量	0.1%	±1%(≤40%)
			±2%(>40%)
地下水位	0～2000cm	1cm	±5cm
能见度	10～70000m	1m	±10%(≤10000m)
			±20%(>10000m)

12.5.3 采样和算法

1. 采样频率

世界气象组织仪器和观测方法委员会对采样率的实用方案建议如下。

(1) 计算平均值所用的各个样本应该用等时间间隔采得，此时间间隔必须满足：①不可超过传感器的时间常数；或者②不可超过在快速响应传感器的线性化输出之后的模拟量低通滤波器的时间常数；或者③样本的数量要足够多，以保证样本值的平均值的不确定度能减少到可以接受的水平。

(2) 用于估计波动极值（如阵风）的样本，常常要求比①和②要快些的采样率（如在一个时间常数内取两次），其采样率及计算方法参考表 12-5。

判据①和②用于自动取样，而③对较低采样率的人工观测更有用处。

具体的各要素采样频率及气象值的计算见表 12-5。

表 12-5 自动气象站测量要素采样频率

<table>
<tr><th>测量要素</th><th>采样频率</th><th>计算平均值</th><th>计算累计值</th><th>计算极值</th></tr>
<tr><td>气压</td><td rowspan="7">30 次/min</td><td rowspan="7">每分钟算术平均</td><td rowspan="5">—</td><td rowspan="6">小时内极值及出现时间</td></tr>
<tr><td>气温</td></tr>
<tr><td>湿度</td></tr>
<tr><td>草温</td></tr>
<tr><td>地温</td></tr>
<tr><td>辐射(辐照度)</td><td>小时累计值(曝辐量)</td></tr>
<tr><td>辐射传感器腔件温度</td><td>—</td><td>—</td></tr>
<tr><td>通风防辐射罩通风速度</td><td>1 次/min</td><td>每分钟、小时平均</td><td>—</td><td>—</td></tr>
<tr><td>日照</td><td>1 次/min</td><td>—</td><td>每分钟、小时累计值</td><td>—</td></tr>
<tr><td>风速</td><td>4 次/s</td><td>以 0.25s 为步长求 3s 滑动平均值；以 1s 为步长(取整秒时的采样值)计算每分钟的 1min、2min 算术平均；以 1min 为步长(取 1min 平均值)计算每分钟的 10min 滑动平均</td><td>—</td><td>每分钟、每小时内 3s 极值(即极大风速)；每小时内 10min 极值(即最大风速)；小时内极值对应时间</td></tr>
<tr><td>风向</td><td>1 次/s</td><td>求 1min、2min 平均；以 1min 为步长(取 1min 平均值)计算每分钟的 10min 平均</td><td>—</td><td>对应极大风速和最大风速时的风向</td></tr>
<tr><td>降水量</td><td>1 次/min</td><td>—</td><td rowspan="2">每分钟、小时累计值</td><td rowspan="2">—</td></tr>
<tr><td>蒸发量</td><td>6 次/min</td><td>每分钟水位的算术平均</td></tr>
</table>

续表

测量要素	采样频率	计算平均值	计算累计值	计算极值
能见度	4 次/min	每分钟算术平均	—	小时内极值及出现时间
土壤水分	6 次/min	每分钟、小时算术平均	—	—
地下水位	6 次/min	每分钟水位的算术平均	—	—

2. 采样时序

在实时多任务操作系统的支持下，分别设置主、分采集器各传感器的采样任务，各任务在规定的时间内进行采样。

主采集器对直接挂接的各要素传感器按规定的时序要求进行采集，并为采样值加上时间标志，交给后续处理。

分采集器按规定的时序要求对其挂接的各要素传感器进行采集，将采样到的数据立即通过 CANopen 协议发送到 CAN 总线。主采集器实时接收各分采集器主动上传的相关要素采样值，并为各采样值加上时间标志，交给后续处理。

具体的采样时间及要求见表 12-6。

表 12-6　自动气象站要素采样时间

要素	采样开始时刻	采样窗口长度
风速(250ms)	hh:mm:ss nnn-250ms，且 nnn 为 250 的倍数	250ms
风速(1s)	hh:mm:ss 000-1s	1s
风向	hh:mm:ss 000-1s	5ms
气温	hh:mm:ss 000，且 ss 为 2 的倍数	0.2s
湿度	hh:mm:ss 000，且 ss 为 2 的倍数	0.2s
气压	hh:mm:ss 000，且 ss 为 2 的倍数	1s
草温	hh:mm:ss 000，且 ss 为 2 的倍数	0.2s
地表温度	hh:mm:ss 000，且 ss 为 2 的倍数	0.2s
红外地表温度	hh:mm:ss 000，且 ss 为 2 的倍数	0.2s
辐射辐照度	hh:mm:ss 000，且 ss 为 2 的倍数	0.2s
辐射传感器腔体温度	hh:mm:ss 000，且 ss 为 2 的倍数	0.2s
土壤水分	hh:mm:ss 000，且 ss 为 10 的倍数	3s
能见度	hh:mm:ss 000，且 ss 为 15 的倍数	3s
通风速度	hh:mm:00 000	1s
日照	hh:mm:00 000	1s
降水量(翻斗或容栅式)	hh:mm:00 000-1min	1min
降水量(称重降水，频率值)	hh:mm:00 000-1min	1min
蒸发量(水位值)	hh:mm:00 000-1min	1min
地下水位	hh:mm:00 000	1s
天气现象	hh:mm:00 000	1s

12.6　嵌入式软件流程

气象要素从电信号变换成采样值,再经过数据质量检查程序等后续处理,最终要写入数据文件中,并且通过通信协议发送到业务软件,数据采集软件流程如图 12-5 所示。所开发的软件要具备如下功能。

(1) 可靠的数据采集功能。

(2) 良好的上下行通信能力。

(3) 能完整地描述台站的各项基本信息。

(4) 数据文件标准化与兼容性,并提供清晰的数据流程。

(5) 遵循观测规范,能够准确无误地执行台站各项观测任务。

(6) 能有效地对自动气象站实施终端维护与保障。

(7) 用户操作界面友好,能有效地提高台站工作效率。

(8) 提供良好的数据接口,便于开发二次产品。

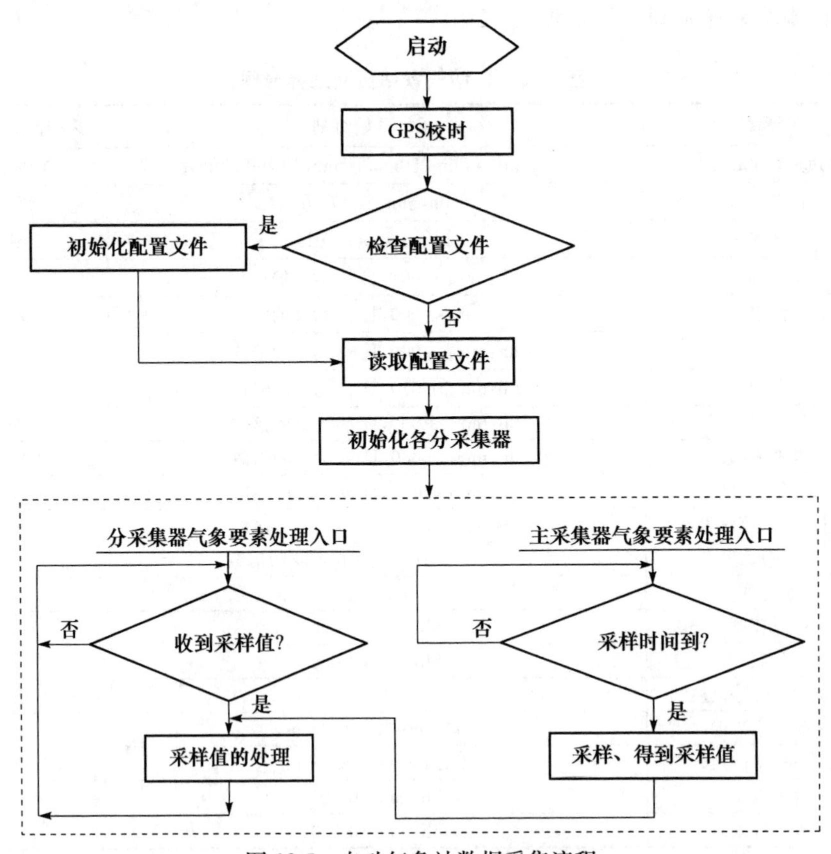

图 12-5　自动气象站数据采集流程

12.7　综合观测网

气象观测是指对地球大气圈及其密切相关的水圈、冰雪圈、岩石圈(陆面)、生物圈等的物理、化学、生物特征及其变化过程进行系统的、连续的观察和测定,并对获得的记录进行整理的过程。气象观测是气象科学的重要分支,它将基础理论与现代科学技术相结合,形成多学科交叉融合的独立学科。气象观测信息和数据是开展天气预警预报、气候预测预估及气象服务、科学研究的基础,是推动气象科学发展的源动力。发展一体化的气象综合观测业务是气象事业发展的关键。

气象观测系统按照传感器所处位置可分为天基观测、空基观测和地基观测系统。传感器在中层大气之外的为天基观测,主要由低轨卫星和高轨卫星以及相应的地面应用系统组成;传感器在地球表面以上、中层大气及以下的为空基观测,主要由气球探测、飞机探测和火箭探测组成;传感器在地球表面的为地基观测,主要由地面气象观测、地基气候系统观测、地基遥感探测、地基大气边界层观测、地基中高层大气和空间天气监测、地基移动气象观测、地基气象观测运行监控和技术保障等组成。

气象综合观测系统建设是要形成天基、空基及地基一体化的综合观测网,基本实现观测系统的现代化,并建立中国气候观测系统,纳入全球气候观测系统之中。加强气象综合观测能力建设是要构建国家气象综合观测平台,成为国家地球观测系统最重要的组成部分和国家气候系统的信息中心,并为气象和相关领域业务、科研、人才培养奠定基础,是国家气象事业发展能力建设的关键和重点。

我国气象综合观测系统是一个覆盖全国陆地、海洋和从地面以下到数万千米的高空以至星际空间、从大气物理参数到大气化学微量成分以及海洋、陆地、生态、环境等相关领域,进行着长期不间断的、空间多尺度的、综合观测的庞大系统,由地面气象观测系统、地基高空气象观测系统、空基气象观测系统、天基对地综合观测系统、特种观测系统、气象观测基准和观测质量保障系统组成。同时,它也是世界气象组织的世界天气监视网和全球气候观测系统的重要组成部分。

建设现代化的气象综合观测系统,是适应气象科学发展的需要。气象观测是气象科学的重要分支之一,通过气象观测及分析发现的新现象,使人们对大气运动的规律有进一步的认识,从而形成了新的科学理论。气象科学理论的发展也会对观测技术提出新的需求,并指导气象观测的发展,进而推动气象观测技术水平的提高。

由于气象观测业务对社会经济的巨大影响和自身的重要科学价值,WMO 十分重视全球气象观测系统建设,现已建成了世界天气监视网(WWW)、全球气候观测系统(GCOS)等。

气象综合观测系统建设的总体目标：瞄准国际先进水平，建设由天基、空基、地基观测系统组成的观测内容较齐全、密度适宜、布局合理、自动化程度高的综合观测体系；建立与上述体系相适应的信息收集传输系统和保障系统；实现全球、全天候、定量观测；对常规气象要素、大气化学成分及过程、气候系统各圈层相互作用的物理、化学、生物等过程进行综合观测。

地基观测系统：全国多部门共建有4000多个各类气象台站。基准气候站143个，基本气象站530个，一般天气站1736个，大气辐射站98个，酸雨观测站86个，沙尘暴监测站(一期)46个，土壤湿度观测站433个，农业气象观测站624个，大气本底站4个，闪电定位(地闪)98个，闪电定位(云间闪)3个，多普勒雷达站101个，自动气象站46 000多个。

空基观测系统：全国目前共有120个高空气象探测站。目前我国已建成80部L波段数字式电子探空仪-二次测风雷达系统；中国气象局在全国利用飞机开展人工增雨作业，是目前业务中飞机观测最大的用途。

天基观测系统：我国从20世纪70年代初期开始研制气象卫星；目前已经形成极轨和静止两个业务卫星系列；主要建设内容包括建立以极轨、静止两个系列气象卫星和气象小卫星为主的综合对地观测卫星系统，实现全球、全天候、多光谱、三维、定量探测；在风云一号极轨气象卫星基础上发展我国第二代极轨气象卫星风云三号，建立上午和下午两个轨道平台系统组成的极轨卫星星座，探索建立低倾角轨道卫星；在发展风云二号静止气象卫星的同时，发展第二代静止气象卫星风云四号，建立风云四号“光学星”系列和“微波星”系列，发展气象小卫星，使之成为对大卫星的有效补充。不断提高卫星探测的时间分辨率、空间分辨率、光谱分辨率和辐射测量精度，不断提高使用寿命和可靠性，拓展卫星监测领域，提高卫星遥感应用水平，加强卫星资料的获取和共享能力，积极推进卫星遥感业务化工作。

12.8　物联网自动气象站简介

12.8.1　物联网自动气象站架构

南京信息工程大学信息与控制学院和南京慧明仪器仪表有限公司联合研制了WAWS-1型物联网自动气象站，目前已应用于农业、环境等领域的气象检测。自动气象站采用物联网技术，实现无线化、网络化的自动气象观测，可提高气象仪器的准确度，采用移动通信网或互联网实现远程通信，利用数据库技术进行数据管理与分发，降低布站、维护等成本，提高集成度。以下简单介绍基于物联网技术的自动气象站系统设计，包括无线气象传感器节点、路由器、协调器、通信器、数据接收软件、本地及远程动态数据库系统以及信息分发系统。

自动气象站由气象传感器节点、数据通信器、数据库等构成。利用温度、湿度、气压、风速、风向、降水、地温等气象传感器，融合无线传感器网络通信部件，构成了气象传感器节点。数据通信器一方面接收气象传感器节点发来的数据，组建局域网，另一方面，通过 GPRS、3G 或互联网技术，把数据送到位于监控中心的远程数据库。其结构如图 12-6 所示。

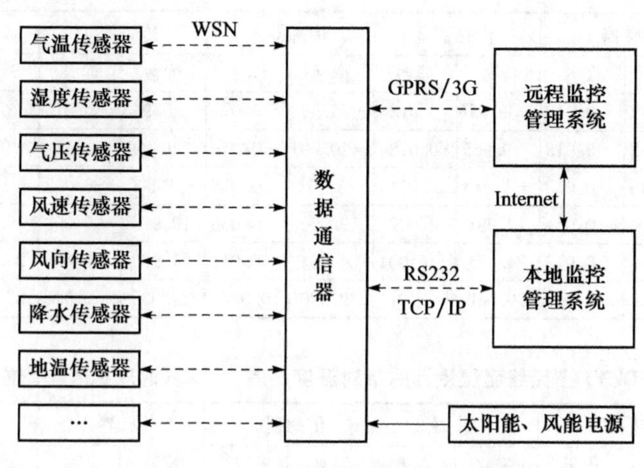

图 12-6　物联网自动气象站的架构

12.8.2　传感器节点

1. 气象传感器

气象传感器是自动气象站基础。由于气象传感器繁多，仅介绍温度传感器。气温是重要检测参数之一，可以利用热电阻、热敏电阻、热电偶、PN 结等方法来进行数字化检测。铂热电阻的稳定性相对较好，但目前气象检测应用还不够理想，误差的来源除传感器自身的准确性，还有迟滞、自热效应、辐射影响等。

温度敏感器件采用稳定性优越的 PT1000 铂电阻，并经过进一步的筛选、老化处理来保证精度。铂电阻在温度 t 时，阻值为 $R=R_0(1+\alpha t+\beta t^2)$，具有二次项，因此需要进行非线性校准，可以采用非线性插值、神经网络等方法来提高精度。通过 24 位的高精度模/数转换器等电路来检测铂电阻值，并利用微控制器来反演出温度值。自热效应是影响检测精度的重要因素之一，根据 $P=U^2/R$，在输出压降 U 不变时，由功率与电阻的反比关系说明，电阻越大，则功率越小，所以自热效应越小。如零度时可以确保 PT1000 正常工作的 100μA 的激励电流就可以取得 100mV 的输出电压，而采用 PT100 时需要 1mA 的激励电流才能输出相同的电压，并且增加了自热效应。

WAWS-1 型物联网自动气象站采用了南京慧明仪器仪表有限公司生产的

HM-DZY1 型无线温湿度传感器，精度为 0.02℃，实际检测结果如表 12-7 所示。HM-DZY1 型无线温湿度计的相对湿度在 10%～95%RH 的量程范围内的精度为 0.5%RH，可用于该物联网自动气象站的湿度检测，在环境温度 15℃时的实际检测结果如表 12-8 所示。

表 12-7　HM-DZY1 型无线温湿度计的温度误差　　　　（单位：℃）

标准器	传感器 1		传感器 2		传感器 3		传感器 4		传感器 5	
读数	读数	误差	读数	误差	读数	误差	读数	误差	读数	误差
−39.928	−39.940	−0.012	−39.916	0.012	−39.945	−0.017	−39.943	−0.015	−39.925	0.003
−9.983	−9.998	−0.015	−9.965	0.018	−10.001	−0.018	−9.969	0.014	−9.990	−0.007
−1.498	−1.516	−0.018	−1.484	0.014	−1.516	−0.018	−1.500	−0.002	−1.510	−0.012
19.979	19.968	−0.011	19.981	0.002	19.973	−0.006	19.976	−0.003	19.971	−0.008
24.975	24.963	−0.012	24.971	−0.004	24.964	−0.011	24.969	−0.006	24.963	−0.012
39.953	39.943	−0.010	39.942	−0.011	39.970	0.017	39.935	−0.018	39.941	−0.012

表 12-8　HM-DZY1 型无线温湿度计的相对湿度误差　　　（温度 15℃，单位：%RH）

标准值	传感器 1		传感器 2		传感器 3		传感器 4		传感器 5	
读数	读数	误差	读数	误差	读数	误差	读数	误差	读数	误差
18.00	18.28	0.28	18.11	0.11	18.12	0.12	18.15	0.15	18.14	0.14
30.00	30.07	0.07	29.92	−0.08	29.86	−0.14	29.84	−0.16	29.92	−0.08
53.00	53.04	0.04	52.89	−0.11	52.80	−0.20	52.71	−0.29	52.87	−0.13
77.00	77.07	0.07	76.81	−0.19	76.71	−0.29	76.63	−0.37	76.74	−0.26
95.00	95.15	0.15	94.96	−0.04	94.81	−0.19	94.70	−0.30	94.85	−0.15

2. 无线传感器网络及数据通信器

WAWS-1 型物联网自动气象站采用 CC2530 片上系统构成无线传感器网络基础模块，利用 IEEE 802.15.4 协议等构建路由器、协调器。

数据通信器由协调器、ARM 处理器、GPRS/3G 模块、TCP/IP 接口、液晶显示器及软件系统等构成。其中，协调器用于无线传感网络的组网与数据的无线接收；路由器实现气象传感器数据的转发；液晶显示器用于显示局地的气象观测数据；GPRS/3G 通信模块用于无线远程通信，利用 TCP/IP 协议的以太网接口实现互联网的接入。

气象要素众多，网络结构复杂，各网络层的数据通信采用统一的格式，包括传感器节点与协调器、协调器与数据通信器、数据通信器与远程主机等之间的协议规范。

12.8.3　远程数据采集及数据库系统

WAWS-1型物联网自动气象站的数据采集系统采用C/S架构，以SQL Server 2005作为后台数据库，选择Delphi 7.0作为系统的开发工具，来实现系统中各模块的设计与开发。远程计算机接收自动气象站通信器发送的气象数据，包括站点编号、采集时间、气象要素等有关信息，并进行解析后取得观测数据。系统具有气象数据质量控制功能，发现问题时返回重发或重测命令，以取得正确的气象数据保存到数据库中，以进一步处理。

网络服务系统采用B/S架构，通过实时数据库系统的访问提供了数据查询功能，包括实时和历史数据的显示、时间变化图、数据下载、地图显示及等值线绘制等功能。同时还提供台站信息等的管理，实现数据备份、还原、上传等系统维护的功能。其中地图显示系统可以对全国各自动站在Google Map、Google Earth等地图或系统上进行布置，并可查询各站点的实时气象数据情况，如图12-7所示。

手机客户端采用C/S架构，利用Android操作系统来运行客户端软件，提供实时观测及预报的气象信息，可对温度、湿度、气压等气象要素进行等值线的绘制，并利用手机GPS定位功能实时更新地图及位置信息，可根据需要查询实时气象信息，其中实时天气界面如图12-8所示。

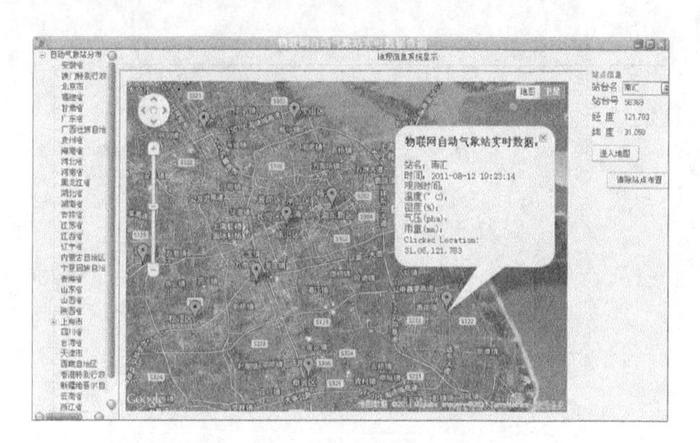

图12-7　气象信息查询系统

图12-8　手机用户系统

参 考 文 献

北京华创升达高科技发展中心. 2010. CAWS600型自动气象站维修手册. http://wenku.baidu.com/view/dd9493db6f1aff00bed51e82.html[2011-12-5].

胡玉峰. 2004. 自动气象站原理与测量方法. 北京：气象出版社.

李黄. 2007. 自动气象站实用手册. 北京：气象出版社.

王振会，黄兴友，马舒庆. 2011. 大气探测学. 北京：气象出版社.

中国气象局. 2003. 地面气象观测规范. 北京:气象出版社.

中国气象局监测网络司. 2008. 第二代自动气象站功能规格书. http://wenku.baidu.com/view/e854b4224b35eefdc8d33389.html[2011-12-5].

WMO. 2008. Guide to Meteorological Instruments and Methods of Observation. 7th ed. Geneva.

习　题

1. 细化自动气象站数据采样过程的流程图。
2. 完善数据质量控制算法。